彩图 1(a) 香港

彩图 1(b) 香港

彩图 2(a) 重庆

彩图 2(b) 重庆

彩图 3 西藏樟木

彩图 4 庐山

彩图 5 四川攀枝花市

彩图 6 阿尔及利亚轧喀达雅市

彩图　7(a)　美国旧金山

彩图　7(b)　美国旧金山

彩图 8(a) 意大利热那亚附近山村

彩图 8(b) 意大利热那亚附近山村

彩图　9　德国辅斯镇

彩图　10　德国斯图加特

彩图　11　意大利乌尔比诺城堡

彩图 12 罗马西班牙大台阶

彩图 13 山西浑源悬空寺

彩图 14(a) 马来西亚吉隆坡"太平洋"住宅

彩图 14(b)
马来西亚吉隆坡"太平洋"住宅

彩图 15(a) 上海静安寺下沉广场

彩图 15(b) 上海静安寺下沉广场

彩图　16(a)　美国佛蒙特州　卡尔维尔山小住宅

彩图 16(b) 美国佛蒙特州 卡尔维尔山小住宅

彩图 17 香港薄扶林港大住宅

彩图　18(a)　日本宫城县图书馆

彩图　18(b)　日本宫城县图书馆（架空空间）

彩图　19(a)　香港大潭国际学校

彩图　19(b)　香港大潭国际学校

彩图　19(c)　香港大潭国际学校

彩图　20(a)　无锡新疆石油职工太湖疗养院疗养楼群

彩图　20(b)　无锡新疆石油职工太湖疗养院五号疗养楼入口

彩图　21　香港大屿山愉景湾别墅区

彩图 22 印度喀瓦兰姆海滨酒店

彩图 23(a)
美国落水别墅

彩图 23(b)
美国落水别墅

彩图　24(a)
西藏布达拉宫

彩图　24(b)
西藏布达拉宫

彩图 25(a) 镇江金山寺

彩图 25(b) 镇江金山寺

彩图　26(a)　日本神户六甲住宅Ⅱ

彩图　26(b)　日本神户六甲住宅Ⅱ

彩图　26(c)　日本神户六甲住宅Ⅱ

彩图　27(a)　美国洛杉矶格蒂中心全景

彩图 27(b) 美国洛杉矶格蒂中心，中心花园

彩图 27(c)
美国洛杉矶格蒂中心，
博物馆后入口

彩图 28(a) 意大利乌尔比诺大学特里邓代学院

彩图 28(b) 意大利乌尔比诺大学特里邓代学院

彩图 29(a) 交通银行无锡会议培训中心

彩图 29(b) 交通银行无锡会议培训中心

彩图 29(c) 交通银行无锡会议培训中心内院长廊

彩图 30 法国圣密契尔山城

彩图　31(a)　澳门东亚大学开敞式庭院

彩图　31(b)　澳门东亚大学开敞式庭院

彩图 32 日本横滨桐荫学园女子部

彩图 33 香港大学高级职员宿舍区

彩图　34(a)　德国辅斯新天鹅堡

彩图　34(b)
德国辅斯新天鹅堡

彩图　35
阿尔卑斯山上的古堡

彩图 36 福建武夷山庄

彩图 37 香港布力径某住宅

彩图 38 泰国宾达鲁岩度假村

彩图 39
也门山村

彩图 40 也门萨那 卡索尔·哈克尔宫

彩图 41 贵州山区住宅

彩图 42 北京西部的川底下村

彩图 43 美国旧金山花街

彩图 44 意大利罗马城内隧道

彩图 45 香港山地架空道路

彩图 46(a) 日本西宫市东山台五、六号街区住宅

彩图　46(b)　日本西宫市东山台五、六号街区住宅

彩图　47　福州常青乐园（设计）

彩图　48　香港高层住宅基座层停车

彩图 49 香港科技大学停车库

彩图 50 踏步与伤残人坡道结合

彩图　51　也门萨那大学医学院内院

彩图　52(a)　香港科技大学（全景）

彩图　52(b)
香港科技大学（天桥步道外景）

彩图　52(C)
香港科技大学(天桥步道内景)

图　53(a)
香港中环—半山自动电梯（外景）

图　53(b)
香港中环—半山自动电梯（内景）

彩图 54
香港穗禾苑

彩图 55
香港城市步行升降梯

彩图　56(a)
日本 TOTO 研修所

彩图　56(b)
日本 TOTO 研修所

彩图　57(a)　无锡新疆石油职工太湖疗养院食堂

彩图　57(b)　无锡新疆石油职工太湖疗养院食堂

高等学校博士学科点专项科研基金资助

山地建筑设计

卢济威　王海松　著

中国建筑工业出版社

内容提要

在我们所赖以生存的地球上，山地面积远远大于平原面积。在中国，山地面积约占陆地面积的2/3。出于开拓生存空间、获取山地资源和回归自然的需要，人类的山地建筑活动将显得愈来愈重要。

以人类的山地建筑活动为研究对象的“山地建筑设计”是一个综合性的研究课题，它涉及建筑学、规划学、地理学、生态学、环境学及工程技术等学科的内容，致力于在两个方向的拓展：一是探索山地建筑研究的宏观原则，建立较为合理、可靠的山地建筑观念；二是结合前人的山地建筑实践，创造性地归纳山地建筑的各项特征、模式，提出对建筑设计实践有指导意义的各项原则。

在观念的形成方面，本书以“人与自然”的关系为主要线索，回顾人类山地实践的历史，比较东西方自然观的演变，引入一定的哲学思考，确立“天人合一”自然观是进行山地建筑活动的根本出发点。随后，从山地建筑与自然环境的关系出发，探讨山地建筑与山地生态系统的基本关系，提出山地建筑所应遵守的生态原则。此外，在阐明山地建筑的技术属性和艺术属性之后，明确了山地建筑“技—艺”结合的可能性和必要性。

在设计理论的研究方面，首先对影响山地建筑的各自然因素作了叙述，归纳地质、地形、气候、水文、植被对山地建筑及其环境可能产生的影响，并具体分析山地日照、风状况、降水的基本特征；其次，从形态设计的角度出发，结合山地环境的特殊性，归纳出了山地建筑的形态特征——减少接地、不定基面和山屋共融，并进而对接地形态、形体表现和空间形态的各种模式进行分析；第三，从山地建筑与山地生态环境的相互关系出发，分析山地景观的环境原生性、视景独特性、生态脆弱性和情感认同性，并在景观生态、景观视觉、景观空间和景观情感等诸方面对山地建筑的景观设计进行了探讨；第四，归纳山地交通的特点，研究山地环境中车行交通、步行交通和机械传动交通及其与山地环境、山地建筑相结合的可能；最后，在山地工程技术方面，从防灾、结构稳定等要求出发，结合生态观念和技—艺观，探讨绿化、水文组织、边坡稳定及建筑防水的一些具体措施及其与山地建筑的结合。

Abstract

Hilllside areas of the earth on which we live is more than plain areas. In China, hillside areas even covers two thirds of the land. In order to expand the living space, exploit the hillside resources and enjoy the natural environment, people are more and more interested in developing in hillside areas. So a comprehensive research on architecture in hillside areas, which is lacking now, is necessary.

Building in hillside areas, which involves architecture, city planning, geography, ecology, environment science and the engineering, is a synthetic research field. The research is carried out in two aspects. The first is to set up a reasonable and scientific theoretical framework which is the basis of the hill-thoughts. The second is to sum up the hillside building practice in former times, introduce the typology and characteristics of hillside area architectures, and bring forward instructional principles.

To achieve the hillside building concepts, much attention is paid to the relationship between human beings and nature. Reviewing the history of human activities in hillside areas and the philosophy of east and west, the conclusion is drawn that the respect for human and nature is very important. Viewing the relationship between human and nature, we refer to the archeology which is more important to the construction works in hillside area. Considering the relationship between hillside building practice and ecosystem, some basic ecological principles are put forward. On the other hand, the necessity and possibility of the combination of art and technology in hillside area architectures is discussed.

In the field of design research, we do the following works: the environment factors such as geology, topography, weather, hydrology and vegetation which influence the hillside constructions are discussed firstly. secondly, we concentrated on the morphology of the hillside area architectures. Because of the specialty of environment, the hillside constructions are characterized by the contact between buildings and land, the architecture forms and the structure of space. In that case, reduction of the contact between buildings and land, the flexible settlements of ground level and harmonious repationship between buildings and hill topography are preferable. thirdly, we analyze the originality, uniqueness, ecosystem-weakness and culture-recognition of the landscape in hillside area. It is held that the design work on the landscape in hillside area can be separated into four aspects: ecology design, vision design, space design and feeling design. fourthly, we talk about traffic organization in hillside areas. The movement of vehicles and people is analyzed, and some special transportation facilities in hillside areas are listed. Furthermore we try to find some good solutions to meet the requirements of transportation and morphology in the same time. Finally, some attention is also paid to disaster preventing, construction protect and facilities providing, which are related to vegetation, hydrology and the stability of hill slope.

目　录

前　言

山地，在我们所赖以生存的这个星球上到处存在。地球表面有71%的面积被海洋所覆盖，在剩下的陆地面积中，平原地区占33%，山地占了将近70%[①]，远远超过了平原面积。可以说，在地球上，只要有陆地存在的地方就会有山地。大量居民依靠山地而生存，在山地生产劳动，营造房屋，建设城市。大量的山村、山城在历史的长河中逐渐形成，例如我国的重庆、青岛、香港和攀枝花等，美国的旧金山，意大利的热那亚，捷克的布拉格，巴西的里约热内卢和阿尔及利亚的轧喀达雅城等。

山地，自古以来就与人类结下了不解之缘。《易・系辞》中说到“上古穴居野处”，其“穴居”的场所就是山地。可以说，山地是人类文明的发祥地之一。历史上，人们或利用山地来避免自然侵袭，或凭借山势之险要来筑城设防、抵御外侵，或取山势之雄伟来修建宗教建筑，以达到震慑人心的目的。

山地，在社会发展中，又是逐渐被人们所忽略和遗忘的地方。随着社会生产力的发展，人类自身应付外界侵袭的能力逐渐加强，人们对“山地”这一自然屏障的依赖减弱了；同时，由于农耕经济逐渐取代了早期的游牧经济，人们的生存空间逐渐移向平地；此外，由于平原地带的易通达性，加速了人口集聚和信息传播，使平地对人类的吸引力大大增强。以上诸般原因，促使山地与平原地带的经济发展出现了严重的不平衡。平原地带的不断发展，愈加显示了山地区域在各方面的落后，而山地区域的落后，又愈促使人们流向平原。于是，山地逐渐被人们忽视。

山地，还是遭受破坏较严重的地域。由于世界人口的不断增长，平地资源的消耗殆尽，人类不得不向山地扩张。然而，长期以来，人们较少从事对山地开发的研究工作。急功近利的心态和对山地开发的无知，使人们热衷于“移山为平地”、乱砍乱建……对山地建设的复杂性和综合性缺少准备，对土地的利用缺乏合理性，致使生态环境失衡、景观质量下降。这些状况，不仅直接造成了山地区域的环境恶化，甚至会进而影响广大的平原地区，最终给整个地球的环境带来不良后果，贻害子孙后代。

山地，也是值得人们利用、大有前途的建设场所。首先，尽量利用山地作为建筑基地，就能多留出平地，增加耕地面积；其次，山地还是一个充满了各种资源的环境地带，出于对各种资源(诸如矿藏、水利等)的开发和利用，人们必然会增加对山地的开发；第三，由于山地环境具有接近自然、远离城市喧嚣的特点，因此，它也是吸引人们旅游活动的重要场所。此外，随着社会生产力水平的发展，现代工程技术、经济基础的提高，山地建筑的功能适应性已得到了大大的增强，在大多数山地环境中具有了相当的建设可行性。

古往今来，对于人类的建筑活动而言，建筑学的主要意义在于其在艺术和技术上的积淀和启示。建筑师依靠艺术修养来把握建筑造型，用工程技术知识来保证建筑的实施，试图为人们创造一个“坚固、实用和愉悦”[②]的庇护所。然而，随着现代社会的发展、人类知识领域的拓展，仅局限于对建筑本身进行研究的传统建筑学已渐渐被“广义建筑学”所取代。建筑学的视野已经扩展到了与自然环境、文化氛围、工程科技、艺术思潮等学科有关的各个方面，成了一门与许多自然、人文学科交叉的工程应用性学科。

因此，为了适应人类的现代山地开发，我们的山地建筑研究不能只把注意力集中于传统建筑学的涉及范围，而应依托各相关学科领域的成果，建立较为宽泛和扎实的基础。具体而言，我们可从“山地”这一特殊的环境场所出发，吸取传统建筑学、结构学、地质学、地理学、生态学、水力学、土力学、社会学、心理学等学科的研究成果，在宏观上建立一个较为完整的学科基础，以利于研究在各个微观问题上的深入。

此外，出于现实的迫切性，我们希望这项研究能对山地建设的发展有较强的实践指导意义。我们的研究将注意理论与实践并重：既有明确的观念、科学的指导思想，又有具体的设计原理探讨；使软科学和工程科学结合成一个整体，具有实际的可操作性。

我们的研究方法力求“虚实相向”。通过对多学科的研究、综合、提炼，得出较为科学、完善的观念，用它们来帮助我们形成山地建筑的理论体系，此为“虚”。同时，针对山地建筑设计的一些具体问题，深入研究，将理论的指导意义发挥出来，此为“实”。

笔者长期以来参与了很多山地建筑设计实践，深感山地建筑的特殊性，但国内、外在这方面的系统研究成果见到不多，为此萌发了总结山地建筑设计理论和实践的念头。近十年来，结合研究生培养，完成了《山地风景区大中型建筑集中布局探讨》、《山地建筑形态特征探索》、《山地建筑群体研究》、《山地住宅研究》、《中国传统山地建筑研究》和《山地建筑技术论》等课题研究，在此基础上最后完成此书，希望得到建筑、规划界同仁的批评指正。

本课题是高等学校博士学科点专项科研基金资助项目。

在山地建筑研究的过程中，周延、任雷、孙光临、陈乐旗、李速等先生分别参与了相关课题的研究；本书第二篇第五章中水文组织部分由吴桢东教授审阅并参加部分撰写；本书在写作过程中，由西南交通大学季富政教授、黄一如副教授等提供了不少资料，林浩、陆臻、宋云峰先生和文小琴女士等绘制了部分插图，在此一并致以真诚的感谢。

编者

2000 年 6 月

前言注释

① 这里所说的“山地”为本论文导论所定义的“山地”概念，包括地理学意义上的山地、丘陵、高原。文中有关百分比的数据来源于《普通地貌学》第29、38、134页(潘凤英、沙润、李久生编著，测绘出版社，1989年)。

② [英]帕瑞克·纽金斯(1983)，《世界建筑艺术史》(中译本)第2页，安徽科学技术出版社(1990)。

导　　论

一、基本概念

（一）山地

现代科学对山地的关注，始于地理学。“板块理论”的形成和发展，使人们对于地球上的造山运动有了初步的认识。法国学者阿莱格尔在其著作《活动的大陆》中就说到：“由于发生导致地壳局部缩起的运动，地球表面的这种地带内便出现褶皱和断裂……地球表面的这种变形地带构成山脉”[①]。因此，已经存在的诸多“山地”定义都偏重于地理特征的描述或地貌特征的划分。

在《地理学词典》中，山地是“许多山的统称，由山岭和山谷组成，其特点是具有较大的绝对高度和相对高度，切割深、切割密度大……”。

在《辞海》中，山地被定义为“陆地表面高度较大，坡度较陡的隆起地貌。……它以较小的峰顶和面积区别于高原，又以较大的高度区别于丘陵。”

从以上的定义中，我们可以看出，山地应具有两个方面的地理学特征：1. 有一定的绝对高度；2. 有一定的相对高度。对于这两个特征的量化指标，国际上目前还没有统一的标准。根据中国科学院地理研究所（1960年）确定的标准，只有绝对高度大于500m、相对高度为200m以上的地形才能被归为“山地”[②]，而其他如“海拔在500m以下、相对高度不超过200m、坡度较缓、连绵不断的低矮山区”被称为“丘陵”，“海拔在500m以上、顶面比较平缓的高地”则称“高原”[③]。

在我们看来，上述的一些“山地”定义是出于地理学需要的一种划分。

从建筑学的角度出发，山地是一种具有特殊场所感的建筑基地。与平原、水乡或滨海区等地带不同，山地给人的心理感受及其客观的可利用性是独特的。在意识形态上，人们对“山”的感情是既敬畏又亲近，一方面认为“崧高维岳，峻极于天”[④]，另一方面又推崇“智者乐水，仁者乐山”[⑤]。在山地的实际开发上，山地又对建筑的形态、景观、交通、技术等诸方面提出了极其苛刻、严格的要求。

同时，对于每一块具体的建筑基地来说，我们并不会计较500m标高或200m标高的区别，不会计较每一块基地是位于起伏地段之上还是在局部平地之上，是正好处于山体之上，还是落于山体周围。因为，对山地建筑而言，起影响作用的是一个整体的地域系统。我们不可能把建筑与其周围的环境隔绝开来，从局部的角度去研究。

因此，从建筑场所的角度出发，结合地理学的“山地”概念，本书论述的范围将“山地”的概念扩大，它既包括地理学上的含义，是山、丘陵、高原的综合；又包括非地理学上的含义，即指地形起伏变化但不一定在山区的建筑用地。

（二）地貌

“地貌”(relief)一词源自希腊文，意为“地球的形态”，因此，它是地球表面各种形态的总和。在地理学中，地貌与气候、水文、植被等一样，是组成自然的重要因素之一。而对于我们的山地建筑研究来说，由于它常是与山地建筑发生直接关系的界面，且具有直观的视觉形态，因此显得异常重要。

对地貌进行专门研究的学科是“地貌学”，它是地理学的重要分支。在地貌学中，对各种地貌形态及其成因进行研究是其根本目的。因此，地貌学的研究成果有助于让我们从更深的角度去认识地表形态。

按地质学的解释，同地球上其他种类的地形一样，山地地貌的形成也来自于地表所受的内营力和外营力的作用。其中内营力是“地球内部能量所发生的作用，主要是指地壳运动，包括垂直的升降运动（震荡运动）、褶皱运动、断裂运动等，以及一些附属的现象如火山、地震等”[6]，它是地球内部能量的释放和分解；外营力是“地球表面受重力和太阳能所产生的作用，包括物理和化学风化作用、流水作用、冰川作用、风力作用、波浪及海流作用等”[7]。很显然，由于内营力和外营力作用是不断变化的，地表的地貌也应是动态变化的，因此，我们在山地活动中对各种地表形态的把握应该格外谨慎，并注意区分“内营力”和“外营力”对基地环境所形成的不同影响，以决定基地的不同利用可能。

按通常的说法，地理学或地貌学中的“地貌”与“地形”几乎是一对同义词，可以互相替代。如有的书[8]是这样定义“地貌”的：“地理学中也被称为‘地形’，是地表各种形态的总称”。出现这样的情况，对地理学来说是可以理解的。因为在地貌学或地理学中，被研究的“地貌”通常是较为宏观的、尺度较大的地形，缺少对各种小地形及其表面组成物质的研究。

但是，如果从建筑学的角度出发，人们对“地貌”的关注往往较为细致。人们既重视地表的各种几何形态，又关心组成地表的岩石、土壤及植被等因素，因为从以上的任何一点都将对山地建筑的形态、环境、景观等诸方面产生较大的影响。

因此，本书从建筑学角度出发，结合地理学概念，考虑到阐述的逻辑性，将地貌与地形概念分开，即：“地貌”由“地形”和“地肌”两个方面组成：1.“地形”，是指地表的三维几何形状，它偏重于形态学(morphology)的范畴，一般都具有明确、清晰的“边界”(boundary)；2.“地肌”，是指地表的肌理组成，它是各种不同质感的地表组成物质的总称，通常包括岩石、土壤和植被状况等要素。

（三）山地地形

地球表面的起伏形状是千变万化的，通常，这些有较明显起伏的地形多处于山地。为了能对山地地形的几何形状及边界特征进行比较精确的描述，我们需要借助等高线、坡度、山位等概念，它们是限定山地地形的一些基本要素。为了制定最佳土地利用方式，形成合理的山地建筑观，我们在探讨山地地形的分类之前，先简述地形特征表示的要素。

1. 地形特征表示的要素

（1）等高线

等高线[⑨]是地面上高程相等的点联成的曲线，用以表现地表形态的基本图示方法（图导－1）。图中的数字表示高程，也称海拔，一般指由平均海水面起算的地面点高度，由于选用基准面的不同，有不同的高程系统。我国于 1958 年统一以黄海的平均海水面作为国家高程基准面。

通过由等高线形成的地形图，我们可以知道山地地形的基本关系：从等高线排列的疏密程度（当相邻的每两根等高线高差一致时），我们可以判断山地地形的坡度大小；从等高线分布的开闭、围合情况，我们可以确定山地地形的不同位置特征。

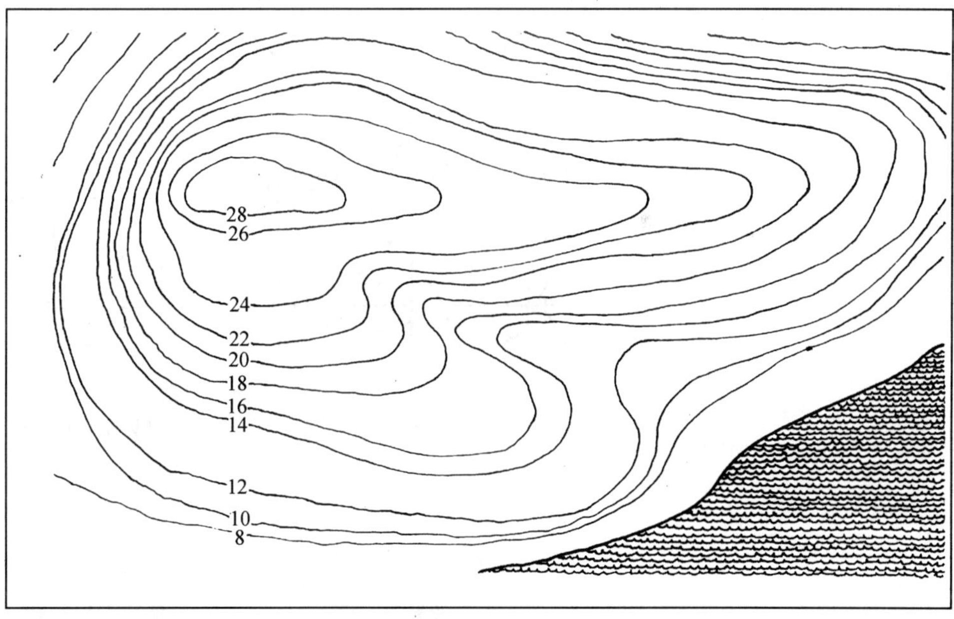

图导－1　等高线表示方式

（2）坡度

坡度是指地表任意两点之间连线的倾斜度。坡度的表示可有三种方式（图导－2）：高长比、百分比和倾斜角。在工程设计中，采用百分比的较多。

高长比——坡面上任意两点之垂直高差与两点水平距离之比，图导－2 的坡度为 1∶2。

百分比——坡度(%) = $\frac{\text{地表两点之垂直距离}}{\text{水平距离}} \times 100\%$，图导－2 的坡度为 50%。

倾斜角——任意两点连线与水平面的夹角度数，导图－2 的坡度为 22.5°。

对于山地地形来说，在大范围的规划中，还需使用平均坡度的概念，以便把握坡度的总体趋势。平均坡度的计算通常采用方格法（图导－3）。

在地形图上根据需要划分等距离的方格，方格内之平均坡度 S(%)可由下列公式求得：

$$S(\%)=\frac{\text{方格内等高线长度}\times\text{等高线高差间距}}{\text{方格总面积}}\times 100$$

或 $S(\%)=\dfrac{n\pi\Delta h}{8L}$

n = 方格内等高线与方格边线交点总和，L = 方格边长，π = 圆周率，Δh = 等高线高差间距。

由坡度的大小，我们可以知道山地地形的陡缓，判断出不同地段的利用可能性。同时，不同的山体位置也体现了较明显的坡度特征。

(3)山位

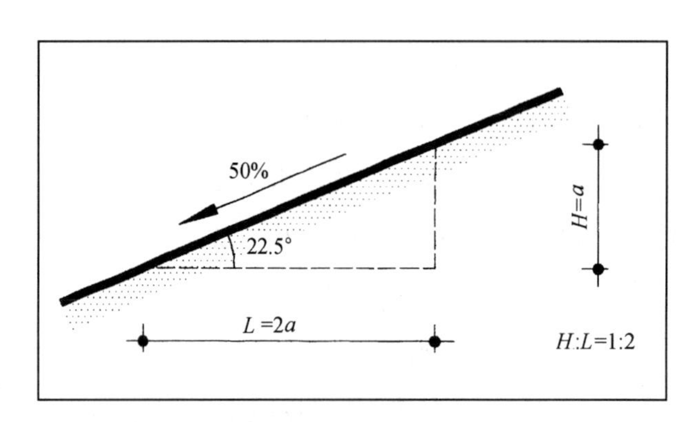

图导－2 坡度的表示方式

对于山地地形，传统上有许多名称：脊、岗、坡、岭、谷、墩……不胜枚举。这些名称描述的是山地中的一些基本地形，反映了山体各个不同位置的特征，因此，我们把它们称为“山位”。山位作为山地地形的要素

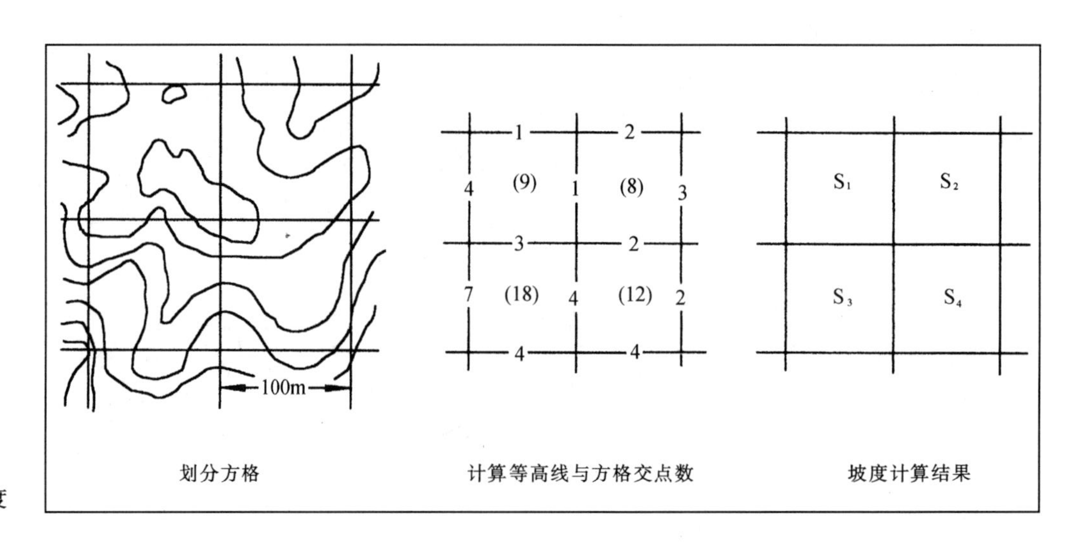

图导－3 方格法计算平均坡度

之一，具有两方面的特征。首先，它具有基本性，是山地中各种单一地表形状的概括，有不可再分的特点；其次，它具有直观性，在山地环境中有很强的可识别性，容易被人们把握。然而，由于历史和地域的原因，对于山位的认识在各地会有所不同，有时，各种名称在意义上会产生重复或交叉。因此，为了对山地的各种基本地形作一整体把握，并避免歧义的产生，我们有必要对山位作一具体分析。

按照金京模[10]的观点，山地地形是由山脊（包括山顶）、山坡（包括悬崖）和山脚组成。其中，山脊（或山顶）的形状可分为平、圆、尖三种；山坡是从山顶到山脚的倾斜地面，形态各有不同，有直立的、倾斜的、梯状的；山脚是指山与地平线的接触部分。

根据山地的形态特征，且考虑到与建筑学研究的关系，我们将山位分为以下七种

图导－4　山位分析立体图

1. 山顶
2. 山脊
3. 山腰
4. 山崖
5. 山谷
6. 山麓
7. 盆地

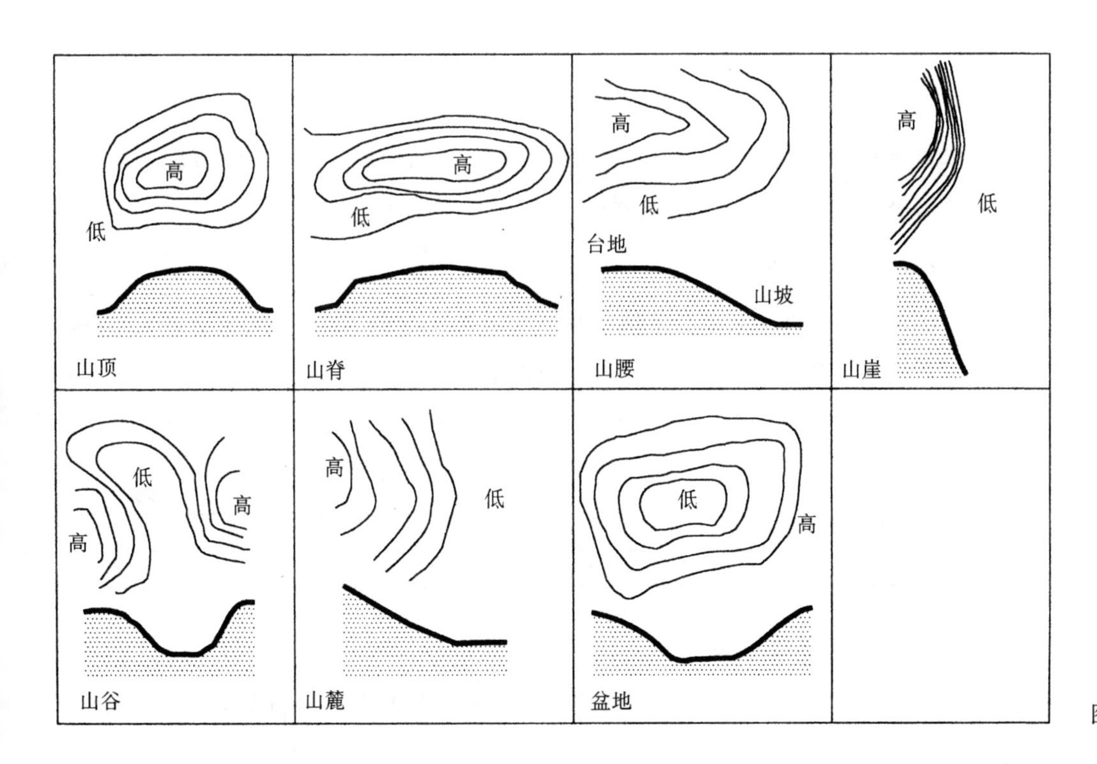

图导－5　山位分类图

（图导－4[11]、图导－5）：

①山脊——条形隆起的山地地形，亦被称为山岗、山梁；

②山顶——大致呈点状或团状的隆起地形，亦被称为山丘或山堡；

③山腰——位于山体顶部与底部之间的倾斜地形，亦被称为山坡，其中较为平缓

的地形也被称为台地；

④山崖——坡度在70°以上的倾斜地形；

⑤山谷——两侧或三面被上坡所围的地形，亦被称为山坳、山沟等；

⑥山麓——周围大部分地区较为开敞，只有一面与上坡相联结的地形，亦被称为山脚；

⑦盆地——四周的大部分地区被上坡所围，内部区域较为平缓、宽大的地形。

2. 山地地形的分类

对地形进行分类，有许多不同的入手角度：

(1)按地表分割深度分类

从地貌学的角度来看，地形的分类应反映地形形态的起源，以揭示地表分割深度与特征为出发点。如前苏联学者里赫捷尔，按地表分割深度（2km距离内的变化幅度），将地形分为六级：

一级地形区：未分割平原；

二级地形区：分割深度小于25m的微分割平原；

三级地形区：分割深度为20~200m的严重分割的平原和丘陵；

四级地形区：分割深度为200~400m的低山区；

五级地形区：分割深度为350~400m的低、中山区；

六级地形区：分割深度大于400m的中、高山区。

这种地形分类，从较大的范围把握了地形的变化规律，适合于区域规划、风景区规划等大尺度规划。但是，对于我们的研究对象——山地建筑而言，显得尺度太大，与山地建筑所处的地形环境关系不够密切。

(2)按地形坡度分类

从形态学的角度来看，所有的地形都具有长度、高度、坡度和地形分割层度等指标。在一个较小的范围内，地段坡度起主要作用，根据坡度的大小，可以对地形进行分类[12]（表导-1）。

表导-1

坡度	3%以下	3%~10%	10%~25%	25%~50%	50%~100%	100%以上
类型	平坡地	缓坡地	中坡地	陡坡地	急坡地	悬崖坡地

(3)按地形的复杂度分类

在一个较大的地域范围内，综合考虑地形的平均分割度和平均坡度，按地形的复杂程度，可分为三类[13]：

①不很复杂——分割深度在20m到100m之间，断面平均坡度不大于5%的地形；

②比较复杂——分割深度达200m，断面平均坡度大于5%的起伏地形；

③非常复杂——分割深度超过200m，断面平均坡度也大于5%的地形。

(4)按地形的几何形状与空间关系分类

从建筑学及山地规划与设计的角度出发，山地地形的分类主要力求表现地形的几何形状与空间的关系，具有形态学的特征。这方面的例子以叶甫列莫夫和克罗基乌斯共同提出的地形分类法最为典型[14]。他们认为，不同的曲率半径可使地表基本单元呈弧面或平面，面与面之间的正负凹凸变化形成了不同的交线（如脊线、谷线等），而各种线的交接处又形成了点（顶点、岬点、深点、分水点等），同时，各种地形要素有机结合，可以表征各种简单地形和复杂地形。

对于山地建筑而言，把地形的几何特性与空间特性作为分类标准显然更合适，这将为我们更好地把握建筑与地形的关系提供便利。我们以叶氏和克氏提出的地形分类法为基础，结合山位的基本概念，提出单一地形和复合地形分类体系（图导－6、图导－7），以使地形分类与山地环境的结合更为紧密。

山位	单一地形分类		
山顶、山脊（坡顶）	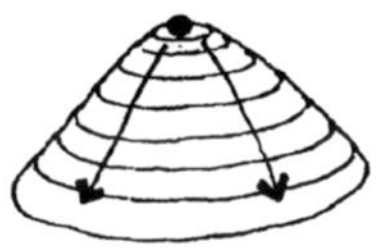 • 山顶，有四个方向的视景，中心感强	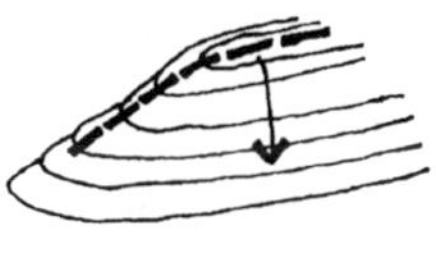 • 山脊，有三面视景，体现地形延伸方向	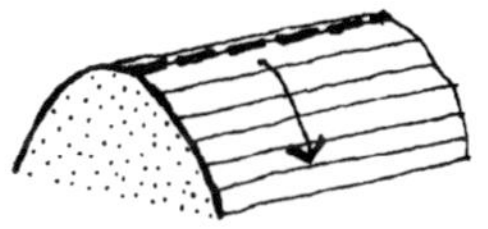 • 山脊，有两面视景，山地空间被分割
山腰、山崖（坡顶）	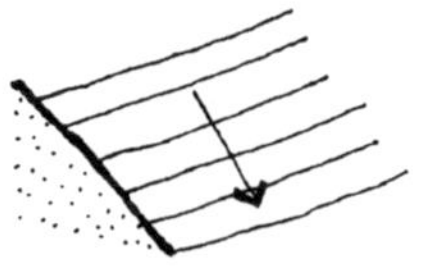 • 平坡，有一个方向的视景，山体成为背景	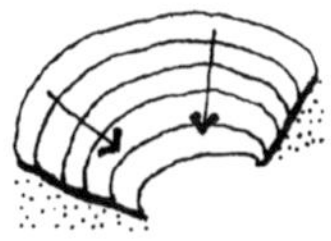 • 凹坡，山地空间呈内向性，容易构成视觉联系	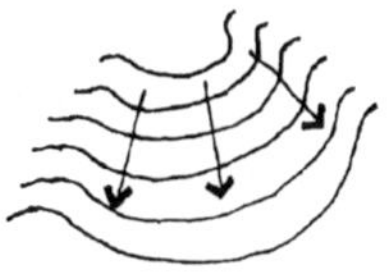 • 凸坡，山地空间呈外向性，容易使建筑形体突出
山谷、山麓、盆地（坡底）	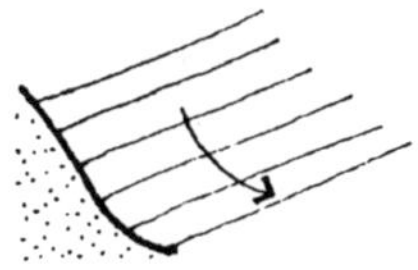 • 山麓，平坦	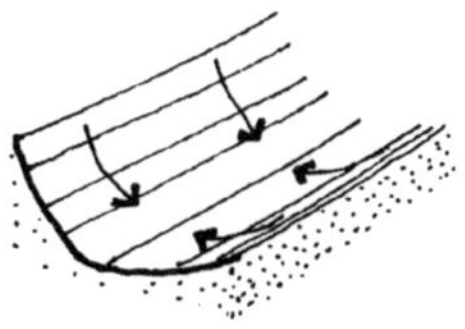 • 山谷，视觉联系紧密	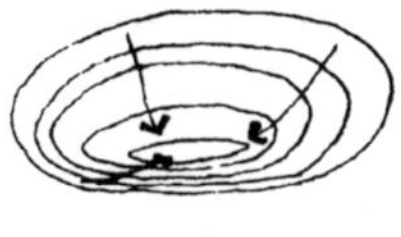 • 盆地，空间内敛，视觉联系向心

图导－6　单一地形种类

（四）山地地肌

地肌是与山地地形同时存在、不可分割的。“内营力”和“外营力”作用于地壳，造就了山地，也造就了山地的几何形状和“肌理”。这里，我们借用“肌理”这个词，主要想使之与“形状”相对应，从两个既相互独立又相辅相成的方面去描写地貌。组成地肌的主要元素是岩石、土壤和植被。其中，岩性的不同多由地壳运动等“内营力”而造成，而

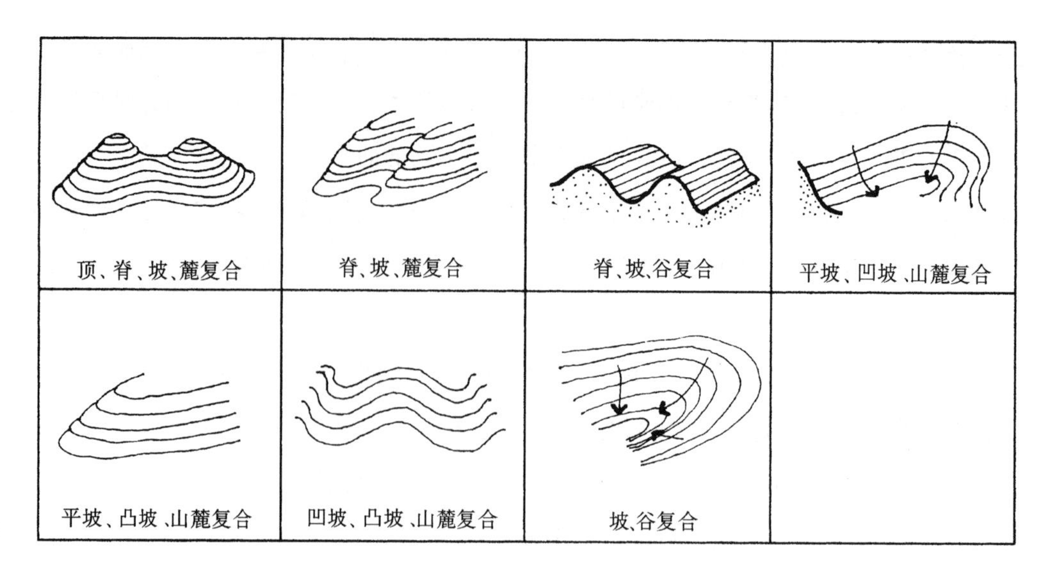

图导－7　复合地形种类

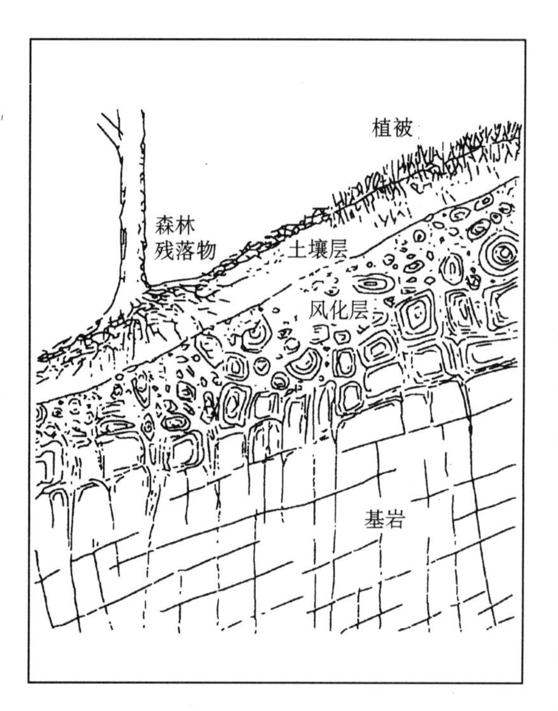

图导－8　山体土壤的层次

土壤、植被的差异多受“外营力”的影响。

1. 岩石

与地理学研究不同，我们关注岩石并不是为了研究山地的地质构造与地貌成因，而只是把它看作是组成山地地表的一种物质元素。从外表上看，岩石的形状、颜色变化非常丰富，具有鲜明的景观特征；另一方面，以岩石为主的地区也会给建筑的生存带来复杂性。在这种地方，地表蓄水性极差，地表径流的变化较大，植物较难存活，常会引发水流对建筑的冲蚀，也难以形成适宜的小环境。

2. 土壤

按照地理学的解释，土壤的主要部分“是由分割得很细小的矿物质组成的，这种矿物质可由坚硬的岩石(母岩)经过风化过程而形成(图导－8)。岩石风化包括二种主要变化：(1)物理破碎成愈来愈小的颗粒；(2)原生矿物的化学变化”[15]。在整个风化过程中，风化作用首先把固体岩石转化为风化层，这是一个不能维持植物生长的松软的矿物质层，但能被转变成土壤；接着，这些由矿物颗粒和被河流、冰川、波浪作用搬运到沉积地方的其他风化层就逐渐转变成形成土壤的母质。当然，这种由岩石转变成土壤的过程是非常缓慢的，它还取决于环境条件的适宜程度。

根据土壤颗粒的大小，我们可以把土壤分为砾石、砂粒、粉砂粒、粘粒和胶粒等(图导－9)，它们之间相互混合，就会形成不同质地的土壤，如砂壤土、粘壤土、壤土、粉砂粘土等(图导－10)。土壤质地的不同,在很大程度上决定了土壤保持水分或者把水分传送到地表以下的能力。例如,相比较而言,纯砂粒保持的水分最少,向下传递水分最快;而纯粘粒保持的水分最多,向下传递水分的速度最慢,土壤的性能介于两者之间(图导－11)。

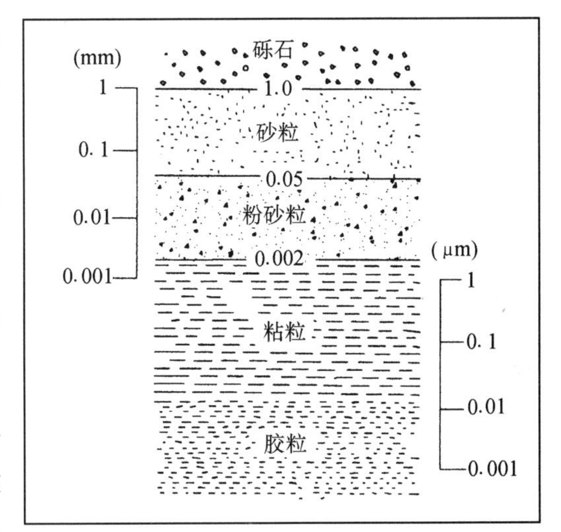

图导－9 颗粒大小与土壤分级

土壤质地的不同,直接决定了山地环境的生态状况、植被种类,对于山地建筑的形态设计和景观设计具有重要的影响。有时,在特殊的情况下,土壤质地还会对山地建筑的构筑方式产生影响(如黄土高原上的窑洞建筑),为开拓山地建筑的接地形态提供了可能。

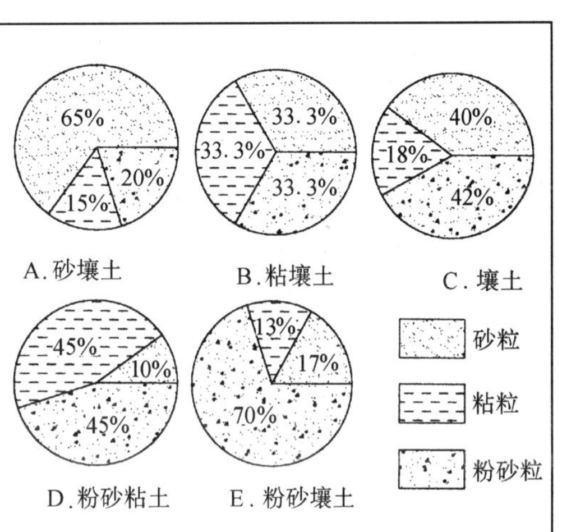

图导－10 五类土壤质地的标准组成

3. 植被

植被是山地地表最活跃的组成要素,对于视觉景观的塑造和生态环境的形成具有重要的意义。按照植物的躯体结构、大小和形状,植被大致可分为乔木、灌木、藤本植物、草本植物及地衣等[16]。一般说来,在不同的纬度地带或高度,植被的分布有一定的种类特征,这是因为不同的植物对于气候、环境有不同的适应能力。高大的乔木一般分布于谷地、盆地等较平缓地带。随着地形高度的增加,树木会逐渐变小,到了一定的高度以上,则只有灌木丛、草地等植物,它们对环境的抵抗性强,能阻止土壤受侵蚀。

图导－11 土壤质地与水分储藏量和凋萎点

不同的环境、气候条件决定了植被的主要种类分布状况,也就构成了不同的生物群落,如森林、萨王纳、草地、荒漠和苔原等。其中,森林和萨王纳的生存高度在森林线(约3600m)以下,而草地、荒漠和苔原的生存高度则可以较高,但也在雪线以下。当然在不同的纬度地带,森林线和雪线的高度不尽相同,纬度越高,森林线和雪线的高度越低,到了极圈,雪线的高度就几乎与海平面相接近了。

(1)森林。森林多由高大、密集的树木所组成,它们的树干分枝较高,根部发达,能使地表土壤保持丰富的水分和热量,有利于减少极端气候的产生。根据温度和雨量的变化，森林可表现为赤道雨林、热带雨林（以常绿阔叶树和粗壮的藤本植物为主）、温带雨林（以阔叶树和发育良好的下层植被为主）、落叶林（以桦、榉、山核桃等阔叶树为主）、针叶林（以树干笔直、呈圆锥状的乔木为主）和硬叶林（以耐旱的硬叶子矮树和灌木丛为主）。

（2）萨王纳（也被称为热带稀树草原）。萨王纳是森林和草地之间的一种过渡，它由一些彼此相距很远的树木组成，在树木之间的地面上生长着草类和灌木。由于这种植被具有开阔的、类似公园的外貌，因此，人们有时也把这个生物群落叫作“公园地”。萨王纳可以出现在广阔的纬度范围内，但是通常以热带干—湿地区为多，其植物种类主要包括旱生的或落叶的乔木和刺丛和灌丛。

（3）草地。在大部分的中纬度和亚热带地区，草地广泛地存在着。在这种生物群落中，草本植物绵延成片，乔木和灌木几乎不存在。根据土壤水分的多少、气候的干燥度，草本植物的生长高度和密度会有所变化。一般来说，环境和土壤越干燥，草的高度越低、分布越稀疏，植物对地表的覆盖度越小。

（4）荒漠。在荒漠地区，植被分布分散，地表覆盖度极低。其主要的植物种类为一些稀疏低矮的草本层和旱生灌木。荒漠的形成既有气候的原因，也有人为的原因，因为，过度的放牧和大规模的人为开发会使环境恶化、气候变异。

（5）苔原。苔原是一种只出现在具有丰富的土壤水分且气候寒冷的环境中的生物群落，其主要植物种类包括草类、藓类、地衣和一些矮小的灌丛。

以上的诸种生物群落，显示了山地生态系统的复杂性，并使山地建筑的生存环境充满了地域特性。山地建筑要与环境相谐调，既要注意保持山地环境的生态特性，还应根据植被的种类、形状及分布特征，在形态设计和景观设计方面作出反应。

二、山地开发的必要性及可行性

（一）山地开发的必要性

山地对于现代社会的重要性，一直没有引起人们的足够注意。然而，事实却正在逐渐提醒我们：开发山地、利用山地将是我们所面对的必然选择。

有资料显示[17]，在距今约 140 万年的旧石器时代，地球上的总人口为 12.5 万。到了 20 世纪末，全球人口已经超过了 60 亿。显然，人口是急剧膨胀了，而我们的生存空间却是同一个地球。面对“人口爆炸”，地球上的平地资源已逐渐被人类蚕食殆尽，人们必须不断地拓展生存空间、寻找新的聚居点。于是，人们的目光将不得不移向“山地”——一个占地球陆地面积 70% 却还很少被人类利用的广阔空间。

在现代社会，尤其是“工业革命”以来，随着科技水平和工业发展的进步，各种自然资源对于人类的发展和生存已经是休戚相关。各种矿产、林木、水力等资源的供给成了现代社会物质文明的基本保障。为了获取资源，人们必须开发"山地"——这个蕴藏着各种自然资源的宝贵地域。

此外，生活于现代物质文明中的人类，渴望舒缓由高节奏、高竞争的生活带来的紧张、压抑心情。于是，亲近自然，寄情山水，成了人们逃离物质文明喧嚣的最好手段。这样，人们需要回归"山地"——一个便于人们旅游、休闲的胜地。

山地开发的必要性大致可有以下三个方面：1. 开拓生存空间的需要；2. 获取资源的需要；3. 回归自然的需要。

1. 开拓生存空间的需要

人类的生存离不开土地。"民以食为天"，粮食是人类生存的第一需要。要保障人类有足够的粮食，就必须首先保证有足够的耕地面积。然而，随着世界人口的增长，人类耕地资源的需求与供给之间的矛盾却日益明显。一方面，人口数目的急剧增长需要愈来愈多的农业用地；而另一方面，地球上许多适宜耕种的平原已经人满为患，人类的聚居地日益膨胀，削减了可耕地的供给总量，而且，随着工业、交通和城市的发展，许多原有的农田正逐步被厂矿、道路、机场和各类市政建设所代替，可耕地的损失日趋严重。耕地面积的不足愈来愈成为困扰世界上大多数国家的难题。

1972年，美国的麦多斯教授应罗马俱乐部之求提出了名为《增长极限》的研究报告[18]。他认为，根据人口增长与耕地需求之间关系（图导－12），按当时人口与经济发展速度继续下去，世界耕地就会绝对不足，自然资源枯竭，人类会有毁灭的危险。显然，麦多斯的悲观并不是空穴来风。有资料显示，西方的一些主要发达国家在经济高度发展的60年代都因城市化和工业化损失了相当的土地（表导－2）[19]，而且，这些损失往往是不可逆的。"城市越来越大，人口越来越多，各种建筑、公路、机场、游乐场和公园，往往都占用了最肥沃的土地。最能生产食物的土地在世界各国都日益短缺。"[20]例如，在美国，随着城市群的形成和城市向郊区的扩展，大量的平地耕地被占用。统计资料显示，在70年代，城市郊区每增加一个居民，就要失去0.15hm²（2.25亩）的土地，其中，

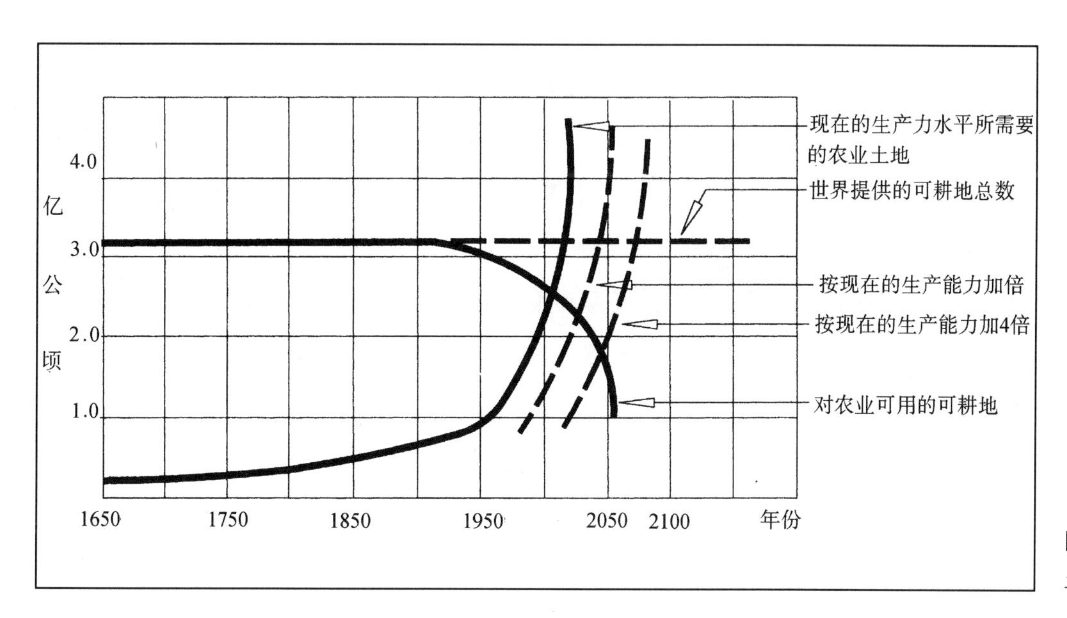

图导－12 《增长极限》中对可耕土地的分析曲线

工业化国家 1960 ~ 1970 年间的土地损失 **表导 - 2**

国家和地区	1960 ~ 1970 土地损失率(%)
奥地利	1.8
比利时	12.3
丹麦	3.0
芬兰	2.8
法国	1.8
西德	2.5
日本	7.3
荷兰	4.8
新西兰	0.5
挪威	1.5
瑞典	3.3
土耳其	0.4
英国	1.8
美国(不包括阿拉斯加)	0.8

0.09hm² (1.35 亩)是原有耕地。在曼谷,1910 年时的城市用地只有 12km²,1940 年扩大为 44km²,到了 80 年代进一步扩大到了 170km²,是 1910 年的 14 倍,城市扩张的速度惊人。

与世界性的土地短缺问题相比,我国的情况尤为严重。我国的基本国情是:农业耕地绝对面积大,相对面积小。根据国家统计局公布的数字,我国耕地总面积为 14.3 亿亩,约占世界耕地总面积的 7%,居世界第五位[21];但是,分摊到每个人,我国的人均耕地面积仅有 1.3 亩,不及世界人均耕地面积 (3.96 亩) 的 1/3。无论从纵向(历史)还是从横向(外国)来对比(表导 - 3),我国当前这样低的人均耕地面积,不能不使我们充满了危机感。

人均耕地面积纵、横向比较 **表导 - 3**[22]

	中国	纵向对比(古代)				横向对比(现代)		
	当前	秦汉时期	隋唐时期	明朝	清朝	前苏联	美国	加拿大
人均耕地(亩)	1.3	9.7	12.6	12.7	2.1	13	12.4	27.5

此外,由于城市建设和工业、交通事业的发展大量占用耕地,近 30 年间,我国的耕地面积每年平均递减 817 万亩,相当于每 3 年减少一个福建省的全部耕地[23]。按照这个速度,在不远的将来,我国的耕地将不能生产足够的粮食供给我国的 12 亿人口。

面对人口的增长和耕地资源的匮乏,人们不得不对地球上仅有的那些平地愈加珍惜。为此,在我国,已经把"合理地开发利用土地、保护好每一寸耕地"当作一项基本国策。基于以上的认识,越来越多的城市、建筑群体已经不回避山地,自觉地采取了向山地拓展生存空间的行动。

2. 获取资源的需要

资源,按照一般的理解,可以有广义和狭义之分。广义的资源包罗万象,有经济资源、景观资源、文化资源……狭义的资源则主要是指经济资源。它包括可再生资源(如森林、草场、野生动植物或水资源、土地资源、气候资源等）和不可再生资源（如各种矿产等）。

显然，山地富含各种自然资源，能为人类提供现代社会物质文明所依赖的各种物质资料，是各种经济资源的藏身之地。

人类对于自然资源的利用源远流长。早在石器时代、青铜时代，人类就开始了对矿物资源的尝试利用。到了近代，随着工业革命的产生，人们为了满足工业化生产的需要，对矿物的需求量成倍增长，并随着工业水平的发达而消耗愈加多的矿物资源。从某种角度上来看，一个国家的发达程度可以从其消耗的资源总量上得到反映。

工业社会所带来的物质文明使人们对各种资源的供给产生了极大的依赖。这就迫使人类必须尽力去寻找、开采尽可能多的资源。然而，在地球上，占陆地面积70%的为山地，它们贮藏着大量的资源。为了获取资源，人们也不得不向山地进军。

例如，地处我国西南山区的攀枝花市原来并不存在，只是由于当地具有得天独厚的矿产资源，才引来了大批的建设大军，并由一个工业区逐渐发展成生活设施齐全、充满活力的山地城市[24]（彩图5）。

又如我国的三峡工程，迁建了大量的山地城镇，引发了规模浩大的山地建设，其目的就是为了充分利用三峡地区的水力资源，为我国的国民经济发展作贡献。

3. 回归自然的需要

意大利文艺复兴时代著名的理论家莱昂·巴蒂斯塔·阿尔伯蒂曾说过："我希望在布置城市的地方，靠山附近有平原，平坦地方有丘陵。"维特鲁威的《建筑十书》中亦有："……首先选择最有益于健康的土地，即那里应当是高地，无雾无霜，注意到天空的方向……"可见，接近自然，择"高"而居在历史上早已有之。

同样，回顾中国建筑史，我们也可以发现，中国人是很早就有了对自然山水的审美能力。《园冶·山林地》中言："园地惟山林最胜，有高有凹，有峻而悬，有平而坦，自成天然之趣，不烦人事之工。"因此，我们不难理解秦始皇"离宫别馆，弥山跨谷"、清康熙于承德兴建"避暑山庄"是出于什么样的心态，也不会惊讶白居易的"草堂"会建于庐山之中。因为，不论是皇帝贵族还是布衣百姓，对于自然山水的偏爱和亲近都是一样的。

到了近代，社会进入了工业文明时期。越来越多的人口聚集于城市、生活于城市。人们一方面享受着方便的物质生活，一方面又承受着紧张、烦躁的心理压力。长期以来形成的与大自然的疏远和隔离，使人们愈加渴望回到自然中去。美国作家约翰·奈斯比特就把"高科技与高情感"当作未来社会发展的十大趋势之一，并预言"美国人正散居到城镇和农村地区去……"。布赖恩·贝里也指出："拥有巨额财富和大量闲暇时间的人们将在山峦起伏、河湖纵横、丛林茂盛的僻静环境中发现他们的安乐窝……"

回归自然的心态，使人们把"山地"当作了一种旅游资源，如欧洲的阿尔卑斯山周围的许多国家都在山中兴建了滑雪胜地、旅游旅馆和假日旅馆……在中国，较著名的有武夷山庄、无锡石油工人疗养院等。回归自然的心态，还表现在人们对山野气氛和田园风味居住环境的追求上，赖特的“落水别墅”可以说是这方面的典例。在我国，近几年也相继在厦门、深圳、珠海等地出现了建于山坡上的别墅群。

（二）山地建筑的可行性

由山地开发的必要性，我们可以想象，在未来的发展中，在山地实施建筑开发的工作量将是巨大的。但是，很久以来，人们对于大规模地利用山地、建造山地建筑的自信心还较缺乏，对于稳妥、有效地进行山地建设的可能性还不够了解。究其原因，物质和心理因素的欠缺是主要障碍。在物质上，由于开发山地需要有较大的经济投入和较高的工程技术水准，对建设者的综合实力要求较高，人们多数持知难而退的态度；在心理上，由于地理条件的不佳，经济状况的长期落后，使人们常把山地直接联想为“穷山恶水”。

然而，由于社会经济与工程技术的发展，人们对山地环境的认识不断加深，山地建筑的实施可行性正逐渐被我们所认识。

1. 经济可行性

克罗基乌斯认为[25]，人类对复杂地形利用的“愿望”和“可能”是由一系列复杂因素确定的。他把人类在建设活动中对待地形问题的历史分成三个阶段：

第一阶段——趋向于优先在复杂地形上发展城市，其主要目的是提高城市的防御能力。当时这样做是完全可能的，因为城市不大，而且其功能比较简单。

第二阶段——在城市建设中利用复杂地形受到限制，因为军事技术的迅速发展实际上使地形失去了城镇防御方面的特殊作用。与此同时，工业的发展要求城市为大规模的生产建设、交通运输和民用建筑创造有利条件。而在这个时期，社会的经济能力有限，城市趋向于平地建设。

第三阶段——由于生产和人口不断集中，造成用地日益缺乏。同时，随着城市建设的技术、经济能力的增强，在山坡上发展城市的需求和可能性急剧增长。结果，在城市发展的现阶段，明显地出现利用山坡地的新趋势。

考察一下全球大多数国家的经济发展水平，我们不难发现，随着发达国家已经进入了后工业社会和信息社会的时代，大部分发展中国家也进入了“城市化”发展的加速阶段，人类社会发展到现在，完全有经济能力，支持人类的山地建设。

当然，人类的山地建设在经济上具有了可行性，不仅仅取决于宏观经济财富的积累，山地——这个特殊的建造基地，还有其他诸多方面的微观经济有利因素。

首先，虽然山地建设的室外工程、道路建设投资较高，但是其地价却相对较低，可以节约大量投资。因为，山地基地一般多在城市边缘和郊外，地价远远比平坦地区或城市中心地区的要低，可以减少许多大型开发建设中用于土地购买或租赁的费用，而这些费用往往在许多建设项目的投资中占有相当大的比例。

其次，通过合理利用地形，在山地还能获得比平地更高的土地利用率，增加建筑的面积。例如，在南坡，建筑之间所需的日照间距将比平地缩小，可以因此提高建筑层数或缩小建筑间距，以提高建筑密度。

此外，由于山地的自然环境较好，能够提供独特的景观，从客观上提高了许多建于山地的旅馆、疗养院、别墅的环境质量，也就提高了这些建筑的商业价值。

因此，无论从社会经济的宏观角度，还是从具体山地建设项目的微观角度来说，山地建设在经济上具有很强的可行性。

2. 功能的适应性

山地建筑在山地大量发展具有可能性，还因为山地建筑具有较广的功能适应性。当代科学技术突飞猛进，人类社会对建筑的要求越来越复杂，功能种类也越来越繁多。在过去，人们对于“山地”始终心怀芥蒂，认为只有功能简单、小体量、分散的建筑才有可能被建于山地。而如今，许多成功的实践已经向人们证明了，山地几乎可以容纳大部分的建筑种类，其功能之完备、体量之完整出乎人们之意料。

住宅是山地建设中最常见的一种建筑类型，为了满足不同规模、不同层次的需要，人们可在山地兴建独立式住宅、联列式住宅或多层公寓、高层住宅等；大部分的公共建筑，如展览馆、旅馆、疗养院、医院、剧场等，通过对地形的合理利用，也能妥贴地生存于山地，并在某些时候，具有区别于平地建筑的独特个性；此外，由于山地环境优美、远离喧嚣，还常常被许多科教建筑所“青睐”，如国内外就有大量的学校建于山地，享受着大自然的宁静与清新。

3. 现代工程技术的保障

山地建筑涉及的工程技术问题很复杂，相关联的学科也较多。在过去，人们进行山地建设多凭经验或直觉，或者，迷信许多被夸大的“风水”理论，缺乏直观、系统的指导。而在现代，随着科学技术的进步，各门学科的发展、交叉，山地实践已经有了较为可靠的理论依据和技术保障体系。建筑学、结构学、地质学、生态学、水文学等学科的研究成果，使我们能系统地研究山地环境，总结出指导山地建设的科学理论原则；各种现代工程技术手段（如大型施工机械、现代施工工艺）的运用为山地建设提供了安全、可靠的保障，各种交通工具的出现（如缆车、索道、倾斜电梯、自动扶梯等）也为人们克服地形障碍、消化各种室内外高差提供了极大的便利。

我国是个人口大国，也是个农业大国，这是长期以来的历史事实。12 亿人的安居需要大量的住房，12 亿人的生存有赖于农业的稳定发展。而增加住房需要大面积的土地，发展农业同样需要耕地面积，因此，“合理地开发利用土地，保护好每一寸耕地”是我国的一项基本国策。于是，我们需要进行山地建设；同时，出于资源开采和旅游业、房地产业的发展需要，山地建设作为一项大有前途的工作将日益被人们所重视。为此，在我国建筑业的发展中，山地建筑的量将是十分巨大的。

回顾我国几十年来的山地建筑实践，我们既有成就，又有使人担忧的地方。早在60年代初，当我国经济实力尚处在较低水平的时候，我们就已经开始了山地建筑的实践，较早地进行了单体建筑、山地住宅小区甚至于整个山地城市的建设实践，并在山地建筑设计理论的研究方面有所心得，很多专家，特别是西南地区的许多工程技术人员，努力地研究和实践[26]，大胆地迈出了山地建设的第一步；80年代，改革开放以后，建筑、规划界加快了对山地建筑的实践与研究，相继形成了一些研究机构，有了长足的发展。很多地区建造了相当数量与山地结合良好的优秀建筑、建筑群及城市环境。

另一方面，在我们的山地建筑工程实践中，也有相当数量的建筑设计水平低下，与山地环境不协调，破坏生态环境。比较突出的现象是随意地对原有山地环境进行破坏。有的建筑，为了争取用地，竟然不惜开山、填沟、改变水道，破坏了原有的生态系统；有的盲目追求平坦开阔的效果，依仗现代化的机械设备，砍平整个山头，把平地建筑搬上山，既增加了造价，又破坏了原有的地形地貌，丧失了山地建筑的特殊韵味。

我国的山地建筑，在理论研究上和实践创作上都亟待进一步提高。

导论注释

① [法]C·J·阿莱格尔,《活动的大陆》(中译本)第68页。

② 徐在庸(1981),《山洪及其防治》第2页。

③ 参见《中国近现代史及国情教育辞典》中“高原”、“山地”及“丘陵”等条目(第650~651页)。

④ 引自《诗经·大雅·崧高》。

⑤ “智者乐水,仁者乐山”为孔子语。

⑥⑦ 见《地貌学》第19页。

⑧ 在《中国近现代史及国情教育辞典》第649页,对“地貌”这一条目解释如下:“地貌,地理学中称为地形,是地表各种形态的总称。岩石是地貌形成的物质基础,按形态可分为山地、丘陵、高原、平原和盆地等。”

⑨ 等高线最先是由德国人Cruquius约在1730年开始使用的,用以表现河流的底部,直到19世纪,它才成为测量图的共同用法。

⑩⑪ 金京模(1984),《地貌类型图说》第35~41页。

⑫《建筑设计资料集》(第二版、第六册)第223页,中国建筑工业出版社(1994)。

⑬ [前苏联]B·P·克罗基乌斯(1979),《城市与地形》(中译本)第42~43页。

⑭ [前苏联]B·P·克罗基乌斯(1979),《城市与地形》(中译本)第38~39页。

⑮ [美国]A·N·斯特拉勒(1976),《自然地理学原理》(中译本)第135页,人民教育出版社。

⑯ 同上。《自然地理学原理》第162~163页对植物种类的解释如下:“乔木是大型木本多年生植物,有一个直立的主干, 通常下部侧枝很少, 但在上部分枝形成树冠。灌木是有几个干的多年生木本植物,这些干从接近土壤表面的基部分出,所以它有大量的树叶贴近地面。藤本植物也是木本植物,但它们以藤萝的形式附着在乔木和灌木上。草本植物缺乏木质的茎,通常矮小,有一年生的,也有多年生的。地衣则紧贴地面,生长茂盛, 是一种特殊的植物结构。”

⑰ 潘纪一(1988),《人口生态学》第59页。

⑱ 潘纪一(1988),《人口生态学》第213页。

⑲ 潘纪一(1988),《人口生态学》第69页。

⑳ 潘纪一(1988),《人口生态学》第210页。

㉑ 以上数据资料来源于《中国近现代史及国情教育辞典》第213页。

㉒ 刘承贤(1990),该组数字来源于《中国干旱、半干旱地区气候、环境与区域开发研究(论文集)》中“略论我国的土地与人口问题”一文。

㉓ 潘纪一(1988),《人口生态学》第214页。

㉔ 杨光杰、卢慧中(1994),《攀枝花市规划与建筑创作》(《山地城镇规划建设与环境生态》第72页)。

㉕ [前苏联]B·P·克罗基乌斯(1979),《城市与地形》(中译本)第8~9页。

㉖ 唐璞:1.《解决住宅上山设计中的几个矛盾》(刊载于《建筑》1962.10);2.《山地住宅建筑设计标准化的途径》(刊载于《建筑学报》1963.11)。

第一篇　观念篇

在我们的研究中，我们把观念篇与设计篇的关系，理解为宏观和微观的关系，它们互为因果又具有不同的着眼点。观念篇所阐述的是有关山地建筑的宏观指导思想，是研究的基础部分，需要有一定的广度；而设计篇涉及的是有关山地建筑设计的各个具体课题，是研究的本体，需要有相当的深度。显然，离开了宏观上的完整性和科学性，微观上的深入将失去可能。

从广义建筑学的角度出发，山地建筑研究是一项融合许多相关学科的综合性课题。为了形成正确的山地建筑观，我们应把触角延伸到与人类山地活动有关的各种认识，从各个方面吸收营养。同人类所有的建筑活动一样，山地建筑的形成和存在离不开环境，因此对“人与自然”关系的把握是山地建筑观的首要组成部分。我们回顾人类山地实践的历史和思想演变，并引入了一定的哲学思考，将自然观与实践结合，以保证山地建筑与自然环境的和谐，于是，生态观的确立和深化就显得不可缺少；此外，山地建筑作为工程技术与艺术的统一体，其特殊的技术属性和艺术属性均不能被偏废，它们的有机结合是我们所必须追求的。

本篇包括传统观、哲学观、生态观和技—艺观四个组成部分。

第一章　传　统　观

传统，一般是指由历史上流传下来的，具有本质性的模式、模型和准则的总和。它是流动于人类历史长河中的动态过程，包括心理、信仰、道德、审美、思维方式以及风俗、礼制、行为方式等。

在人类历史的发展长河中，人们很早就对山地发生了感情，并随着社会生产力和社会文化的发展，逐渐加深了对山地的了解，形成了较为成熟的山地观念。在人类出现的早期，人类的生存能力和生产能力较低，对于"山地"这一雄伟的自然存在既崇拜又畏惧，常常把它神化了。这个现象在东西方文明中都曾存在，并无太多差异。而在人类发展进入到一定的文明以后，文化背景、社会发展进程的差异愈来愈明显，东西方的山地建筑观也产生了不同的演变。东方人的观念多崇尚自然，讲究以"自然"为本；而西方文化则强调以"人"为中心，推崇人本主义。中国传统山地建筑讲求与山地自然环境的结合，注重对山地环境的保护，是崇尚自然山地观的生动体现。

一、人类启蒙时期的山地观

在中国的上古神话中，"山"常常被当作人与神交往的"天梯"，具有无限的神秘性。《淮南子・地形训》中有云："昆仑之丘，或上倍之，是谓凉风之山，登之而不死；或上倍之，是谓悬圃，登之乃灵，能使风雨；或上倍之，乃维上天，登之乃神，是谓太帝之居。"在这里，人们认为只要上了昆仑山的一倍高，即为凉风之山，就可长生不死；再上凉风之山的一倍高度，则可达悬圃，此时已可臻于"灵"的境界，能呼风唤雨；而再上一倍高度，则已登天，达到"神"的境界。俨然形成了一条由昆仑山、凉风之山、悬圃和天所搭成的"上天梯"。

又如《诗经・大雅・崧高》中云："崧高维岳，峻极于天"，清楚地指出了高大险峻的山犹如通往天庭的道路；《山海经・大荒西经》说："大荒之中……有灵山。巫咸、巫即、……巫罗十巫，从此升降。"《山海经・海外西经》云："巫咸国在女丑北，(国中之人)右手操青蛇，左手操赤蛇。在登葆山，群巫所从上下也。"在这里，灵山、登葆山即是上古时代人们心目中的天地通道，同昆仑山一样，它们都是"天梯"，人们可以借这些天地通道升降上下，与神进行交流。

由于对"天"的敬仰、崇拜，人们自然就对可以成为通天的"天梯"——山地也充满了向往，于是，古人选择高山峻岭作为安身、敬神之处就显得顺理成章。

中国古代的帝王们愿意把自己的宫殿筑于山顶，既可借山势显示其权力和威严，以镇服百姓，又能以与天接近而炫耀其为天意的化身。如《春秋》中桓公二年中的"城祝丘"和僖公二年中的"城楚丘"，就说明了当时的君王曾筑城于"祝丘"和"楚丘"之上。

把沟通人间与天神之间的联系作为毕生事业的宗教信徒们更是极愿意于山中修寺建庙，占取天时、地利，以期能更容易地与天沟通。他们或占据山巅，以求与天接近[①]，或深入山坳，以地偏为胜，把山地比作仙境[②]。

在古代的西亚文明中，位于美索不达米亚平原的人类也常常把山地作为神的居住地。“在每个城市中，凸出的区域都作为该城市的保护神的位置，……例如在乌尔城西北角的高势地带就是月亮神南纳的领地。”[③]很显然，位于地中海文明的古代希腊人也具有相同的山地观。他们把雅典卫城放置于城市的制高点之上，而其中神庙又处于卫城的最高处，统领整个城市，借山地体现了对神的尊崇。

在古印度，支撑佛教、耆那教和印度教的概念是：“宇宙是一片海洋，漂泊在海洋中央的便是世界。这个世界的中央是由五六个不断升高的平台组成的大山。人类占据着最底层，中间是守护神，顶端是众神居住的二十七重天”[④]。由此，我们可以理解，为什么印度人在为神灵建住所时多喜欢“庙山”，而且最初的庙山都是直接建于山体之上的。

在人类发展的启蒙阶段，不同地区、不同文明的人们不约而同地把“山地”当作了神的驻留场所，对之向往而又难以过分亲近，造成了令人难以置信的巧合。究其原因，生产力水平的低下是根本的。很明显，当时的人类改造自然的能力还很弱，自然环境的障碍直接影响了人们对生存环境的选择，对大多数人而言，山地可望而不可即，只能对之顶礼膜拜。

出于崇拜自然和对自然障碍的畏惧，人类在这一时期多采取对地形的利用和对地势的依托，不敢对山体本身做太多的改动。这种做法看似消极，其实却是十分理智的。如建于公元前 2065 年的埃及德·埃·巴哈利神庙（图 1－1－1）[⑤]，背靠悬崖，依山而建。由简洁的几何形状组成的建筑群在山体背景的衬托下气势惊人。

在中世纪的欧洲，城堡常与山体相结合，形成坚固的防御体系（图 1－1－2）[⑥]。根据纽金斯在《建筑史话》中的描述，在 1066 年～1189 年，诺曼底人修建了 1200 座这种“丘岗加围墙”的城堡[⑦]。著名的马丘比丘古城，就建于两个锥形山峰之间的马鞍形高岗上，为印加王曼可二世躲避西班牙人入侵创造了可靠的避难所。

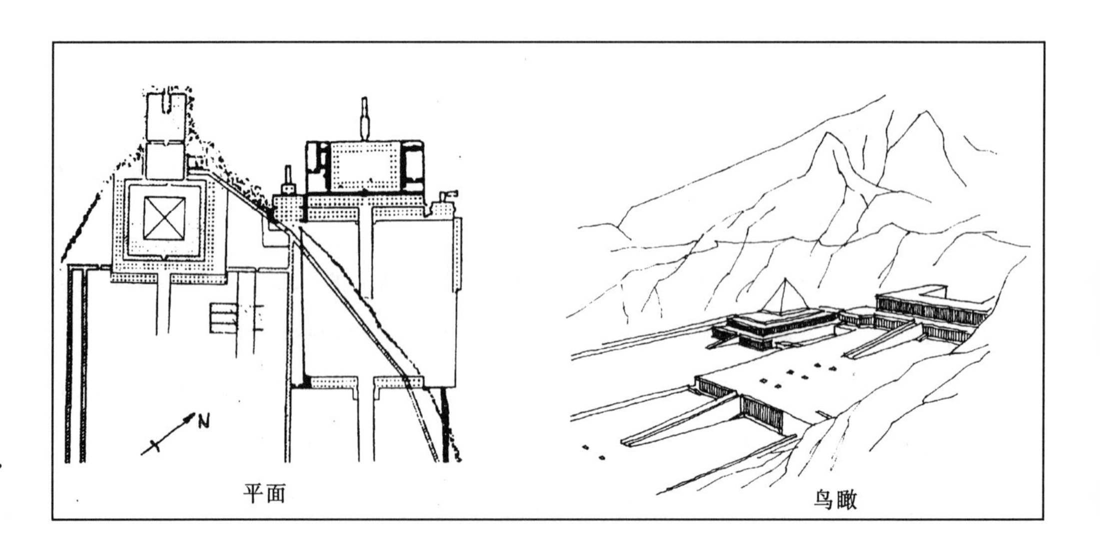

图 1－1－1 （古埃及）德·埃·巴哈利建筑群

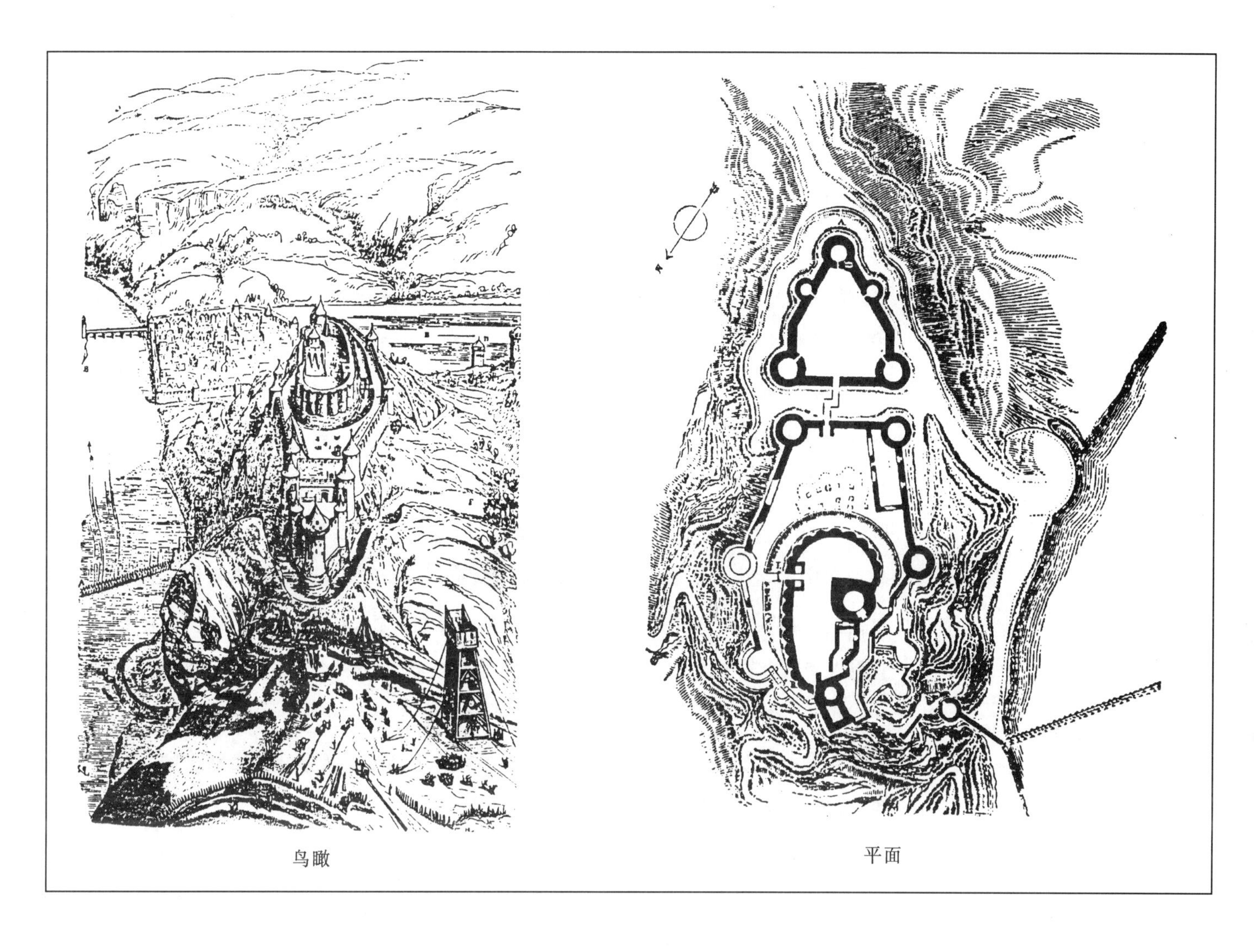

图 1－1－2　诺曼底的杰拉城堡（建于 1203～1204 年）

二、崇尚自然的东方山地观

在人类社会的发展经历了相当长的一段时间后，不同地区的生产力进步快慢不一，文化积淀也各不相同，这些也直接影响了不同地区山地建筑观的演变。

在以中国传统文化为代表的东方思想体系中，崇尚"天道"的观念根深蒂固。它诞生于启蒙时期的人类思想，并一直贯穿于东方文化的发展过程中，被各种东方宗教所吸收，从根本上奠定了东方文化的思想观。在这里，"天道"代表着生生不息的宇宙万物，是神秘莫测的自然造化。人生存于天地之间，应该听从"天命"，不得稍有逾越。

产生于我国西周时代的《周易》，其根本的出发点是一种叫"圜道观"的观念。圜道观认为宇宙和万物永恒地进行着周而复始的环周运动，一切自然现象的发生、发展和消灭都在环周运动中进行，人的活动在其中占有一定的位置，但是不可能占据根本的位置，或者对其有所改变。

孔子曰："仁者乐山，智者乐水"，揭示的是"人"与"山"之间的有趣关系——即人与山之间应该是朋友关系，人可以学习"山"的"生财而无私为……万物以成、百姓以飨……"[⑧]，而不应该与之反目，试图去驾驭、征服它。

在佛教中，"缘起"的理论主张万事万物都是因缘而起的，人们不能逆其道而行之，否则会招致不祥的“果报”。具体来说，在对待人与自然的关系时，万物和宇宙的存在是根本之道，人们不应该与之相抗衡。同时，佛教中“众生平等”的观念也深深地影响着东方人的思维，人们渐渐地由爱护自然界的所有生灵进而扩大到爱护大自然的一草一木，形成尊重自然、尊重环境的风尚。

道教，作为产生于中国本土的一门成熟宗教，把“道”作为万事万物共同的本原。“道生一，一生二，二生三，三生万物”，这是中国古代哲人思维中的宇宙起源图式。其中，“道”是一种“无状之状，无像之像”的东西，它先于天地万物而生，是天地万物的根源，是自然、社会、人的本质。人们要想保持阴阳调和的最高境界，只能“依道而行”。从道教所强调的“四时依序”、“五行定位”等主张中，我们不难看出，道教学说宣扬人们应向虚无混沌、自然澹泊的境界靠拢，而这实质上流露出人应该向自然环境妥协的主张，希望人不要去有意改变什么，保持“无为”才能做到对“道”的遵循。

在儒家学说中，追求人与自然的“浑然一体”是其重要的哲学特征。儒家哲学认为，包罗自然界各种现象和运动的“天”既具有自然属性，又有社会属性，是“人之根本”。只有将人和社会的道德原则与宇宙的终极本体相接近，才能达到“天人合一”的理想境界。

可见，在东方人的思维里，“自然”是一种极其神秘的东西，它高高在上，不得不令人产生敬畏的感情。人在自然中所处的地位是从属的、次要的，所能做的只是尽量去理解自然、接近自然。于是，在对待“山地”的问题上，东方人的出发点是对自然环境的充分尊重，表现较多的是对山地的因借、利用，不主张过多采取人为改变的手段。

在中国传统的风水[9]学说中，就处处流露出对自然环境的理解和利用之心。风水理论大致分为两个流派：一是形势派，主要着眼于山川形势和建筑外部自然环境的选择；二是理气派，主要注重于建筑本身的方位朝向和布局。而不管是什么流派的风水术，其根本出发点都讲究考察山水、踏勘地形，把对山形、地势的考察、选择放在首位。风水家们追寻“来龙去脉”，表现出人们对山川形势的关注。因为，在风水中，山脉通常被称为“龙脉”，人们只有通过观察山体的走向、起伏、围合，才能找到理想的“风水宝地”。经历觅龙、察砂、观水、点穴[10]四个步骤后，风水中的“相地”就算是功德圆满了，这也就完成了对山地环境的考察和理解。接着，人们关心的是对山地的因借和利用。我国川北古城阆中就是一个充分体现风水观念、很好地利用了山地环境的典型例子。阆中位于我国四川盆地边缘，山川葱郁、景色秀丽。从整个山城的布局来看，它把城北的蟠龙山当作“靠山”，形成了城市北部高大雄伟的天然屏障，阻挡着北部的寒风，迎纳着南部的阳光和温暖气流。在景观上，城市利用了南部的锦屏山，使之成为“案山”；呈现出“两峰峻亘、杂树如锦、与郡城对峙若屏”[11]的景象，为阆中城创造了绝妙的对景（图1－1－3）。

三、以人为中心的西方山地观

同东方人相似，西方人对待自然的态度最早也是源于宗教。而在被大多数西方人信奉的基督教中，具有神明的基督即是普通人的化身。他公正、具有同情心，并且无可匹敌，敢于向自然挑战。在《圣经》第一章创世记中，其主题表现出人对自然的支配和征服，鼓励了人类最大的剥夺和破坏的天性，而不是尊重自然[12]。

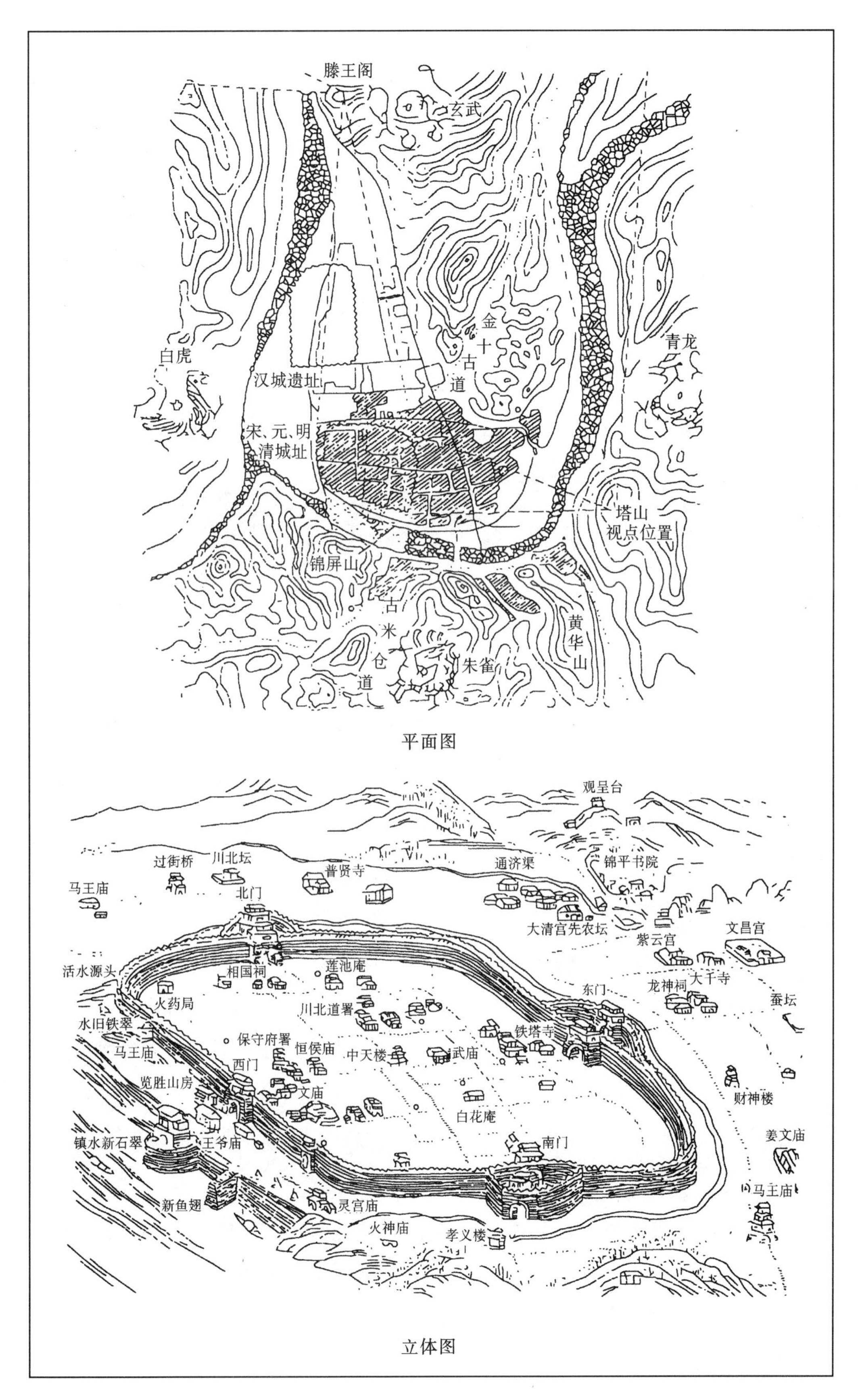

图 1－1－3　阆中风水格局

西方的宗教让人们盲目地相信人具有绝对的神性和权力、人与自然是分离的、人可以任意支配和征服自然。与认为“人是淹没在自然中”[13]的东方观念不同，西方观念强调的是“以人为中心”。

“以人为中心”的自然观，反映在山地建筑上，也表现出人对自然的征服和改变。同欧洲园林热衷于把树木削剪成人们需要的几何形状一样，西方的山地观也较多强调人为力量的改变。如古波斯帝国的皇宫——波斯波利斯宫就建于一个由人工建筑的高15m、面积460m×275m的大平台上，入口有壮观的大台阶（图1－1－4），完全体现了人工力量的强大；同样，建于1720年的罗马西班牙大阶梯（图1－1－5、彩图12），在功能上的意图只是在西班牙广场和高岗上的三一广场之间的陡坡上建一道台阶，但是为了表现出超人的艺术性，其独特的转弯回旋，完全按照古典礼仪舞蹈（如波兰舞曲）的舞台而设计[14]，台阶被建得规模宏大、收放自如，这在古代东方是极其罕见的。

图1－1－4 （古西亚）波斯波利斯宫

同时，“以人为中心”的自然观，还导致了人们在建筑活动中过度宣扬人体规律，把人作为世上最完美的东西来看待，一味追求与人体相似的比例关系。如蒂诺克拉特为马其顿国王亚力山大大帝做的都城设计（图1－1－6），是一个位于Athos山上的巨人雕像。该人体头部位于整个Athos山的顶峰，人像舒展的左臂与躯干上坐落着城市的核心，其中最隆重的建筑恰好位于人像自然张开的左手掌中，雕像坚实有力的双腿护佑着通向城市的道路。按照蒂诺克拉特的解释，只有这样的构想才能最符合造物主的理想，不会有灾难、战争影响居民的生活，具有典型的“乌托邦”意味[15]。

四、中国传统山地建筑

中国是个国土面积广大、地形变化复杂的国家，因此，自古以来我国人民在山地环境中的建筑活动就非常频繁。传统山地建筑的分布地域广阔（图1－1－7），涵盖的建筑种类也较全面，有民居、宗教建筑、山地园林及宫殿和陵寝建筑等，在它们之中，成功的例子几乎都体现了与山地环境的结合，体现了中国传统山地建筑崇尚自然、顺应自然的风格。

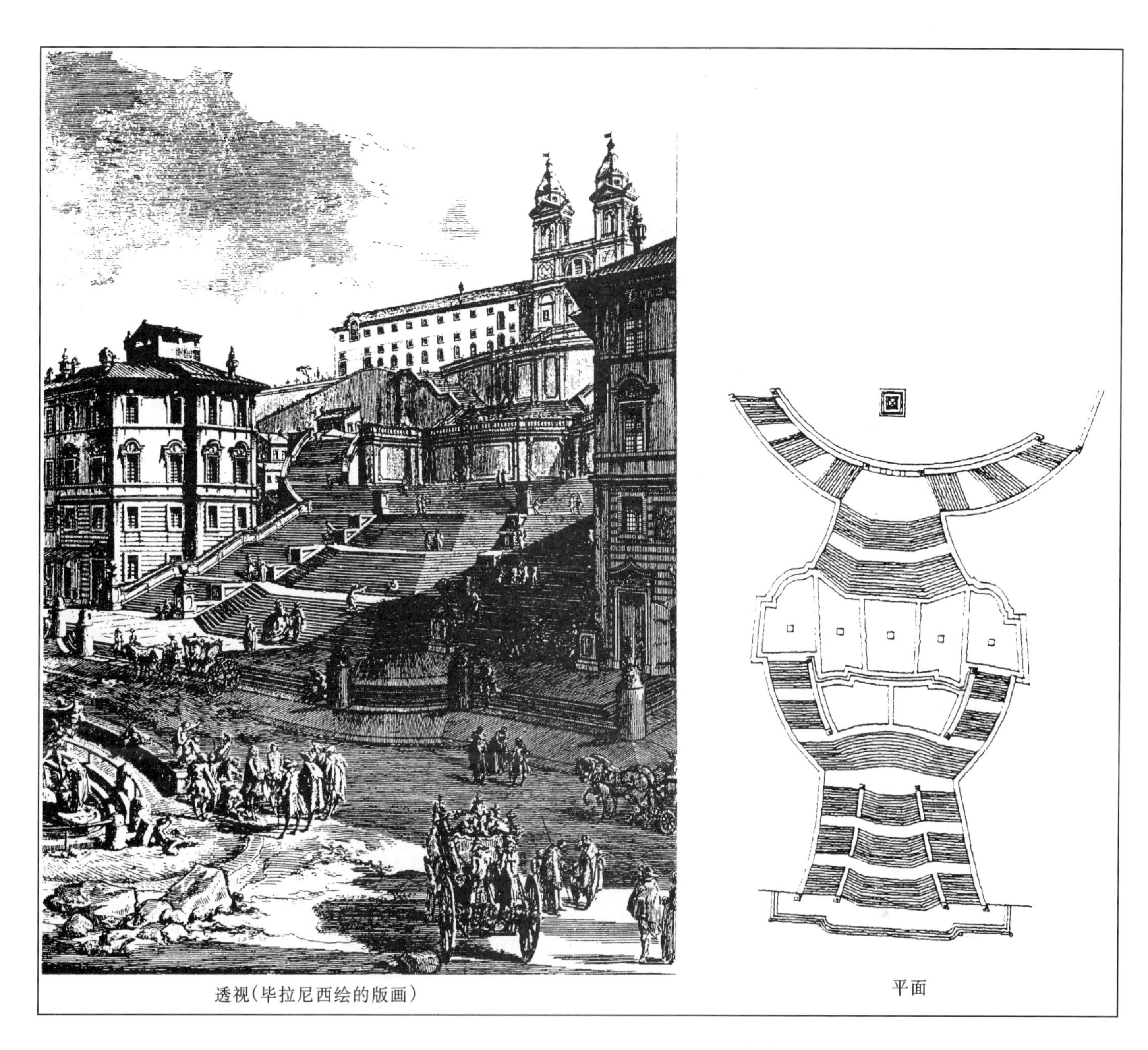

透视（毕拉尼西绘的版画）　　平面

图 1－1－5　西班牙大台阶

图 1－1－6　蒂诺克拉特的理想城市方案

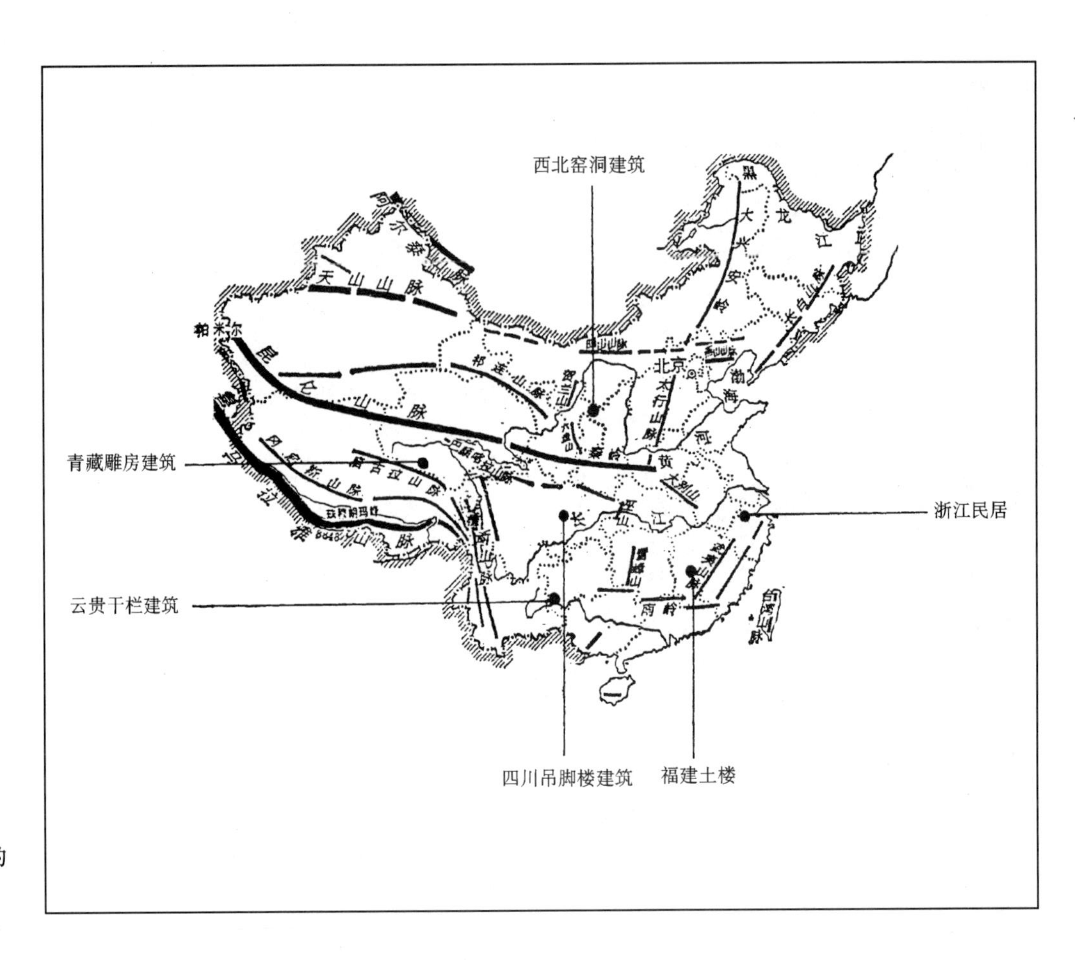

图 1－1－7　中国传统山地民居的地域分布

中国传统山地建筑的顺应自然可用“因地制宜”来概括。首先,体现在它与地域环境的结合上。在中国的广阔疆域内,不同气候、地质、材料条件下的地区,其传统山地建筑的构筑方式迥然不同:在我国北方及西北的黄土高原地区,土壤表层干硬、内部潮湿,较易挖掘,于是该区域的山地建筑多为依山而凿的生土窑洞建筑(图 1－1－8),它们冬暖夏凉、遮蔽风雨,很好地适应了当地的气候和环境;在气候温暖湿润、缓坡丘陵、林木丛生的江浙地区,传统山地建筑多为砖木混合结构,其勒脚或台地多采用产于当地的石块垒砌而成,以顺应地形(图 1－1－9);在福建山区,历史上著名的三次“衣冠南渡”使大量中原移民入闽,因此,该地的山地建筑既有丘陵山地的特征,又接受了中原合院建筑的影响。例如,在闽西等地的圆形土楼是由客家移民聚族而居形成的,它们可以防止盗匪和族间争斗的侵袭,其形态结合地形,形成“天平地不平”的模式(图 1－1－10)。在多雨、潮湿的湘西、桂北、四川和云南、贵州等地区,竹、木结构的干栏式和吊脚楼建筑,既为人们提供了凉爽、防潮的生活空间,又表现出对山地地形极强的适应性(图 1－1－11、图 1－1－12);在素有“世界屋脊”之称的青藏高原上,传统山地建筑多占据一些山岗或山顶,利用当地的石材或泥土制成的土坯砖建造,其形式多为“碉房式”(图 1－1－13),呈平屋顶、多实墙的外观,既适应了当地的气候条件,又开拓了平坦的室外活动场所。

中国传统山地建筑的“因地制宜”还体现在它与具体环境的关系上。传统的寺庙、宫殿等受礼制影响极深的建筑,建在山地也尽量适应地形。建筑保留严谨主轴线的,其

次轴线就自由变化，有些甚至连主轴线也适应地形地势的曲折。如四川灌县的伏龙观(图1－1－14)，主轴线自始至终不断变化，多次转折、平移，以适应不规则的地形。山地民居更是千变万化，它们积累了几千年的民间经验，结合自然创造了和谐的生活环境。在山地村镇择址、布局上形成了“高勿近旱而水用足，低勿近水而沟防省”[16]，“东有流水西有道，南有泽畔北有山”等特征，如爬山建房、拾级而上的云梯式四川石柱县西沱镇(图1－1－15)，沿山而行、傍水而建的巴中恩阳古镇，山脊建街、两侧跌落的犍为县罗城(图1－1－16)等。单体民居结合地势、溪流组织空间，使建筑融于自然的更

(上左)图1－1－8　西北窑洞建筑
(引自王其钧编绘的《中国民居》)

(上右)图1－1－9　浙江民居
(引自《浙江民居》)

(下左)图1－1－10　福建土楼
(引自王其钧编绘的《中国民居》)

(下右)图1－1－11　四川吊脚楼建筑
(引自王其钧编绘的《中国民居》)

(左)图 1－1－12　云贵干栏式建筑(引自《鲁愚力钢笔画》)

(右) 图 1－1－13　青藏碉房建筑(引自王其钧编绘的《中国民居》)

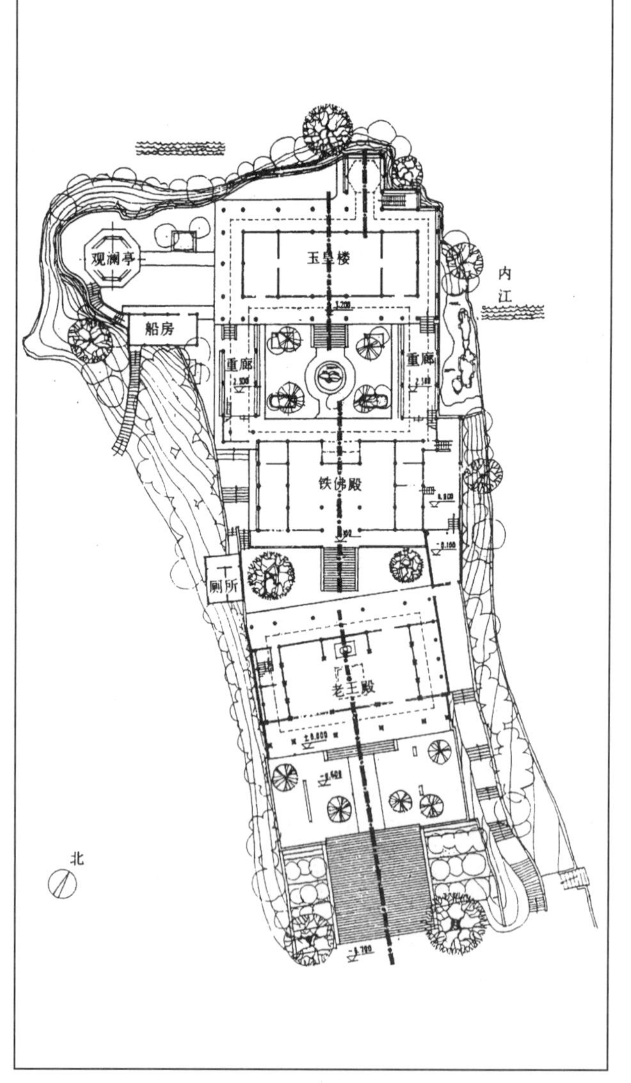

图 1－1－14　四川灌县的伏龙观平面

不乏其例。其中,浙江、湘西等民居尤为典型。如杭州杨梅岭殷宅(图 1－1－17),顺沿曲折的溪流与山岩自由布置平面，形成高低错落的屋顶,形态丰富且优美。

中国传统山地建筑顺应自然,还表现在其接地形式的处理上。“借天不借地、天平地不平”等谚语是我国民间匠人对于山地建房方式的精妙归纳。所谓“借天不借地”,即指在起伏地形上建造房屋尽量少接地,减少对地貌的损害，力求上部发展，开拓上部空间,如我国西南山区的干栏式建筑、吊脚楼和逐层悬挑的建筑等;所谓“天平地不平”即指房屋的底面力求随倾斜地形变化,减少改变地形,形成错层、掉层、附崖(图 1－1－18)等建筑形式。

局部

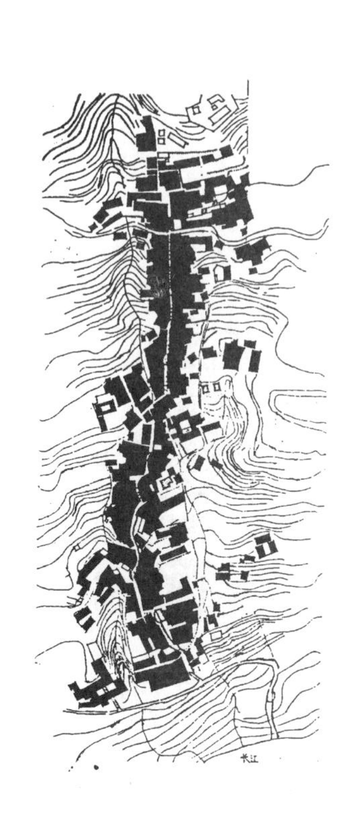

总平面

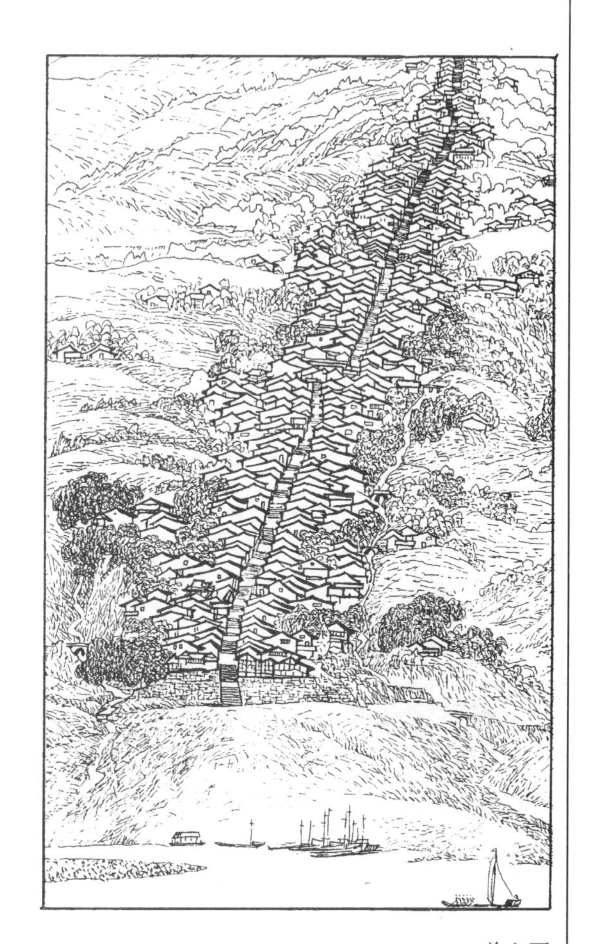

总立面

图 1－1－15　四川石柱县西沱镇
（引自季富政著《巴蜀城镇与民居》）

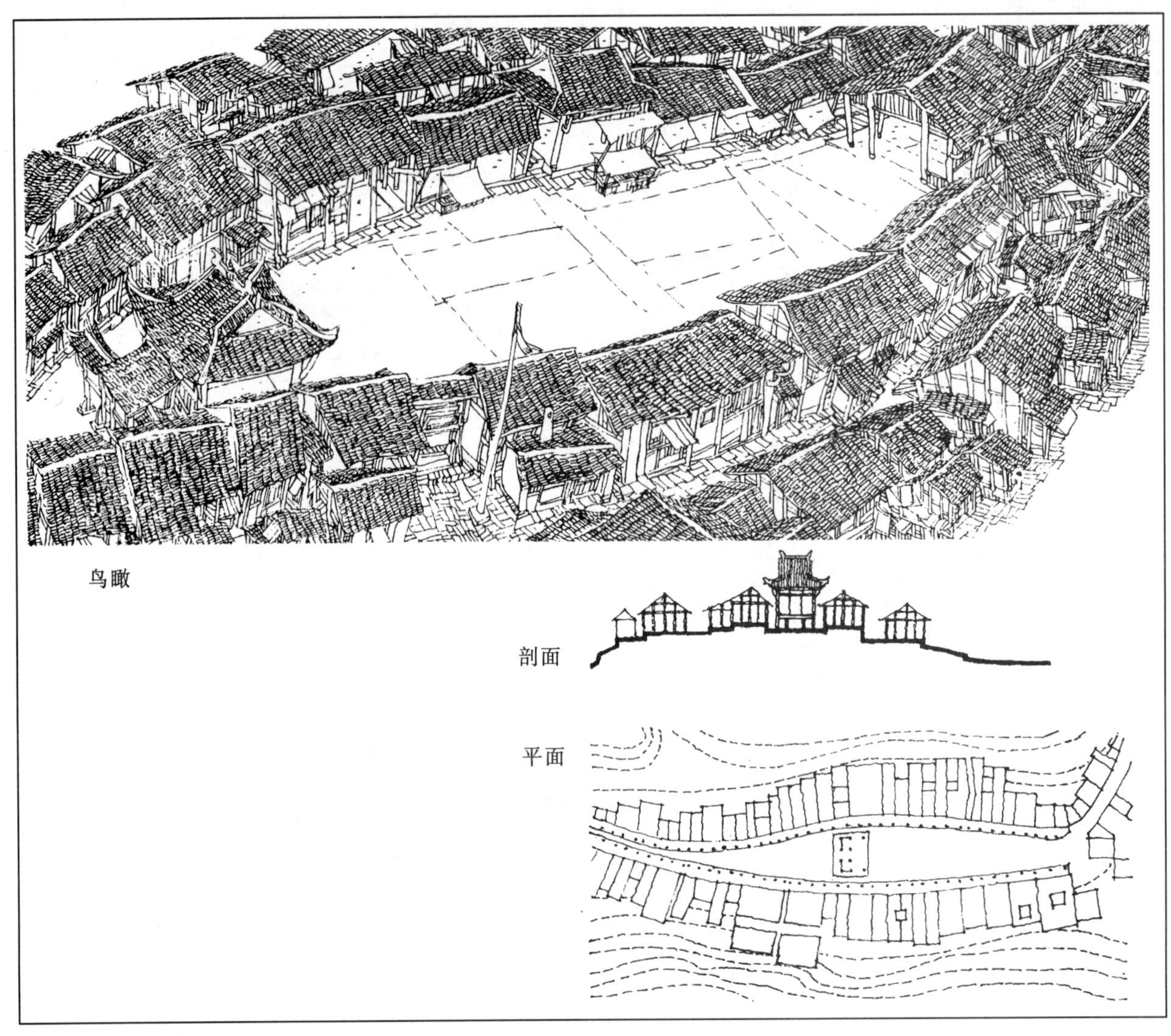

图 1-1-16　四川犍为县罗城

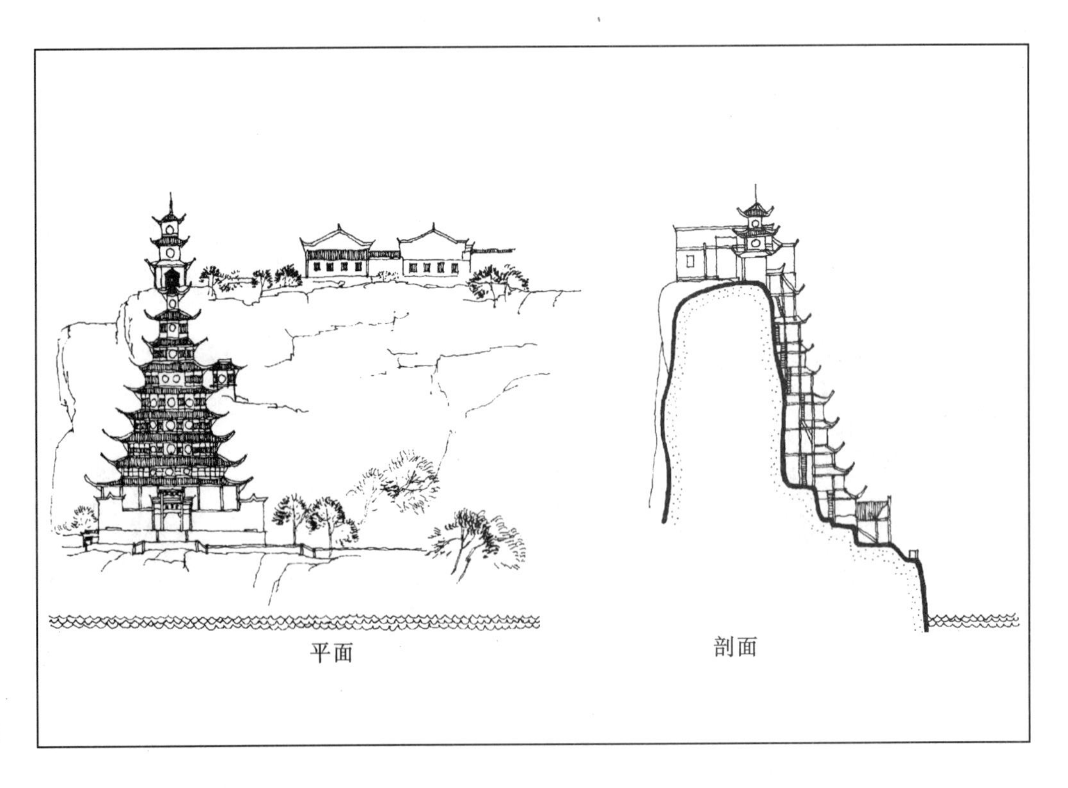

图 1-1-18　四川忠县石宝寨

图 1-1-17(a)　杭州杨梅岭殷宅

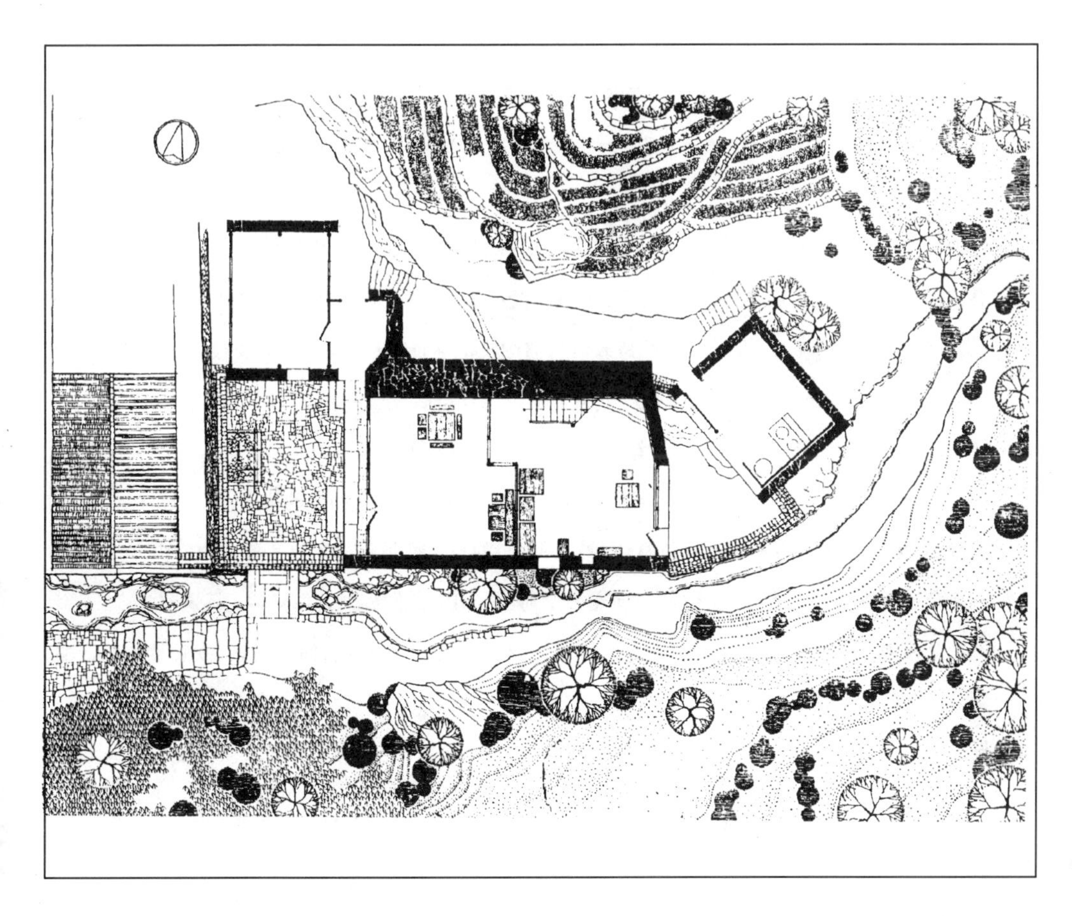

图 1-1-17(b)　杭州杨梅岭殷宅平面

第一章注释

① 何晓昕(1990),《风水探源》(东南大学出版社)第133页:“道教以为山巅与天接近,山峰的凸点是天与地的交汇处,最利于升仙,因此道教赋山以种种神秘色彩,亦爱建道观于山巅”。

② 乐卫忠,《略论中国寺观园林》(《建筑师》第11期):“……寺观园林是尤其注意‘地偏为胜’的。寺观或据山而设,或置于山巅,或深入山坳,或隐入洞壑……”、“选取地理环境优美或险要之地, 用以象征仙境”。

③ [英]帕瑞克·纽金斯,《建筑史话》(中译本)第二节“野性的辉煌”,《建筑师》第55期第98页。

④ [英]帕瑞克·纽金斯,《建筑史话》(中译本)第四节“神山与圣窟”,《建筑师》第55期第108页。

⑤ 罗小未、蔡琬英(1986),《外国建筑历史图说》(同济大学出版社)第11页。

⑥ [意]阿尔多·罗西(Aldo Rossi),《城市建筑》(中译本)第99~100页。

⑦ [英]帕瑞克·纽金斯,《建筑史话》(中译本)第十节 “宗教制度和庇护所”:“在这里,外突的瞭望塔、高耸的圆形城堡主楼及与陡峭的山岗相结合的防御体系,形成了一种能攻善守的态势,表明了城堡的建造目的。……在1066~1189年,诺曼底人建造了1200座城堡,最初的城堡形式不过是丘岗加围墙……”,《建筑师》第57期第103页。

⑧ 《尚部·大博》:“夫山。草木生焉,鸟兽蕃焉,财用殖焉,生财而无私为,四方皆伐焉,每天私予焉。出云雨以通乎天地之间,雨露之泽,万物以成,百姓以飨,此仁者之乐于山者也。”

⑨ “风水”是在我国民间广为流传、被用以指导古代建筑活动的一门学问。“风水”一词始见于《葬书》:“葬者,乘生气也。经曰:气乘风则散、界水则止,古人聚之使不散、行之使有之,故谓之风水。”

⑩ “觅龙、察砂、观水、点穴”是风水先生在相地时采取的一系列步骤。“觅龙”即指寻找可靠的龙脉;“察砂”是指对基址周围的山体进行考察,以求得到合适的小环境;“观水”则强调了山地与水体的关系;“点穴”是对相地过程的归纳总结。总体说来,风水理论推崇的山地环境应是:枕山、面水、面屏。

⑪ 引自《名山志》。

⑫ [美]I·L·麦克哈格(1971),《设计结合自然》(中译本)第41页:“圣经第一章创世记所说的故事,其主题是关于人和自然的,这是最普遍地被人接受的描写人的作用和威力的出处。这种描写不仅与我们看到的现实不符, 而且错在坚持人对自然的支配与征服, 鼓励了人类最大的剥夺和破坏的天性,而不是尊重自然和鼓励创造。”中国建筑工业出版社(1992)。

⑬ [美]I·L·麦克哈格(1971),《设计结合自然》(中译本)第44页。

⑭ [美]拉斯穆生,在《体验建筑》(中文版)第116页对西班牙大台阶有如下的描述:“它那独特的转弯回旋,好像完全是按照古式礼仪跳舞(如波兰舞曲)的舞台而设计。在波兰舞曲中,许多舞女四人一组排成一纵队走上台来,然后两个向左两个向右分开, 她们旋转、再旋转, 行请安礼, 又在大平台上相遇,一直前进,再一次左右分开,最后又在上一层平台相遇,面对街景,观赏她们脚下的罗马”,台隆出版社(1988)。

⑮ 杨豪中,《“乌托邦”——对西方人类聚居环境的理想化构想的评析》,“首届人聚环境与建筑创作理论青年专家讨论会”入选论文(1995年,西安)。

⑯ 同⑪。

第二章 哲 学 观

为什么要在山地建筑的研究中引进哲学思考？我们认为，要树立正确的山地建筑观，不能仅仅着眼于对山地的研究，就事论事。因为对客观现实和具体学科的过分追求，会使我们的思维陷入局限性，无法摆脱认识能力和思维结构的狭窄。只有站得更高一层，跳出具体领域研究的束缚，从哲学层次建立的思想基础，才能更有效地推进我们的研究。

一、“天人合一”自然观

“天人合一”自然观是建立人与自然关系的哲学思想。

回顾人类的发展历程，我们发现，人类的发展史其实就是一部人与自然作斗争的历史。一切时代和民族的人都无法回避人与自然的关系问题。可以说，“天”(自然)与“人”的关系是人类实践生活中所面临的最高层次的哲学问题之一，是哲学的根本问题。

从上一章的研究中我们可以看出，东西方社会在历史上对山地具有不同的观念，其根本原因是两种传统文化表达了两种迥然不同的“自然观”。

在西方文化中，人们较早地就走上了人与自然分化的道路。“人是自由的”，这是古代的希腊人对人的根本看法，从中我们不难看出，希腊人的哲学流露出对人的充分自信和对自然的漫不经心。同样，苏格拉底也喜欢“把人本身视为人类认识的最高对象和目的”，[①]充分反映出以人为本的哲学思想。此外，即使在西方的宗教中，我们也常常发现，人可以是神与人结合产生的后代，世上并不存在高高在上、遥不可及的东西，“神”与人也具有某种程度上的平等。与之相似的还有：在原始基督教中，人们所期望到达的天国并不代表着来世，而是可以现实地得到，它并不在遥远的未来，而就在“现在”或最近的将来。[②]

因此，西方传统的“自然观”是一切从人出发的。人对自然既无所畏惧又不甚关心，人们随时可以向自然索取，把人的意志强加于自然，并常常具有急功近利的心态。

而在古代东方，以血缘宗法为基础组成的社会等级制度严明，对大多数人来说，根本没有在生活中获得像古希腊人那样的平等独立的地位，因此，他们在对待自然及“天”与“人”关系上的态度与西方人有着较大的差别。处于“人伦之道”[③]和尊卑观念分明的社会中，东方人处处讲究秩序，君臣之间、父子之间有高低、上下之分，人与自然之间也存在着“天尊地卑”的自然秩序。即使在东方宗教中，神与人之间，通常都有一道难以逾越的鸿沟，代表天意的众神对人而言是可望而不可即的。虽然，西汉的大思想家董仲舒也曾提出“天人感应”的说法，传统的儒家学说也主张“天人合一”，但是，这种“天”与“人”的沟通一般只能存在于极少数人身上，通常他们是一些被称为“天子”的封建统治者。因此，无论是董仲舒的“天人感应”还是代表宗法人伦的天人合一观，实际上仍表现出对自然的消极和退让，具有很大的保守性。

由东方人的“自然观”我们可以看出，古代东方人对自然通常是充满了敬畏之感。由于对“天”的崇拜和封建宗法制度的桎梏，人们对自然的态度是消极的、保守的。

到了近代，随着人类在自然科学方面取得了迅速的发展，人们对自由与必然、主体与客体加深了理解。在西方，人们一方面保持了继承传统思想的“主体性原则”，即继续强调人的“能动性”；另一方面又对人的“绝对自由”产生了怀疑，对工业革命以后人类向自然的过分索取产生了反感。如霍华德在其著作《明天的田园城》（Garden cities of tomorrow, 1902 年）和两次田园城市建设的实践中，把接近自然当作其重要的出发点。他主张“城市与乡村的结合、公园和居民住宅相邻”，并强调“城市设计结合自然地形条件，不把理想化模式强加在现有土地之上”，[④]表现出经历了工业文明种种弊端的人们渴望重新回到自然的怀抱中，与自然和睦相处的心愿。

此外，虽然近一个世纪以来，科学带来的技术进步要比以前任何时代都快得多，但是，“在某种程度上，科学的这种进步和发展证明的恰恰不是人的力量的伟大，而是人的力量的有限、人自身的渺小”。[⑤]由科学和技术问题直接带来的社会问题、能源问题、人口问题、生态问题，使人类在令自己的能动性得到更充分发挥的过程中遇到挑战，被迫进行更多的理性思考。如麦克哈格（Ian L. McHarg）在其长期的研究工作中，就对大自然的演进规律和人类的认识进行了理性的研究，并根据人与自然之间的不可分割的依赖关系，提出了“设计结合自然”的观点（1971 年），主张人类应该采取与自然合作的态度，而不是去与自然竞争或者试图征服自然。[⑥]

而在东方，通过引进西方的先进科学技术，人们认识自然、改造自然的能力得到了较大的提高，科学逐渐取代了僵化的传统文化和宗教，占据了越来越多人的头脑，人们对自然的神秘感也逐渐减弱，使人与自然的交流有了更多的现实可能性。

因此，就整体而言，现代人的自然观正越来越趋向一致。西方人在强调人的能动性的同时又注入了理性发展的思维；东方人则在经历了破除迷信的阶段以后，对自身能力的发挥充满了信心。不断寻求如何在更高的基础上把人与自然重新统一起来，达到人与自然的和谐一致，建立真正意义上的“天人合一”观已经成了现代文明社会的共识。

由世界各国知名学者联合签署的《2000 年的地平线》宪章[⑦]在显著地位指出：“数千年来，自然经济社会与大自然和谐共处，而工业社会破坏了这种和谐，现在人类已经具有充分的潜力，根据自己的意愿进入第三个时代，即可持续发展时代”。这可以说是对人与自然关系的一个总结，表明了人类已经在认识上达到了一个全新的境界——即接近自然、讲究与自然“合作”、坚持可持续发展的自然观，这就是真正意义上的“天人合一”观。

二、系统观

系统观是本书的研究方法论。

对研究方法的讨论是偏于方法论和认识论范畴的问题。黑格尔曾经指出："在一般规律的必然性与单独事件的偶然性之间，存在着一种描述的统一性"。[8] 也就是说，研究方法的选择应便于人们寻找到"描述的统一性"；马赫在其"世界要素论"的学说中一再提醒人们注意"探知这些要素的联结方式"，[9]反映出他对事物之间"联系"的重视；奎因[10]则从逻辑研究的角度出发，看到了知识是一种成网络状的整体，人们应该去关注信息网络的整体性；而库恩[11]却认为，在科学理论的研究过程中，发散式思维和收敛式思维的结合运用是重要的：发散式思维善于开创新的思维方法，有利于破除迷信，而收敛式思维则有助于人们吸收已有的科学成果，并坚持做好各个学科领域内的常规研究。

以上的诸学派，从表面上看有各自不同的思想，对事物的认识过程有不同的侧重点。但是，如果把他们的观点综合起来，我们却隐约看到了系统论思想的出现。黑格尔的"统一性"原则、马赫的"联系"观、奎因的"信息网络的整体性"理论及库恩的"发散式思维和收敛式思维相结合"思想等等，实际上都在不同的方面体现了系统论思想。

系统论思想是一种对事物整体及整体中各部分进行全面考察的思想。每一个系统具有一定的开放性和收敛性，可以按一定时序产生、传递和接受信息或能量，是一种网络组织。系统内的每个要素之间都存在着相互交替、渗透的关系，并通过要素之间的相互作用促成其在系统中的传递或转化，从而对整个系统产生影响。因此，系统思想其实就是一种强调整体、注重联系的研究方法。

对山地建筑而言，要形成正确的研究方法，系统论的引进是必要的。在山地建筑研究中，要坚持系统论思想，具体应该体现在以下两个方面：

（一）研究对象的整体性

研究山地建筑，我们不能只研究建筑，而应多考察建筑的生存场所——山地；而且，对于山地环境的研究，我们也不能只局限于将被建造的山地区域，而应着眼于相互作用的整个山地系统。因为，根据系统论的思想，山地是一个非常复杂、不断变化的环境系统，其中任一因素的改变都会引起整个系统的反应。有时，我们于山脚部位进行建筑活动，却不能忽视山体其他部位对其产生的影响。或者，我们在位于江河上游的山地区域进行建设开发，也不能忘记其对江河下游地区可能造成的后果。

因此，从系统的思想出发，我们研究山地建筑，不应当只是研究被建造的建筑本身，而应同时研究不被建造的山地。

（二）研究体系的综合性

山地，是一个特殊的建筑场所，我们对山地建筑的研究将远不是传统的建筑学所能容纳的。可以说，山地建筑研究涉及的学科将是十分多样的，任何一种单一学科的研究都将难以覆盖我们在山地实践中会遇到的问题。因此，我们可以把山地建筑研究的学科体系看作一个系统，其中包括建筑学、结构学、地质学、地理学、生态学、水文学、土力学、心理学、社会学等要素，它们之间相互影响、相互作用。

确立了山地建筑研究学科体系的整体性以后，我们还应注意找出系统内各个学科之间的联系。很显然，对每门具体学科做过多的深入研究并不是我们的目的，我们的着眼点应是学科之间的关联性。以山地建筑研究为中心，找出各门学科中对山地建筑研究有用的部分进行综合、整理，只有这样，才能完成各个要素在系统中的传递和转化，形成科学、有益的系统输出。

第二章注释

① 杨适中、易志刚等(1992),《中西人论及其比较》第 97 页,东方出版社。

② 杨适中、易志刚等(1992),《中西人论及其比较》第 128 页:“在原始基督教中,天国并不完全等同于来世,而是可以现实地期待到的,它并不在遥远的未来,而就在‘现在’或最近的将来。”

③ “人伦”,产生于中国先秦时代的一种思想。孟子曾对它作过一个十分明确的解释:“人之有道也,饱食暖衣,逸居而无教,则近于禽兽。圣人有忧之,使契为司徒,教以人伦:父子有亲,君臣有义,夫妻有别,长幼有序,朋友有信。”(《孟子·滕文公上》)。因为它有五个条目,所以通常又叫做“五伦”。

④ 赵民(1996),《世界著名科学家传记·技术科学家》第 115 页中“霍华德”条目,科学出版社。

⑤ 杨适中、易志刚等(1992),《中西人论及其比较》第 202 页,东方出版社。

⑥ [美]I·L·麦克哈格(1971),《设计结合自然》(中译本)第 169 页《自然主义者》一文中有这种主张人与自然“合作”的观点。

⑦ 该宪章是由保加利亚国际建筑学院组织国际建筑和规划界知名代表人物联合签名提出的一系列科学见解,我国的吴良镛教授也为签名者之一。

⑧ [德]伽达默尔,《科学时代的理性》(中译本)第 7 页,国际文化出版社(1988)。

⑨ 马赫(Ernst Mach,1838 ~ 1916),奥地利物理学家、哲学家,经验批判主义的创始人。他的哲学渊源于克莱的主观唯心主义,但是在论述具体问题时,常有唯物主义见解。

⑩ 奎因(Willard Van Orman Quine,1908 ~),美国著名的逻辑学家和分析哲学家。他的突出贡献是用整体的观点讨论了知识的信息网络。

⑪ 库恩(Thomas Kunn,1922 ~),美国科学哲学家,他将物理学中的“张力”概念引入思维科学的研究,认为在发散式思维与收敛式思维之间也须保持一种必要的平衡力——即张力。

第三章 生 态 观

“生态学”这个词最早是由德国生物学家赫克尔（Ernst Haeckel）于1869年提出的，其英文名称是Ecology，来源于希腊文Oekologie，由Oikos和logos两个词根组合而成，前者的意思是“住所”或“栖居地”，后者表示某一领域的学科。因此，几乎所有的生态学定义都与环境有关。E. P. 奥德姆（Odum）提出：“生态学是研究生物或者生物群及其环境的关系的科学”；[①]泰勒（Tayler）则认为生态学是研究所有环境与全部生物间的各种关系的科学；史密斯（Smith）定义生态学是研究生物体与其栖居地之间关系的科学[②]。

由于生态学是一门涉及人与环境的科学，而建筑学也正是一门致力于营造适合于人的环境的科学，因此，从理论上来看，建筑学与生态学的结合具有先天的必然性。本世纪60年代，美籍意大利建筑师保罗·索勒（Paolo Soleri）就把生态学（Ecology）和建筑学（Architecture）结合，创立了生态建筑学（Archology）。

建筑学与生态学的结合，最初的实践主要体现在景园设计方面。19世纪后期，唐宁（Andrew Jackson Downing）和欧姆斯提德（Fredrick Law Olmsted）主张应尽可能地保存乡土植物，因为，他们已经注意到了外来植物对当地气候的不适应及由愈来愈多的高速公路而引发的土壤侵蚀问题；美国伊利诺伊大学的风景建筑师米勒（Wilhelm A. Miller）则认为，生态设计的目的在于“适应特殊的景色、气候、土壤、劳力及其草原环境”，要使风景设计与特定的环境、气候、土壤、社会状况相吻合，必须进行基于生态考虑的设计；到了本世纪60年代末，麦克哈格利用叠加技术和生态资源价值的确定，制定出一整套用于景观生态分析和规划的系统模型，在地貌、土壤、森林覆盖、道路、特殊文化等方面进行资源分析，从而使生态与景观规划的综合达到了较高的水准。

与景观生态学的发展相类似，山地建筑研究与生态学的结合也有着其一定的必然性。通过对近代生态学理论原则和山地生态特征的深入探讨，我们可以探索较为科学的生态观。

一、山地生态观

山地建筑作为某一特定环境区域里的建筑类型，与生态学相结合研究是必然的。我们知道，在任何一门学科的科学研究中，新的观念、理论的产生一般有两种可能性，一是由理论研究的总结、发展而来的；二是由实践中所遇到的问题所引发的。同样，山地生态观的产生也来源于这两个方面，从科学的山地哲学观中我们可以找到山地生态思想的哲学基础；从古今中外的历史实践中，我们可以看出生态对山地环境、景观等因素的重要性。

（一）山地生态观是“天人合一”自然观的必然体现

由哲学观的研究，我们知道，真正意义上的“天人合一”观应该是既强调人的主观能动性，又充分尊重自然、讲究人与自然“合作”的自然观。从这一思想出发，我们的山地观多强调人与自然的和谐相处，不轻易破坏自然的本来面貌；而生态学理论认为，“自然”——作为生物及其环境的总和，是一个不断进行着能量流动和物质循环的大系统，在这个系统中，“各种对立因素通过相互制约、转化、补偿、交换等作用，可以达到一个相对稳定的平衡状态”[③]，如果生态系统受到外界的干扰超过了自身调节的能力，将会引起生态系统结构和功能的失调，造成系统的物质循环和能量转换受阻，导致整个生态平衡的破坏。

无独有偶，“天人合一”自然观和生态学原理强调的都是“平衡”。显然，实现“天”与“人”的平衡和保持生态环境的平衡在本质上是一致的，生态学中“生态平衡”的观念正是“天人合一”自然观的体现和保证。因此，山地生态观的树立是“天人合一”自然观的必然结果。

（二）山地生态观是山地灾变历史反思的总结

相对于一般的建筑环境，山地环境在气候、地形、土壤、植被等方面均具有较大的特殊性，其生态敏感性也更强，其对生态系统的变动作出反应的可能性要比平地环境大得多。例如，地处我国大陆第二阶梯向第一阶梯过渡的“大斜坡”之上的长江上游地区，因地势变化明显、地表起伏悬殊，山地和高原面积比重达84%，生态系统十分脆弱，常常发生崩塌、滑坡、泥石流等灾害[④]；曾是中国古代文明发祥地之一的黄土高原，在两千多年前还是一片森林茂密、翠柏荫封、土地肥美的绿洲，可是，由于过度的人为开发和毁林破坏，致使生态系统严重失调，形成了沟壑纵横、支离破碎的地貌形态，难以成为人们理想的生活场所[⑤]；又如，在美国加州洛杉矶地区，由于自19世纪后半叶起，就滥伐森林、滥放畜牧，致使当地植被消耗殆尽，土壤侵蚀及水土流失现象日趋严重，终于引发了1933年的山洪爆发，道路、建筑物、农作物遭到严重破坏，造成巨大损失，总额高达5000万美元。

Thurow、Toner及Erley三位学者早在1975年就曾因山地坡度较大、土壤易失去平衡而把它列为五种环境敏感地（Environmental Sensitive Area）之一[⑥]；吴庆洲先生也认为：“保护原有山、川、薮，不毁山填低地……”是保持自然生态平衡的重要经验[⑦]。（薮：无水低地，通常是生长着很多草的湖）

当然，由于人们的山地活动范围大小不一，受影响的山地生态环境尺度不相同，产生的灾害性后果程度也有所不同。具体来说，如果我们的山地建筑是单体建筑或小范围的群体，其对山地环境的影响是局部的，产生灾害的可能性相对较小，形成灾害所需积累的时间也较长；而如果是大规模的山地开发，一旦对山地的原有生态系统形成破坏，它所影响的范围将可能大大超出人们的想象，因为，许多山地往往是江河流域的上游地区，其生态环境的恶化会引发下游地区的灾害。例如，1982年8月发生于台湾林口、泰山及五股地区的洪水、泥石流灾害表面上是由飓风、暴雨引起的，而实质内因则是由上游林口工业区的过度开发而造成的水文环境改变[8]。

因此，对众多山地灾害的反思也促成人们对生态问题的关注。

(三)山地生态观是景观研究的需要

景观是人类凭借感官与环境建立的一种关系。在这一关系中，人是景观的主体，环境是景观的客体。一般说来，主体对客体的认识主要是通过视知觉和心理感受得以实现，其中，视觉感受是景观得以形成的根本途径，是心理活动产生的基础。例如，国外就有学者认为："景观是地形和地表形成的富有深度的视觉模式，其中地表包含水体、植被、人工开发和城市"(详见第二篇第三章)，或者说："景观是从一观察点所看到的自然景色"(Webster 1960)。

因此，我们可以认为，包含了地形、植被、自然水体和人造物等视觉客体元素的山地是景观(特别是自然景观)的重要组成部分，我们研究景观，就离不开对山地的研究。

然而，山地要成为能够吸引人注意的"景观"，地形、植被、自然水体等元素的合理存在是基本前提。可以想象，遭人力砍平、水土流失严重、草木枯萎的荒山秃岭很难会有什么"景观"可言。而要解决这些矛盾，生态思想的树立是必需的。

在自然界的变迁中，景观与生态是一组相互关联的因子，景观环境常随生态系统的变化而变化，生态因素往往是景观环境变化的控制性因素。例如，在通常情况下，生态环境较为理想的地区常具有较高的景观质量，而在那些山清水秀的风景区中，会含有高生态价值的地带。人们可以发现，"景观环境中许多自然动态元素，如气候、温湿度、植被、水土流动、动物以及景观破坏都与生态系统相关，生态系统体现了环境内部构成因素和作用结果，景观则是这种因素关系和结果的外部表象"。[9]

二、生态系统论

自赫克尔提出生态学的定义以来，至今已有一百多年了。在这相当长的一段时间内，生态学的发展经历了明显的变化，其研究视野的扩大、参与学科的增多使生态学的成果在宏观上更趋于综合性、整体性，在微观上更富有精确性、细致性。

在近代生态学中，根据研究对象的组织水平，生态学的研究范围可分为个体、种群、群落和生态系统。其中，生态系统(Ecosystem)概念的提出具有极其重大的意义，它使生态学研究的着眼点由个体转向群体，从种间关系出发，把某一地域中的全部生物看作一个整体，并与其栖居环境紧密地联系在一起。

对于我们的山地开发而言，对建筑及其环境产生影响的往往是一个较大范围的山地区域，拘泥于局部的研究，往往会使我们忽略了整体环境的变化。因此，在山地建筑研究中，我们对生态学中关于生态系统的理论更为关注，并把它看作对山地环境起作用的基本生态单位。

生态系统概念最早是由英国生态学家坦斯里(A. G. Tansley)于1935年提出的。他认为，生态系统是群落和环境条件相互作用形成的各种类型综合体的机能系统，是生物圈的基本单元，在这个系统中，生物和非生物成分通过物质循环及能量流动，相互作用、相互制约，形成一个可以实现自我平衡的功能单位。这意味着，在一定的物理环境影响下，生物群落具有自我维持和修补、重建的能力，即当生态系统受到部分破坏，只要原有的环境条件基本不变，由于生物群落的作用，可以重建和恢复原有的生态系统。 在自然界中，任何形式的生态系统都包括四个基本组成部分，即非生物环境——光、气、土、水和营养物质等；生物的生产者有机体——绿色植物；消费者有机体——植食动物和肉食动物；分解者有机体——腐生微生物。它们之间通过物质循环和能量流动实现生态系统的平衡运行(图1-3-1)。因此，在一个达到生态平衡的自然系统中，生物与生物之间、生物与生存环境之间的关系和谐、稳定。如果生态系统所受的外界干扰超过了系统的自身调节能力，将会使生态系统的结构和功能产生失调，造成生态系统的物质循环和能量转换受阻，导致生态平衡的破坏。

我们人类作为一种"消费者有机体"，是生态系统的一个组成部分，因此，人的活动应该受生态系统的约束和限制。很明显，人类的所作所为，对于其所依赖的生态系统来说是牵一发而动全身的，人类的扩张对生态系统内的任一组成部分形成破坏，都会导致整个生态系统的功能失调，并反过来危害到人类自身的生存(图1-3-2)。

由人类与生态系统的相互关系，我们可以引申出，人们的山地建设与山地生态系统之间也具有相互关联、相互依存的关系，要使山地建设顺利进行，就应对山地生态系

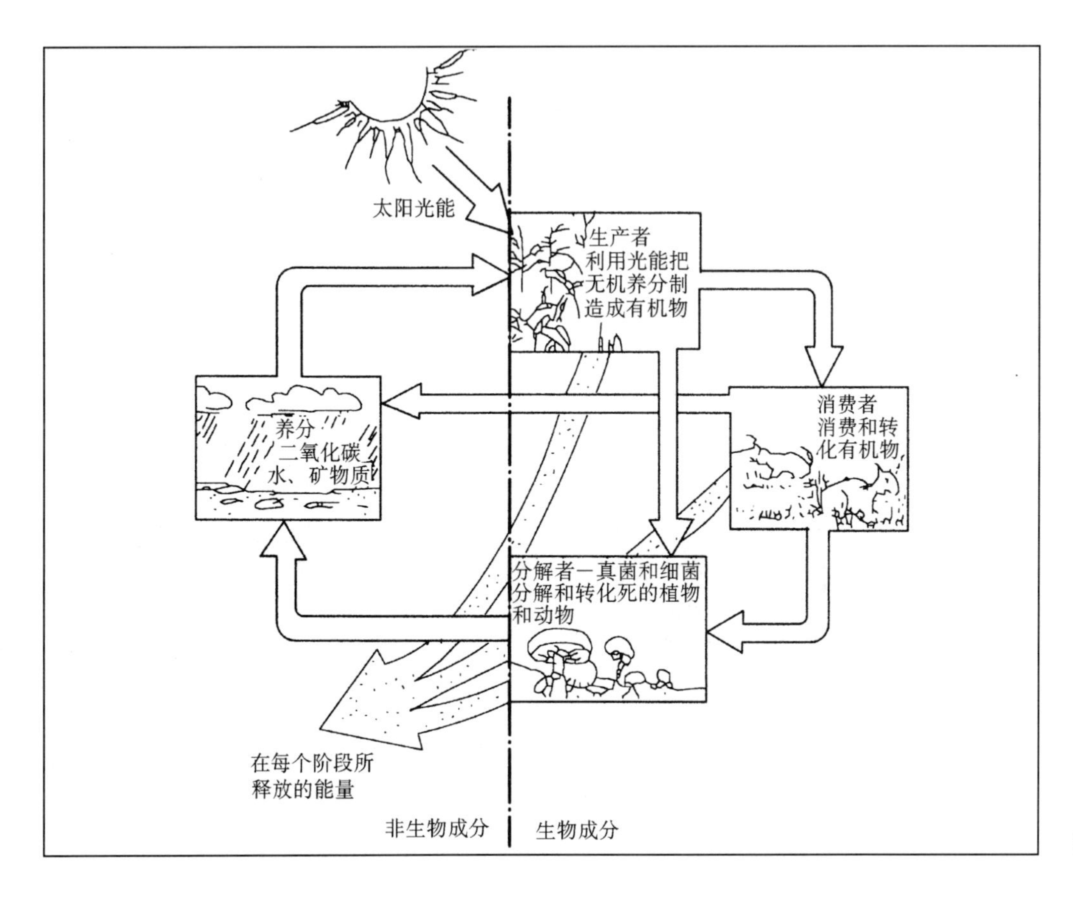

图1-3-1 生态系统的结构

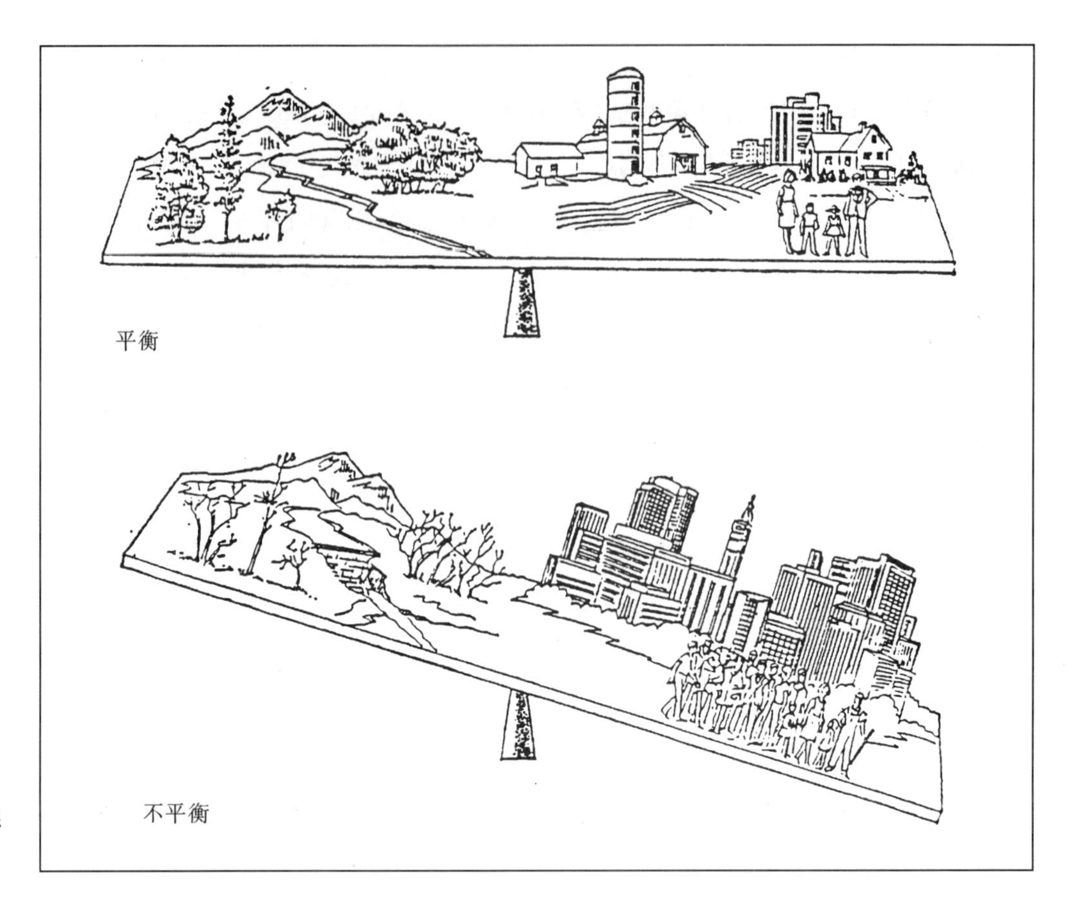

图 1－3－2 人类活动与生态系统的平衡

统保持足够的了解和尊重。

三、山地生态系统的特征

生态系统是个很广的概念，它可以有不同的生物组织层次。池塘、湖泊、林地，甚至是实验室的呼吸道培养物都可以被看作是一个独立的生态系统，只要其内部的各主要成分能相互作用、得到某种机能上的稳定。

山地，作为一种受各种自然因素长期作用的物质存在，具有相对的稳定性，因此它也是一个较为完整的生态系统，其主要的组成因子如图 1－3－3 所示。

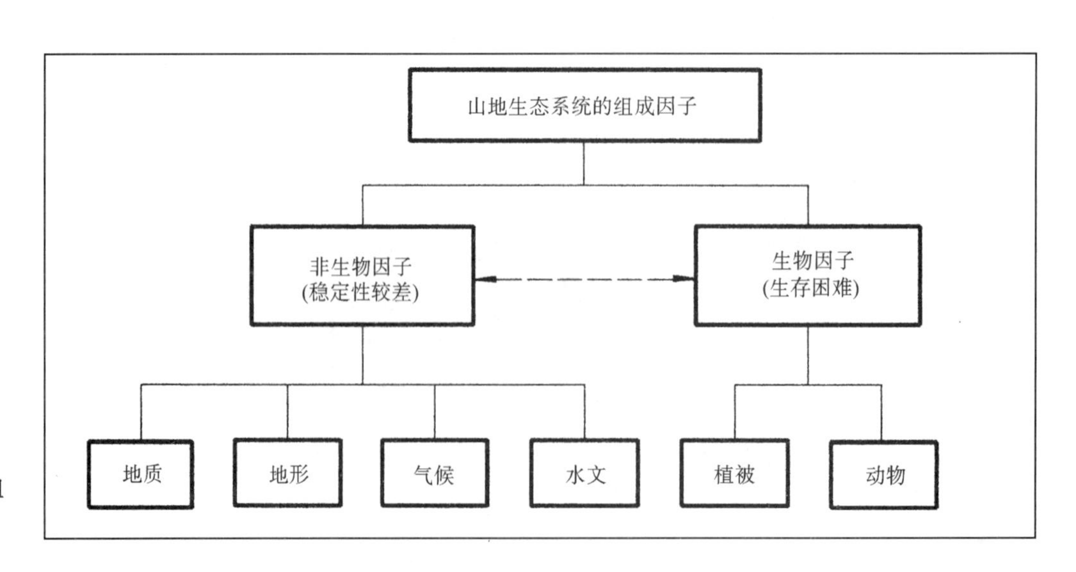

图 1－3－3 山地生态系统的组成因子

在这个系统内，形成物质循环和能量流动的非生物因子和生物因子并没有改变，但是，它们各自所起的作用都在明显扩大或减小：在非生物环境中，地质、地形、气候和水文等因子的稳定性较差，使地基承载力、土壤分布、日照、空气流动、水体活动的不均匀性日益加剧；在生物环境中，山地植被、动物等因子的生存会有较多的困难，有机物的生长、发展极不稳定，有机物环境之间的相互联系和相互作用受到了影响。因此，山地生态系统的特征明显，表现如下：

（一）地质的不稳定性

山地是地壳板块“造山运动”的产物。它受地质运动的内力和外力作用。内力作用常引发火山、地震，造成大规模的地形起伏；外力作用则常由水、风、温度变化等原因造成，会破坏岩层、割切地形，或将地形起伏夷平。岩层、风化层、土壤等山地地质状况常常只是处于一种相对平衡状态，极易因外界条件的变化而引起变化。如降水量过大，地表径流超过安息角，就会形成滑坡、断层等自然灾害；人为开挖对地形破坏过多，影响了山体的原有稳定状态，则会引起塌方。

（二）地形的复杂性

山地常常会由于地形陡缓、形状的不同和所处山体部位的差异而具有不同的特点。陡峭、高大的山形有鲜明的景观识别性，但是易受风力和水流的侵蚀；谷地往往潮湿、阴暗，易被水淹；而山脊则远离水源，不易通达。此外，山地地形的不同，还会带来辐射、日照、通风等条件的不同，这就可能造成各地区生态小环境的明显差异。

（三）气候的多变性

山地的气候变化不光体现一定地理纬度的地球大气候特征，还表现出许多具有地域特色的小气候特征。如高大、绵长的山脉能阻隔两边气流的交换，使山脉两侧的气候迥然不同；不同的海拔高度可使山地的温度有明显的差异；山地地形和周围环境的变化可以影响风向和降雨，形成局地环流和地形雨。

（四）水文的动态性

山地因坡度较大，水体流动远比平地迅速。降水的增大、山洪的爆发都会使山地地表径流量骤然增大，形成对山地土壤的冲蚀，并可能造成滑坡、断层等自然灾害。

（五）植被的重要性

植被是指覆盖于地球表面、具有一定种类组成的所有植物群落，它是土地的保护衣。在山地环境中，植被的存在具有重要的意义。一方面，它形成了地域的景观特色，增加了环境的景观优美度；另一方面，它通过巨大的表面积，以截流形式保存了大量的水分，可以增加地表土壤的容水量，起到保持水土，防止洪水、滑坡产生的功效；此外，良好的植被还能调节山地的小气候，为各种生物创造了适宜的生存环境。

四、山地生态系统的协调原则

生态学思想与山地建筑研究之间的紧密联系，使我们知道，山地开发中，生态的观念是至关重要的，它是我们进行山地建筑实践的根本出发点之一。当然，生态学思想的引进，要注意与山地实际相结合，真正把握山地所特有的各种生态特征，因为只有做到了生态思想与山地研究之间的高度结合，才能成为我们真正所需的山地生态观。

从生态学与山地研究的结合出发，我们认为，山地生态观主要应考虑山地生态系统的整体性、联系性及发展方向。

（一）"共生"整体性原则

生态思想在山地活动中的反映，首先表现在人与环境的关系上，即山地生态系统的整体性原则。人类作为山地的开发者和使用者，与山地环境中的各种生态环境因素和植被因素是不可分的。从生态学的角度出发，我们应该把人本身看作是山地生态系统的一个组成部分。人与山地环境协同共生，共同决定了整个生态系统的未来和去向，左右了生态系统的存在或消亡。

明确了人与山地环境的"共生"关系，我们就能够从生态系统的整体利益出发，协调好人类山地开发的"度"和"量"，不对山地环境过分索取，适当控制山地环境的"容量"。

（二）生态链调控原则

从生态学中有关生态系统的理论得知，生态系统是通过网状联结的各个生态要素实现能量流动和系统平衡的。在这个交换和流通的过程中，各个生态要素之间组成了生态链，它们秩序分明、缺一不可。因此在山地生态系统中，我们也应充分重视各个生态要素之间的相互联系，利用生态链的调控作用，保持整个系统的稳定。

具体来说，就应该对山地地质、地形、气候、水文、植被等要素之间的关系保持足够的重视，谨慎动土、保持水土、保护植被，促成各要素之间的良性转换，以达到相互保护的目的。

（三）可持续发展原则

把生态学思想引入我们的山地研究，使山地建筑走上"可持续发展"道路具有了可能。生态学思想重视生态系统的稳定和平衡，关注系统内各生态要素的和谐相处，这对于人类生存环境的保护和改善是极其有益的，也是实现"既满足当代人的需要，又不对后人满足其需要的能力构成危害的发展"这一可持续发展目标[10]的根本前提。生态理论对环境的注视、对人与自然关系的重新理解使山地建筑的发展自觉地向可持续发展的思想靠拢。

对我们的山地实践来说，可持续发展理论的实现常常得依赖对生态学原理的合理利用。例如，通过对山地生态系统的有效调控，可以减小（Reduce）山地环境中可能产生的各种危害；通过合理运用山地建筑形态（如掩土建筑或架空建筑）、利用建筑顶部的覆土层或架空的底部增加植被，可以实现对土地资源的再利用(Reuse)；通过悉心保护山地生态系统中的各个要素，可以促成山地生态系统内各要素的良性循环(Recycle)。以上即是可持续发展理论中著名的3R原则。

因此，强调了生态思想，将必然使我们的山地建筑走向可持续发展的未来。

第三章注释

① [美]E·P·奥德姆,《生态学基础》(中译本),第3页。

② 孙儒泳、林特淏(1986),《近代生态学》第1页。

③ 该描述引自《中国近现代史及国情教育辞典》第643页中“生态平衡”条目。

④ 程家源(1993),《长江上游地区资源开发和生态环境保护总体战略研究》:“长江上游地区的生态系统十分脆弱……地质构造运动强烈,岩石破碎和季节性暴雨强度大……各种类型的崩塌、滑坡有20多万处,其中大型以上的有上万处,泥石流沟有5000余条”。《中国西部地区开发年鉴》第42页,改革出版社(1993)。

⑤ 刘国城(1982),《生态平衡浅说》一书第三章。

⑥ 郑嘉玲(1988),《生态规划对坡地开发之必要性》,原文刊载于台湾《建筑师》第8810期。

⑦ 吴庆洲(1995),《保护城市生态环境的历史经验与借鉴》。

⑧ 何智武,《坡地社区开发之水文环境》,《山坡地开发专集(二)》第106~112页(台湾营建世界杂志社、山地工程顾问公司汇编)。

⑨ 刘滨谊(1990),《风景景观工程体系化》第33页。

⑩ 1987年,以布伦特兰(Bruntland)为主席的联合国与世界环境发展委员会对“可持续发展”定义如下,即“既满足当代人的需要,又不对后人满足其需要的能力构成危害的发展”,这也是被世界各国普遍接受的一个概念。

第四章　技—艺观

建筑是一门艺术。在西方历史上,建筑与绘画、雕塑等同被称为“艺术”,是人类智慧的结晶。甚至,有许多建筑师本身就兼具画家、雕塑家的身份。被奉为“神性艺术家”的米开朗基罗(1475～1564年)就既是出色的画家、雕塑家,又是著名的建筑师;意大利艺术家兼理论家瓦萨里(1511～1574年)也是画家、装饰师兼建筑师和城市设计师,他的名著《杰出画家、雕塑家和建筑师传》(1550年)是文艺复兴时期的一本艺术理论专著。在东方,虽然在大部分场合与时间里,建筑的创造者是一些“匠人”,但是,对一些重要建筑来说,文人贤士、风水家的参与是必不可少的,一些文人画师还将造园、建亭、置景与赋诗、作画结合起来,把这些行为同视为具有“阳春白雪”意义的高雅活动。

然而,建筑从其产生开始就离不开一定的物质基础。如埃及神庙的巨大柱厅之所以会有这样密集粗壮的柱子,是因为古埃及的石梁柱结构技术只能提供此类柱子密集的狭小空间;而古罗马的拱券技术则为卡尔卡拉浴场带来了开阔而丰富的室内空间。在中世纪,极富艺术表现力的哥特式教堂也离不开“飞扶壁”这种特殊结构形式的创造。到了18世纪中叶,随着苏夫洛(1713～1780年)设计的巴黎圣热纳维埃夫教堂的建成,现代工程学开始正式介入了设计,对建筑物的结构稳定性进行了分析。

建筑的艺术性与技术性孰轻孰重,这是自近代以来,被建筑界人士反复争论的问题。一方面,有人认为建筑应该是“艺术至上”的。如英国的工艺美术家威廉・莫里斯(1834～1896年)就把建筑艺术看作是“霸王艺术”,它包括和完善着其他一切艺术,其他各种艺术都是为它服务的、或是作为它的组成部分;格罗皮乌斯也主张建筑是综合的艺术:“所有视觉艺术的最终目标是完善的建筑物”[①],他认为艺术家应成为“全面的人”,使未来社会成为“全面的建筑”。而另一方面,许多极度崇拜工业文明的人们则对艺术丧失了信心。如布鲁诺・陶特(1880～1930年)于1919年在《关于建筑的新观念》一文中写道:“今天还有建筑艺术吗?还有建筑师吗?……今天既没有建筑艺术也没有建筑师”[②];先锋派和“达达派”则以虚无主义的态度对待艺术,主张以功能与技术取代艺术;与之相对应的,现代建筑中也出现了许多极度渲染技术的作品,如比阿诺、罗杰斯设计的巴黎蓬皮杜中心等。

在《中国大百科全书》中,对“建筑学”这一词的解释为:“英文中的Architecture,来自拉丁语,可理解为关于建筑的技术和艺术的系统知识。”[③]因此,完整地看,艺术性与技术性都是建筑的必备属性,就像一枚硬币的两个方面。持这种中间观念的建筑师在建筑实践中往往流露出既崇拜技术、又不否认艺术的心态。如勒・柯布西耶在承认“房屋是居住的机器”的同时,也不忘记“建筑是超越一切其他艺术之上的艺术,要求能达到纯精神的高度、数学的规律、理论的境界、比例的协调”[④]。矶崎新则说过:“建筑是产生意义的机器”,既形象地表达了建筑的技术属性,又指出了建筑的最终目的是产生意义,即具有较高层次的艺术性。

艺术与技术的关系问题,是有关建筑观的根本问题。山地建筑作为一种较为特殊的建筑类型,既具有建筑的一般属性,又有其独特的个性。正确地把握山地建筑中技术与艺术的关系,是山地建筑观的重要内容。

一、山地建筑的技术属性

技术对于建筑的重要性是不言而喻的。从古希腊、古埃及的石梁柱到古罗马的拱券技术,从中国古代的木梁柱到斗栱、飞檐的出现,随着人类认识自然、改造自然能力的增强,建筑技术为人类的建筑发展提供了必要的保证。到了第二次工业革命以后,科学技术突飞猛进,不断变化的现代生活使建筑的功能日趋复杂,新材料、新工艺的引入使建筑日臻完善。在现代社会中,建筑技术的涵盖已经非常广泛,它包括了交通体系、结构体系、防灾体系、设备体系的设置及建筑构造、建筑材料与施工手段的选择。

对于山地建筑而言,由于其所处环境的特殊性,它对建筑技术的依赖性要比平地建筑更为明显。我们知道,山地建筑研究所涉及的学科包括结构学、地质学、水力学和生态学等。在山地建筑的形成过程中,以上的诸学科都以各种具体的技术形式参与进来。

例如,在山地建筑的交通组织方面,为了适应山地地形的起伏多变,人们常需要采取特殊的交通技术,或者设置适当的爬坡线型,或者采取架桥、挖隧道等特殊手段,或者采用特殊交通工具,如缆车、倾斜电梯等;为了保持山地环境的稳定,减小山地灾害发生的可能,我们需采取有效的水土保持技术和边坡稳定技术,合理地组织山地环境的地表径流,加强绿化措施,选择适当的挡土墙类型;为了满足山地建筑的功能需要,我们还应考虑采取适当的设备组织技术和构造技术,合理地布置设备管线工程,选择正确的构造节点处理方法与合适的建筑材料。

二、山地建筑的艺术属性

对于艺术,历史上曾有过无数有关的定义。大致可以分为三类观点。第一类是从艺术的客观存在来定义艺术的,如“艺术是存在的显露”(海德格尔)、“艺术即吸引手段”(马歇尔)、“艺术是一种生命形式”(维特根斯坦)等;第二类是从主观创造作用以及读者的观赏作用来定义“艺术”的,如:“艺术即情感表现”(欧仁·弗隆)、“艺术即经验”(杜威)、“艺术是美的理想表现”(雅斯佩尔斯)等;第三类则把艺术本身看作为文化形态,如:“艺术是有意味的形式”(克莱夫·贝尔)、“艺术即情感语言”(杜卡斯)等。

由此,我们可以看出,艺术的产生一方面离不开一定的客观存在,另一方面又依赖于客观存在对人们的情感触动及其本身所具有的文化意味。

同样,山地建筑的艺术性也取决于以上诸方面的因素,即其富有表现力的客观实体、其对于人们情感的触动与其所具有的文化意味。

山地建筑存在于山地环境之中,其客观实体的表现形态区别于平地建筑的最大之处是山地地形的参与。由于地形的坡起,山体地表成了山地建筑形体的背景或组成部分,其丰富的现状、肌理变化赋予山地建筑独特的形态感染力;此外,结合山地形态的变化,山地建筑的接地方式都会有较多的选择,以尽可能地保持原有地形和植被;根据地形空间的"旷、奥"度,山地建筑在空间布局上可以形成一定的空间序列,以强化场所的认同感。这些,都使山地建筑的形态表现获得了独特的魅力。

基于山地建筑实体形态的独特性, 我们还可获得对山地环境的情感触动。例如,由"落水别墅"的体形、材质,我们可获得自然、野趣的感情体验;由西藏布达拉宫的雄壮体量及高踞山顶,我们可体会到雄伟、威严的心理感受;由恒山悬空寺的出挑,我们可得到惊讶、奇险的感情波动……

把情感触动加以提炼、升华,我们还可以体味出山地建筑的丰富文化意味。例如,在东方历史上,一方面,山地建筑可使我们联想到"比德"、"隐逸"等充满了文人文化的思想特征,另一方面,"天下名山僧占多"的事实又昭示了山地建筑对宗教文化的重要性;而在西方历史中,神庙、城堡占据山顶的传统,也体现了西方文化中神权至上、君权至上的思想。到了现代, 对"天人合一"自然观的追求使人们又对回归自然充满了兴趣,人们纷纷把别墅、旅馆、学校等建于山地,与高质量的生态环境为邻。

三、山地建筑的技—艺观

早在18世纪,英国学者司各特(Geoffrey Scott 1883~1929年)就曾说过:"良好的建筑有三个条件:方便、坚固和愉悦。"建筑具有实用性、技术性和艺术性已成为现代建筑师的共识。

然而山地建筑为什么要特别强调技术与艺术的结合呢?

首先由于山地建筑的技术特殊性和艺术的特殊性。艺术创作是讲个性的,而将具有特殊性的技术要素组织到建筑设计中去,使之成为建筑造型的一部分,就能获得具有艺术价值的建筑。山地建筑的技—艺观就是强调建筑的特殊技术要素。例如,在起伏地形中,山地建筑的道路系统既是交通设施,又是建筑群体的有机组成部分,它构成了群体空间的骨架。又如,出于山地防灾目的的水土保持技术(包括水文组织措施和绿化措施),它们同时也是建筑群体形态和山地景观的重要影响因素。其中,山地冲沟的引导组织与建筑群体的布局有着密切关系;山地绿化的好坏直接影响着山地环境的景观效果;挡土墙,既是边坡稳定技术的具体体现,又是建筑立面的重要组成部分,并能在一定情况下充当空间围合物的角色,对于山地建筑的立面造型与空间形态具有重要的意义。

其次,山地建筑涉及的很多技术问题,远超出一般平地建筑的技术问题。在建筑设计中,由于知识的生疏,很多建筑师关心甚少,通常都由相关专业人员分项独立完成。例如挡土墙的设计,往往在建筑设计前的场地组织时,由结构工程师配合总平面设计师单独完成,仅从结构的合理性考虑;防洪组织也是如此,与建筑设计分开。可是这些技术问题的处理,正是山地建筑获得特殊魅力的契机,建筑师应该从一开始就参与工作,了解这些技术问题,熟悉这些专业知识,将其融于建筑设计之中。

山地建筑的技—艺观,一方面提倡对山地建筑技术属性的尊重,另一方面则表现出对山地建筑及其环境艺术的追求。能够将技术与艺术充分结合的山地建筑,往往体现了对山地技术属性和艺术属性的深刻理解,它们或以建筑的技术特征为艺术灵感的源泉,或从建筑形态、景观的艺术性出发,在细部处理上寻求与工程技术的契合。

第四章注释

① [德]格罗皮乌斯,《1919年国立魏玛包豪斯纲领》,《现代西方艺术美学文选·建筑美学卷》第43页,辽宁教育出版社、春风文艺出版社(1989)。

② 布鲁诺·陶特,《关于建筑的新观念》,《建筑师》第27期第221页。

③ 沐小虎(1996),《建筑创作中的艺术思维》第42页,同济大学出版社。

④ [法]勒·柯布西耶,《走向新建筑》(中译本)第80~81页,中国建筑工业出版社。

第二篇　设计篇

观念篇的论述，使我们在宏观上拓展了对山地建筑设计理论的思考。历史的回顾、哲学思维的引入、生态观念的确立及技—艺观念的产生，从各个侧面兼顾了社会发展的过去、现在与将来，是对山地建筑的整体定位。

山地建筑观的建立，为我们进行较为具体的研究工作提供了指导。本篇我们将对有关山地建筑设计的各个具体问题作深入研究：首先，叙述影响山地建筑的各种自然因素，归纳地质、地形、气候、水文、植被等对山地建筑及其环境可能产生的影响；其次，从形态设计的角度出发，结合山地建筑的形态特征——减少接地、不定基面和山屋共融，对山地建筑的接地形态、形体表现和空间形态进行分析；接着，由山地建筑与山地景观的相互关系出发，结合山地景观的实体要素，从景观生态、景观视觉、景观空间和景观情感等诸方面探讨了山地建筑的景观设计；然后，从山地交通与山地建筑、山地地形结合的角度，探索山地车行交通、步行交通与特殊交通的各自特点，以使山地交通既能满足建筑间的功能联系，又能完善建筑室外空间；最后，以山地建筑的防灾、结构稳定和技术设施等方面为重点，结合建筑群体与单体形态，探讨了山地建筑的一些工程技术问题。

第一章　山地建筑的自然影响因素

由生态观的讨论，我们知道，任何山地建筑所处的山地自然环境都是一个某种层次的山地生态系统。在这个系统中，地质、地形、气候、水文、植被等各生态因子相互作用、相互平衡。山地建筑（及其人为环境）作为加入该生态系统的一个新成员，自然会受到各自然因子的作用和约束（图 2－1－1）。要使山地建筑对各自然因子的作用适时、适当地作出反应，维持山地生态系统的平衡，详细探讨各自然因子对山地建筑的具体影响是非常必要的。

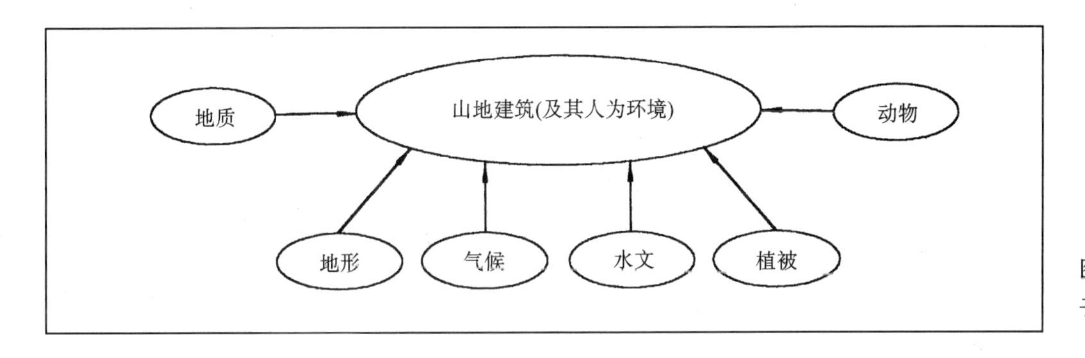

图 2－1－1　山地建筑与自然因子的关系

一、地质

地质决定了基地的承载力和稳定性，它对山地建筑的安全至关重要。例如，在湿陷性黄土地区，土层受水膨胀并失去收缩的性能，会导致建筑的损坏；在沼泽地区，地表经常处于水饱和状态，地基承载力极低；在具有可溶性岩石（如石灰岩、盐岩、石膏等）或发生大规模采矿的地区，溶洞和因开矿而形成的地下采空区会使建筑物渗水和塌陷。

为了避免地质因子对建筑的不良影响，我们一方面应对山坡基地进行详细的地质勘察，根据山地环境的地质构造，谨慎选择基地位置；另一方面应精心选择建筑的结构形式和工程加固措施，以减弱和弥补地质条件的不足。当然，以上的工作主要将依靠地质学、结构学专业人员，建筑设计人员可以在允许的选择范围内，结合建筑的接地形态、功能组织、景观设计，作出适当的处理。

二、地形

由导论中的有关叙述，我们已经知道了地形的基本要素及其分类。在这里我们将对山地地形的坡度特征及山位特征作进一步探讨。

（一）坡度特征

地形坡度对于山地建筑而言是个极其重要的影响因素。从理论上讲，山地建筑可以生存于各种坡度的地形条件中，只是其难易程度不同(参见表 2-1-1)。[①]有资料显示，在坡度大于 5% 的地形上建设道路、给水工程和供热工程时，工程技术费用比平原地区明显增加。仅从道路长度看，在平均坡度为 5% 的地形时路长为 1，而在 5% ~ 10% 地形条件下，每增加一个百分点，道路长度增加 1.2 倍[②]。

坡度与山地建筑的生存关系 **表 2-1-1**

类　别	坡　度	建筑场地布置及设计基本特征
平坡地	3% 以下	基本上是平地，道路及房屋可自由布置，但须注意排水
缓坡地	3% ~ 10%	建筑区内车道可以纵横自由布置，不需要梯级，建筑群布置不受地形的约束
中坡地	10% ~ 25%	建筑区内须设梯级，车道不宜垂直等高线布置，建筑群布置受一定限制
陡坡地	25% ~ 50%	建筑区内车道须与等高线成较小锐角布置，建筑群布置与设计受到较大的限制
急坡地	50% ~ 100%	车道须曲折盘旋而上，梯道须与等高线成斜角布置，建筑设计需作特殊处理
悬崖坡地	100% 以上	车道及梯道布置极困难，修建房屋工程费用大

坡度不仅在工程经济方面影响着山地建筑，在某种程度上，它还是影响山地环境生态稳定的主要因素。坡度越大，山地区域的地质稳定性越差，水土流失的可能性也越大，容易引发崩塌、侵蚀、径流量增加等不良后果。因此，在山地建设中，开发密度的大小常需依照地形坡度而定。例如，美国加州的 Pacifica 镇便按照坡度规定每块土地应有一定的比例留为空地，不许人为改动(表 2-1-2)[③]，以求尽量保持山地的原有地形。

美国 Pacitica 镇斜坡保留地控制 **表 2-1-2**

平均坡度（ %）	每块土地之保留面积（ %）
10	32
15	36
20	45
25	57
30	72
35	90
40	100

当然，对山地建筑来说，地形因素并非只是不利因素。有时，地形的起伏往往能为人们带来特殊的便利，使山地建筑具有平地建筑所没有的优势。例如，利用地形坡度，我们可以使山地建筑具有“不定基面”，灵活组织功能流线，并可在满足建筑规范的前提下增加住宅建筑的层数，而不必增设电梯；或者，依托地形的天然坡度，设置剧场、影院的观众厅，使建筑功能空间与山地空间相契合。此外，山地地形还常常是山地建筑具有独特艺术感染力的根本因素。例如，山西浑源的悬空寺建于陡峭的山崖上，其基地坡度远大于 100%，按照常规，这是不可想象的，然而它的艺术效果是震撼人心的(彩图 13)。

(二)山位特征

在山地环境中，山位所体现的是各个不同的局部地形，因此它具有不同的空间属性、景观特性和利用可能(表 2-1-3)。[④]

山 位 特 征　　表 2-1-3

山位	空间特性	景观特性	利用可能
山顶	中心性、标志性强	具有全方位的景观，视野开阔、深远，对山体轮廓线影响大	面积越大，利用可能性越大，并可向山腹部位延伸
山脊	具有一定的导向性，对山脊两侧的空间有分割作用	具有两个或三个方向的景观，视野开阔，体现了山势	同上
山腰	空间方向明确，可随水平方向的内凹或外凸形成内敛或发散的空间，并随坡度的陡缓产生紧张感或稳定性	具有单向性的景观，视野较远，可体现层次感	使用受坡向限制，宽度越大、坡度越缓，越有利于使用
山崖	由于坡度陡，具有一定的紧张感，离心力强	具有单向性景观，其本身给人以一定的视觉紧张度	利用困难较大
山麓	类似于山腰，只是稳定性更强	视域有限，具有单向性景观	当面积较大时，利用受限制较少
山谷	具有内向性、内敛性和一定程度的封闭感	视域有限，在开敞方向形成视觉通廊	同上
盆地	内向性、封闭性强	产生视觉聚焦	同上

三、气候

在山地区域，气候的变化一方面体现了一定地理经纬度的大气候特征，另一方面还表现了各个不同地域的小气候特征。其中，大气候特征的产生主要与地球表面的大气环流或宏观地形有关，其影响的范围较广，对于各地的气候起着主导性的作用；而小气候特征则与地区的微观环境有关，其影响的范围有限，但是常常体现了一定的特殊性，具有鲜明的地方特征。显然，由于大气候特征多与地球本身的运行规律及天体辐射有关，具有相

图 2-1-2　山坡地主要气候影响因素分析图

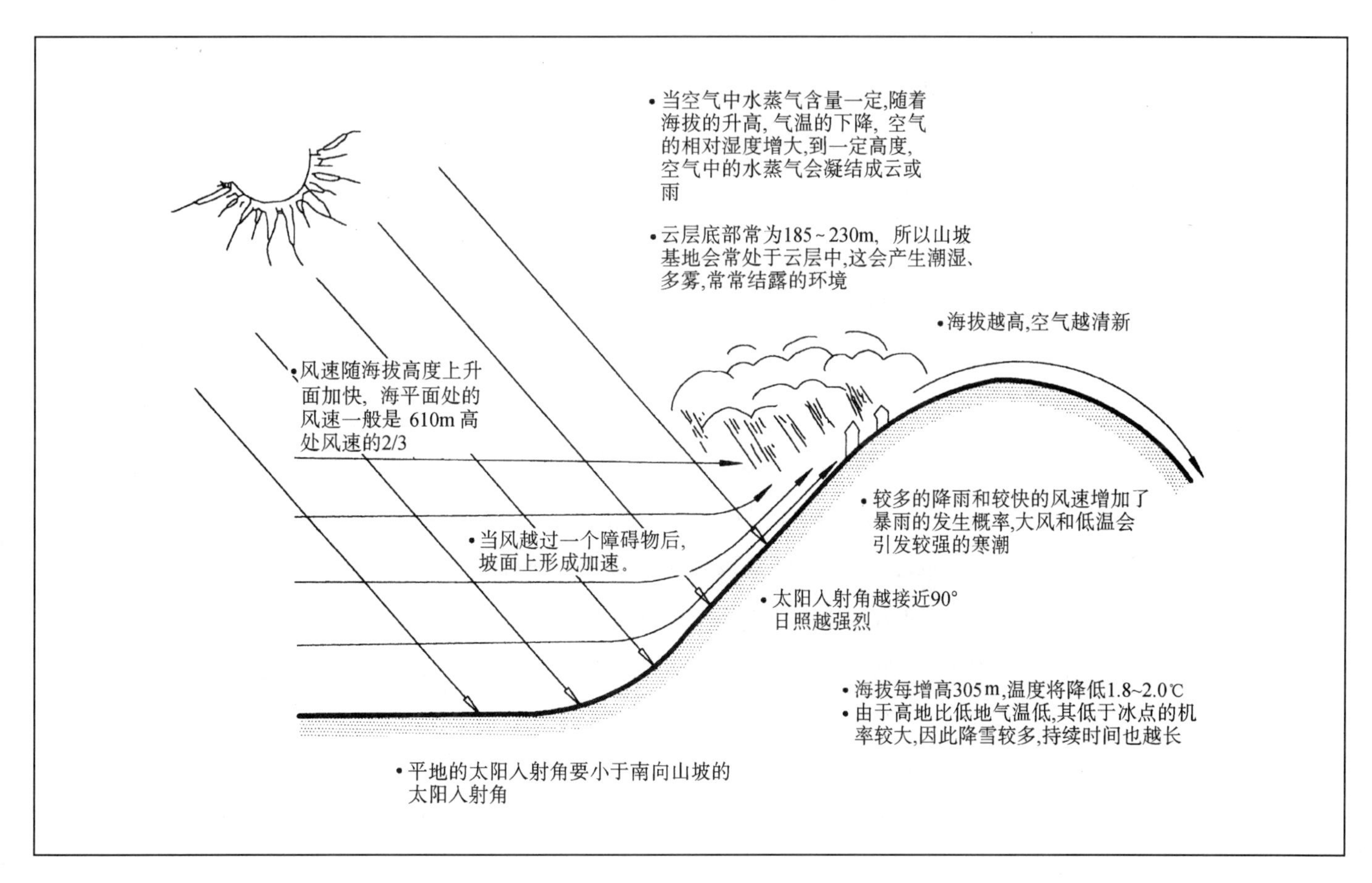

当的普遍性，我们将不对之作深入探讨，而把注意力集中于对微观小气候的研究。

对于山地微观气候的影响因素及其典型表现，Abbott(英)[⑤]曾依据大不列颠的实际情况，作过概括的分析(图 2－1－2)，当然，他的分析图仅仅罗列了海拔高度对气候变化的影响，并没有包括对其他地理要素的陈述。我们知道，组成山地微观地理环境的地理因子包括山体形势、海拔高度、坡地方位及山地地貌，它们与日照、温度、湿度、风状况及降雨等气象因子相互作用(图 2－1－3)，形成了具有不同特征的小气候特征[⑥]。

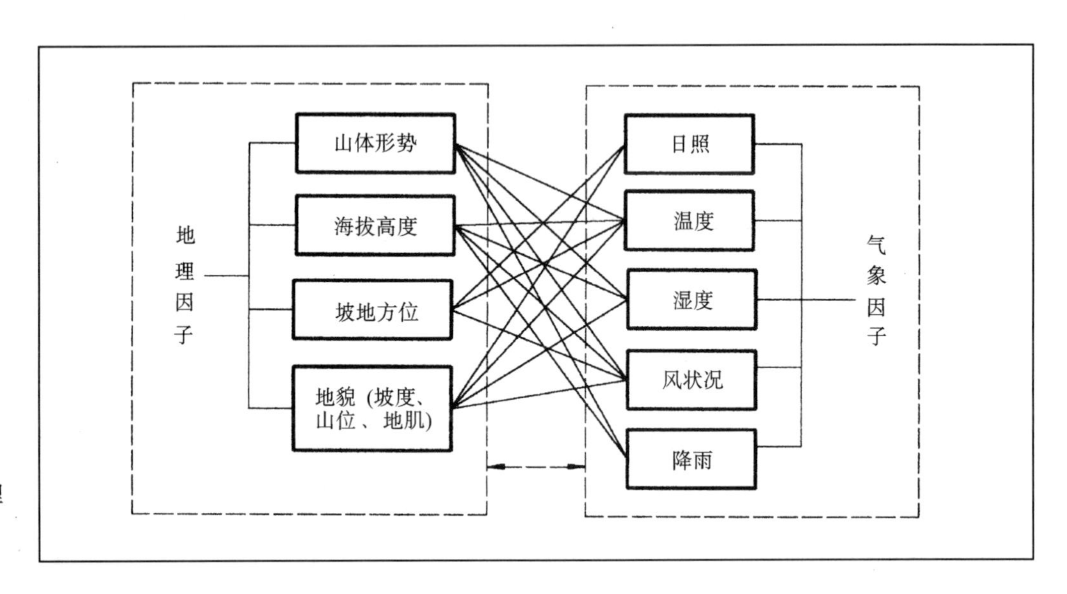

图 2－1－3　山地环境中地理因子与气象因子的关系

· 山体形势(大山脉的走向、总体高度和长度)

高大的山脉能在很大程度上影响大气的流场和大系统的天气过程，使山脉两边的气候和天气情况迥然不同。例如，像秦岭那样东西走向的山脉，能隔阻南北气团的交换，或改变气流通过秦岭山脉以后的性质，使秦岭南北两面的气候截然不同，成为我国气候的分界线。山脉总体愈高、愈长，阻隔作用愈大，对山脉两边气候的影响也愈大 。距离阻隔的山脉愈近，所受影响愈大。

· 海拔高度

地方海拔高度对气候的影响，主要体现在温度方面。一般来说，海拔高度每升高 100m 所降低的温度可与纬度向北推移 1° 相近似(北半球)，即温度随海拔的升高而降低。由于温度的降低，相应来说，高海拔地区的相对湿度会增大，雨量会增加，风速也较快。

· 坡地方位(坡向)

坡地方位不同，其接受太阳辐射、日照长短都不相同，其温度差异也很大。例如，对位于北半球的地区来说，南坡所受的日照显然要比北坡充分，其平均温度也较高。而在南半球，则情况正好相反。此外，由于各个地区在各个季节的主导风向一定，坡向不同，其所受风的影响也不相同。

· 山地地貌(坡度、山位、地肌)

地形(坡度、山位)、地肌不同，各山坡基地接受辐射、日照的程度就会有所不同，其地表的水分保有量和蒸发量各不相同，通风和昼夜空气径流的状况也有较大的差异。

为了深入地揭示山地微观小气候的典型表现，我们结合气象因子，逐一分析山地的气候状况。

(一)日照

日照，是大多数山地建筑所需要的。除了影剧院、大型商场以外，其他类型的山地建筑在进行布局时总要考虑尽可能多地享受日照。在山地环境中，由于坡度、坡向和基地的海拔高度的不同，每块山坡基地的日照时间和允许日照间距有很大差异。太阳光线要到达山坡基地，不仅要避免被地球遮蔽，还要保证不被坡地本身、当地的辐射云雾所遮蔽。

1. 建筑阴影

由于地形的坡起，山地建筑的阴影长度与平地建筑会有所不同，而且，其差异的大小直接取决于山坡基地的坡度陡缓。例如，相对于我们所处的北半球来说，南坡建筑物的阴影会缩短，而北坡则会增长(图 2－1－4)，坡度越陡，其缩短或增长的长度越多。山地建筑阴影长度的变化，直接决定了各山地建筑单体间的日照允许间距，对建筑群体的布局会产生较大的影响。简单而言，与平地建筑相比，南坡的建筑间距可以适当缩小，层数可适当加多，建筑用地也较节约。而北坡建筑的情况正好相反。

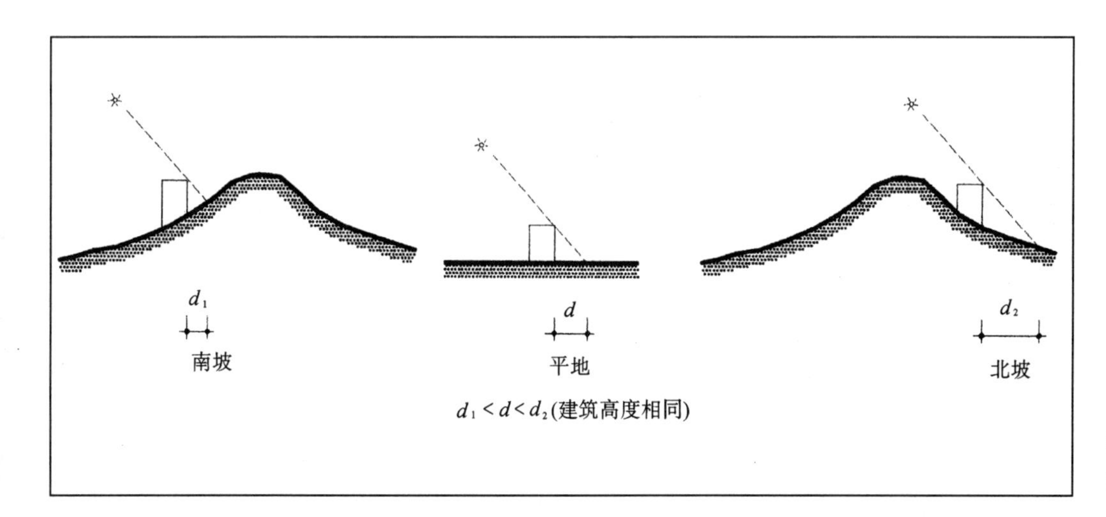

图 2－1－4　坡地建筑阴影的变化(以北半球为例)

2. 基地可照时间

在不同的纬度地带，各个坡向的山坡基地，其日照时间年变化存在着一定的规律。了解其中的规律，对于我们合理地计算山地建筑的可照时间、有效利用各种山坡基地是非常重要的。在下面的分析中，我们以 40°纬度的山地地带为例，分别对各种坡向山坡基地的日照时间作一分析(图 2－1－5)[7]：

·南坡

在南坡，日照时间(晴天)的年变化特点是：当坡度小于纬度时，夏至的可照时间最

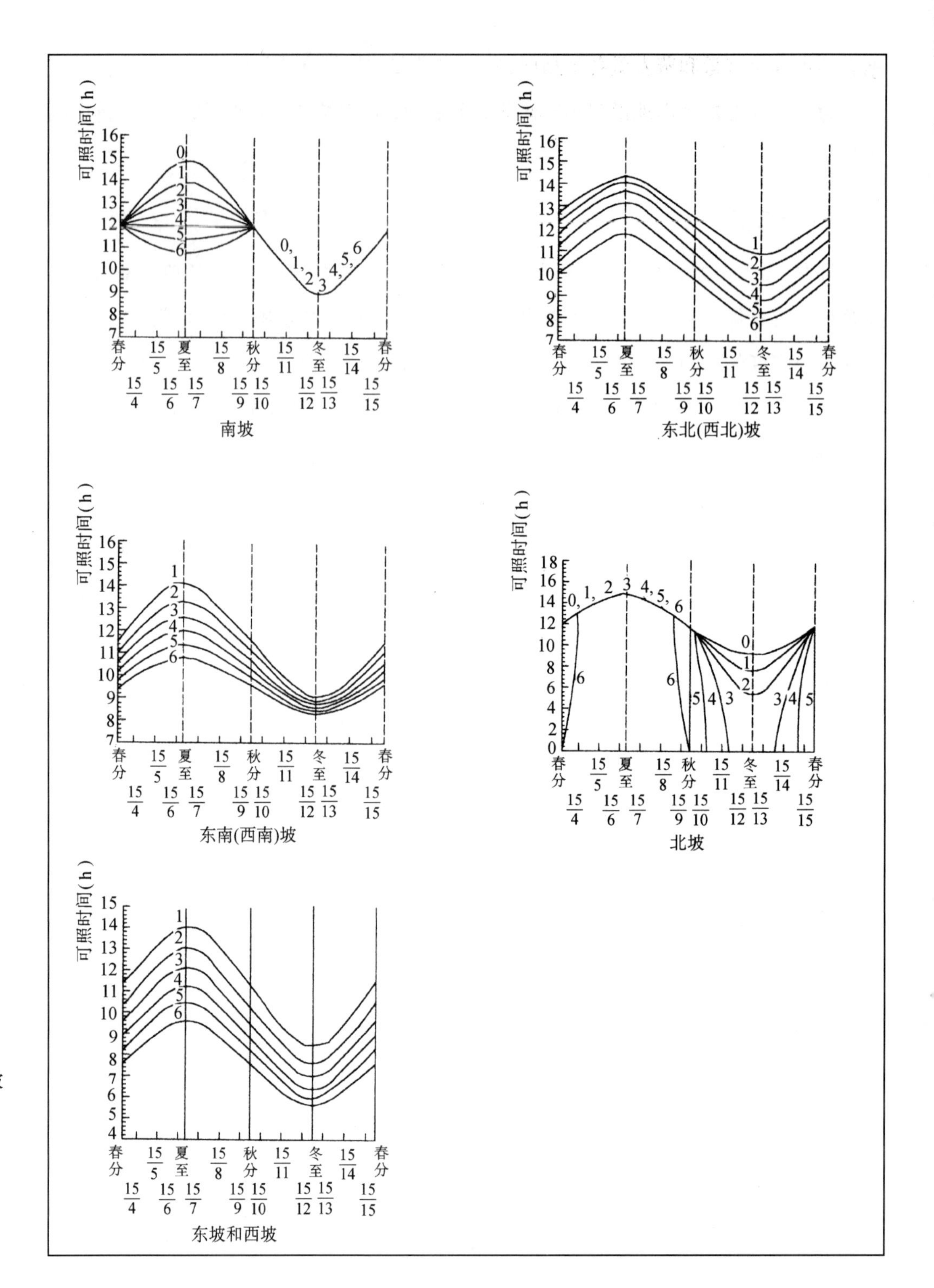

图 2-1-5　40°纬度时不同坡度、坡向上可照时间的年变化

0—水平面　1—坡度 10°

2—坡度 20°　3—坡度 30°

4—坡度 40°　5—坡度 50°

6—坡度 60°　$\frac{15}{4}$—4 月 15 日

长，冬至最短，年变化趋势与水平面上相同；当坡度大于纬度时，春分和秋分的可照时间最长，夏至或冬至最短，呈双峰型变化。

· 东南坡（西南坡）

东南坡上午（下午）受太阳照射的情形同西南坡下午（上午）受太阳照射的情形相似，所以，我们只要讨论东南坡的情形，就可以类推西南坡的日照情况。

东南坡上的可照时间年变化趋势是：当坡度小时与水平面上相同，即夏至最长，冬至最短。而当坡度大时，夏至最短，且坡度愈大，这种与水平面上变化相反的趋势愈明显，但随着纬度升高，便逐渐转为与水平面上的年变化趋势一致，只是年振幅比水平面上的大为减小。

·东坡和西坡

东坡和西坡每天的可照时间不论夏半年或冬半年都随着坡度增大而迅速减少，但其年变化的趋势在任何纬度上和任何坡度下都基本上和水平面上相同，即夏半年可照时间随着向夏至的接近而增加，冬半年随着太阳向冬至接近而减少，且纬度愈高，可照时间的年变化愈大。

·东北坡（西北坡）

东北坡和西北坡的可照时间在各纬度都随着坡度增大而减小，且纬度愈高，减少愈显著。在低纬度，冬季比夏季减少更快。可照时间的变化情况是：夏季，坡度大时远较坡度小时大；冬季，在低纬度是坡度小时比坡度大时大，但在纬度较高的地方则正好相反，是坡度小时远比坡度大时大。

·北坡

在北坡，夏半年的可照时间与水平面上基本相同，只有当坡度较大时，在高纬度地区，北坡的可照时间则随着逐渐接近春、秋分而急剧地减少，至春、秋分时降为零；冬半年，北坡的可照时间随着坡度增大而迅速地减少，且其减少率在坡度大时比坡度小时大得多，同时还随着纬度升高而急剧地增大。因此，在纬度较高的地方，只有非常缓和的北坡才可以具有很短的日照时间；当坡度稍大时，北坡就整日处在阴影之中，可照时间等于零。

综合以上的分析，我们可以看出，由于坡地方向、坡度的不同，基地的可照时间有较大的差异。就坡向而言，南坡、东南（西南）坡的可照时间相对较长，东坡和西坡次之，北坡和东北（西北）坡的可照时间相对较短；就坡度而言，坡度越缓，可照时间相对越长，坡度越陡，可照时间相对较短。

因此，为了获得尽可能多的日照时间，山地建筑应尽量选择南坡、东南（西南）坡等向阳坡，避免北向的背阳坡。即使不得不选择东坡或西坡，也应将建筑布置成垂直等高线，使建筑面南。

3. 辐射雾的高度

当然，除了坡向和坡度，由于云雾的影响，海拔高度对可照时间的影响也较为明显。例如，在我国的四川山地（图 2－1－6）[8]，一月份的日照在 400 m 高度左右有一最大值，在这个高度以下，因为多辐射雾和低云，日照迅速减少。在 400m 高度以上，由于多绝热雾，日照也向上递减，大约在 900m 高度达到最小值。由此再往上去，因为空气干燥，云雾少，日照便转而迅速增加；而在七月份，由于山上整个多为多云，而低处的辐射雾照例是很小的，所以在 1000m 高度以下日照迅速随海拔增高而减少，在 1000m 高度以上，日照随海拔高度变化不大。

由于辐射雾的存在，我们对于山地建筑的选址应特别谨慎，以使建筑尽量位于适当的高度地带。

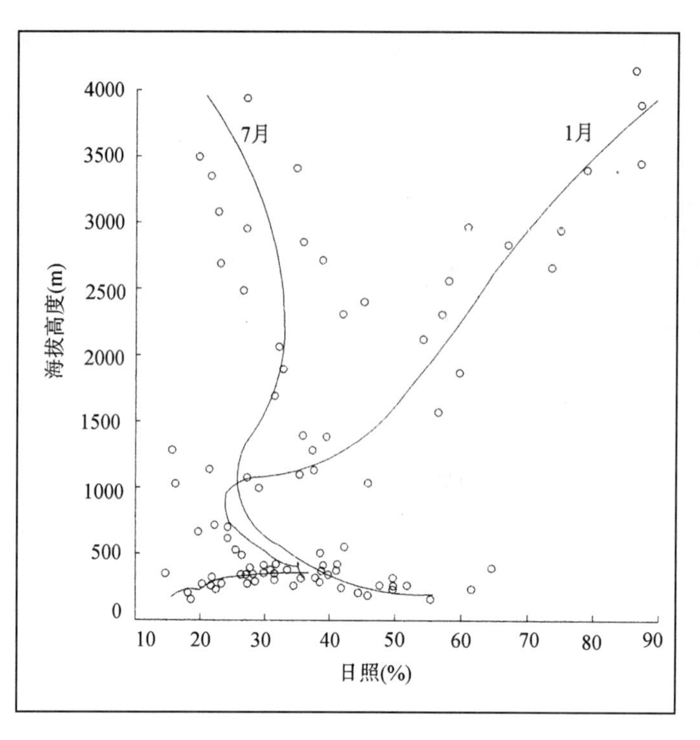

图 2-1-6　北纬 28°14′～30°09′间的四川山地日照百分率随海拔高度的变化

(二)风状况

在山地，气流运动受地形的影响很大。通过对基本流场的分析，我们可以掌握风向和风速的一些基本变化规律。此外,局地环流、地形逆温也是山地环境所特有的二种气候现象。山地风状况的变化，对于山地建筑及其群体的选址、布局有直接的影响。

1. 基本流场

当气流通过山地时,由于受到地形阻碍的影响,其流场就要发生变化。对一般范围不大的小地形来说,当气流通过阻碍它运行的小山时,一部分是从山顶越过去,一部分是从两侧绕过去,于是,在山的向风面一侧,下部风速减弱,顶部和两侧风速加强;在山的背风一侧,会出现静风区或涡风区。根据风向与地形的关系,我们可以把山地归纳为以下几个区域,即迎风坡区、顺风坡区、背风坡区、涡风区、高压风区和越山风区(图 2-1-7),它们的各自特性大致如表 2-1-4 所示。

山地风状况基本流场的特点　　　　**表 2-1-4**

迎风坡区	有利于扩散
顺风坡区	
高压风区	
越山风区	扩散尚好
背风坡区	风速小,有倒卷涡流,不利于扩散
涡风区	

对于范围较大的山地区域来说，气流的流场常受山脉、沟谷的影响，产生顺山风、顺沟风等。例如北京地区的风向总趋势受大范围的季风环流影响，冬季盛行偏北风，夏季盛行偏南风。而昌平，正对着西北-东南走向的南口风廊，盛行风向与山谷走向一致，呈东风和西北风;房山盛行风向受山脉影响，呈东北-西南风向[9]。

了解了大气气流的规律，我们在进行建筑群体或单体布置的时候，可采取不同的平面布置方式和高度组合，使各个建筑单体都能获得良好的自然通风。例如，在迎风坡区和背风坡区，由于风向与山体等高线垂直，我们可使建筑平行或斜交于等高线，并在坡面处理上采取前低后高(迎风坡面)或前高后低(背风坡面)的形式(图 2-1-8);而在顺风坡区，则可使建筑单体与山体等高线垂直或斜交，充分迎取“绕山风”或“兜山风”(图 2－1－9)。

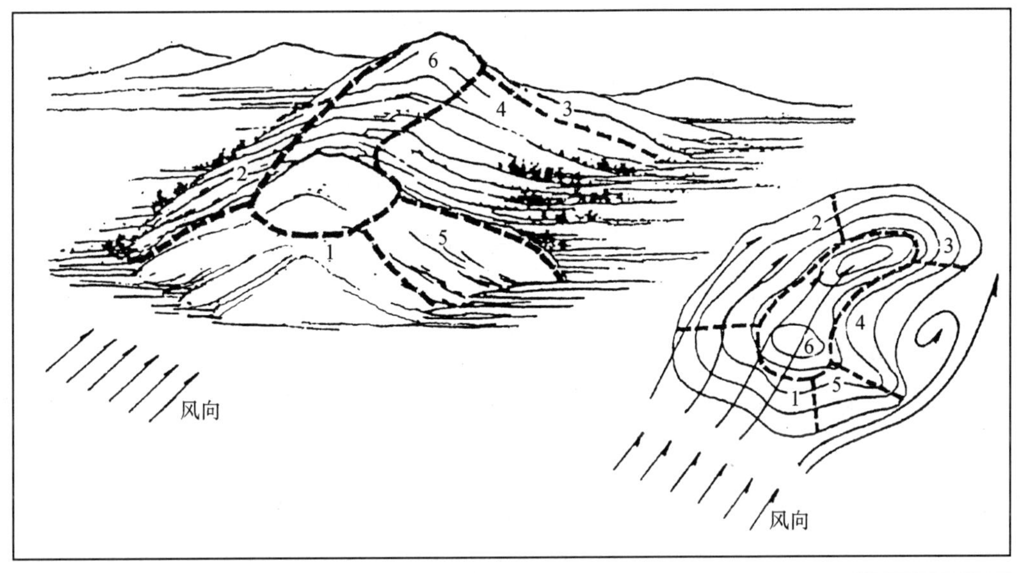

图 2－1－7 山地风状况的基本流场

1. 迎风坡区
2. 顺风坡区
3. 背风坡区
4. 涡风区
5. 高压风区
6. 越山风区

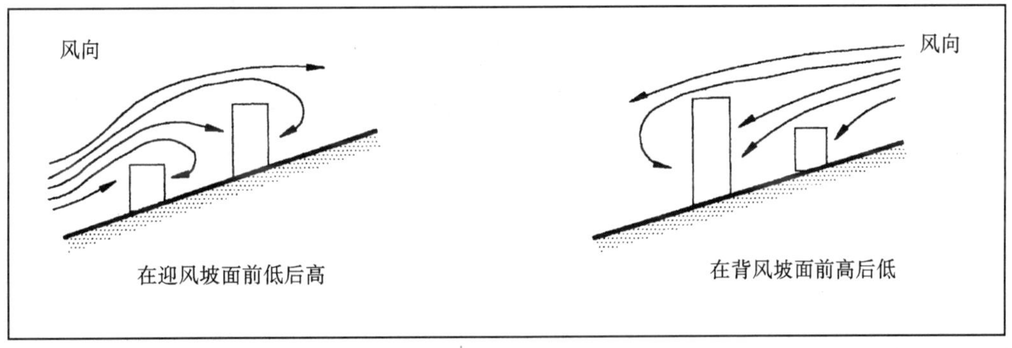

图 2－1－8 山地坡向、风向与建筑高度的关系

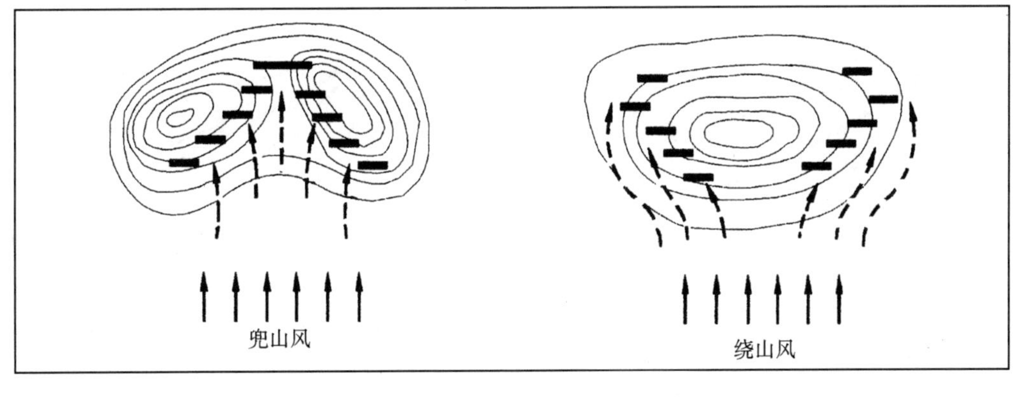

图 2－1－9 “绕山风”与“兜山风”的获取

2. 局地环流

在山地，由各种因素所引起的相对增热的差异或温度差异会造成局部气压的差异，这就产生了各种各样的局地环流。按照傅抱璞的分类[10]，局地环流的表现形式有：平衡风、沿谷地吹的山谷风、横截谷地的山谷风、冰河风、顺转风。其中，平衡风是指由于整个山系与周围地区存在温差而形成的补偿风，如我国的昆仑山北坡，由于其与北方的塔里木沙漠有着较大的温差，就存在着吹自塔里木的凉风；沿谷地的山谷风，亦即我们常说的山谷风，多发生在丘陵和山前平原地带，它是由谷地与平原之间的气流变

化而引起的；横截谷地的山谷风，亦被人称为山坡风，它是指由山坡与谷地之间的热力变化而引发的气流运动；冰河风是在有冰河的地方或有冰雪覆盖的山上产生的；顺转风存在于盆地和封闭的谷地中，是一种不断转动的环流形式。

以上的五种形式中，与地形密切相关的局地环流主要是：山谷风、山坡风及顺转风。

(1)山谷风

在谷口通向平原的谷地，由于谷地中的温度日变化大，白天气温比同高度的平原上高，夜间比同高度的平原上低，因而产生昼夜方向相反的气压梯度，在白天形成由平原吹向山谷的谷风，在晚上形成从山谷吹向平原的山风(图 2-1-10)。

(2)山坡风

在白天，由于山坡上的空气比同高度上的自由大气增热厉害，使空气沿坡上升，形成上坡风；在夜间，由于下垫面辐射冷却，使邻近坡面的空气跟着迅速变冷，密度增大，因而沿坡下滑流入谷地，形成下坡风(图 2-1-11)。

四川山城攀枝花市位于金沙江的南坡，属高海拔干热地区，城市有组织地利用山坡风，城市中心布置绿色大梯道和中心广场，并在沿江和山顶大量植树，加强和诱导山坡风(图 2-1-12)，使城市小气候得到明显的改善，从 1977 年至 1995 年，城市平均气温下降 1~2℃，年降雨总量增加 41%，平均相对湿度增加率为 17% [11]。

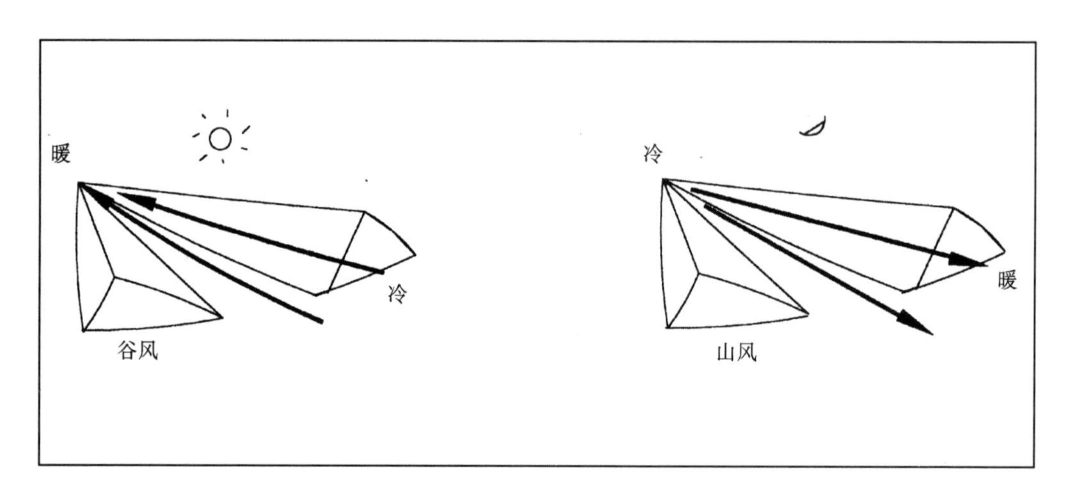

图 2-1-10　山谷风

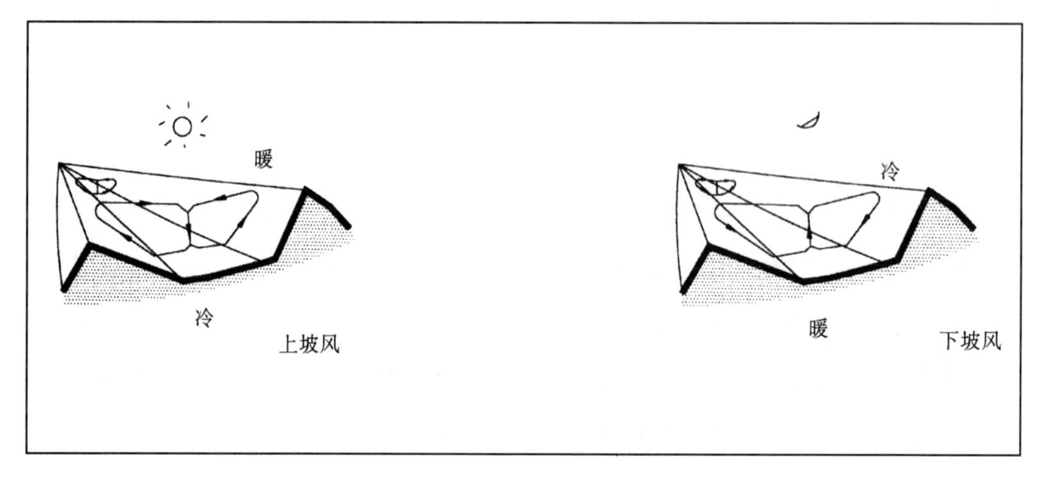

图 2-1-11　山坡风

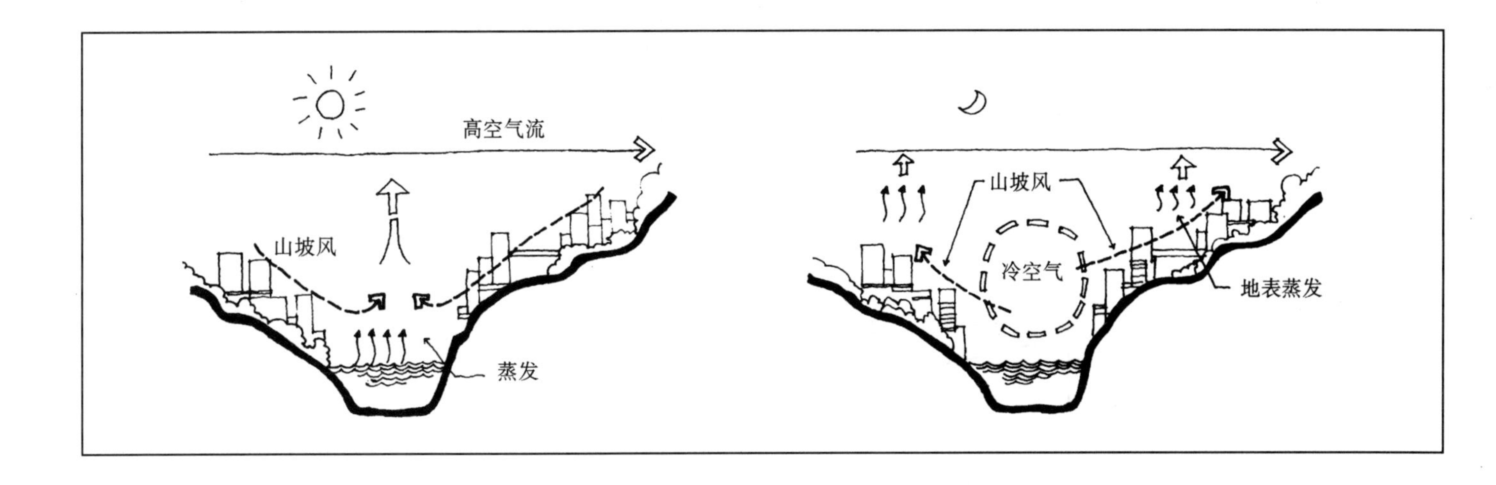

图 2-1-12　山谷山坡风形成、运行示意图

(3)顺转风

在盆地和封闭的谷地中,由于白天一面坡地上日射强、温度高,而另一面坡地上日射弱或被荫蔽、温度低,产生局部气压差异,可以形成一种由冷坡吹向热坡方向的局地环流风。因此,在盆地内一天中的风向常常是顺时针地转动,即从早晨的东风、中午的南风,转到傍晚的西风。

了解了局地环流的形成过程,我们在进行建筑群体或单体布置的时候,不仅需考虑全年主导风向的影响,还必须注意区域地形的气流变化。使群体中有污染产生的建筑(如锅炉房、工厂厂房)处于下风向,不对居住建筑或其他公共建筑形成污染,并为各单体建筑创造良好的自然通风条件(如穿堂风)。

3. 地形逆温

由于辐射和局地环流的作用,在山谷盆地和山前平原区常常会出现逆温现象,使大气的水平扩散减弱,湍流交换受抑制,引发低层空气污染。这也是山地所特有的一种气象表现。山地逆温的形成主要与地形有关(图 2-1-13):在山地,地形的起伏使过境的环流风受阻碍,移行速度减慢;在辐射变化的作用下,晚间山坡上的冷空气沿地形下沉,将谷底暖空气上挤,形成上暖下冷的现象。通常,山地逆温出现的频率与天气条件及季节有关,一般而言,云量愈少、风速愈小、地面愈干燥,逆温出现的频率愈大,冬季比夏季常见[13]。

地形逆温的出现,对于所在地区的烟尘、气体扩散是极其不利的,因此,我们尤其应对山地工业建筑的布局持谨慎态度。如果实际情况要求工业建筑与居住建筑同在一个山谷、盆地中,我们必须对工厂布局和烟囱高度的设置详加考虑,使工厂的烟囱建在盛行风的下风向,其高度超过该地区逆温层的高度(图 2-1-14)。例如,美国的密契尔电厂,位于 200m 高的山地之中,其装机容量为 2×80 万千瓦,燃料中含硫 4%。为了不对居住区产生污染,最后,通过风洞试验,决定把烟囱高度设置为 368m。

(三)降水

山地区域的降水量一般要比平地为大。这主要与山地的海拔高度有关,因为,随着

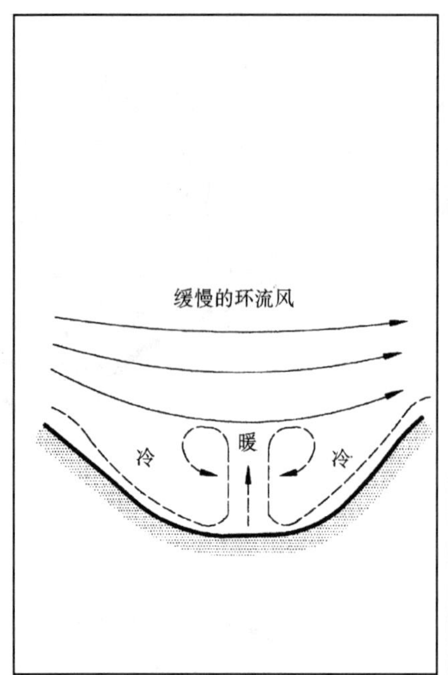

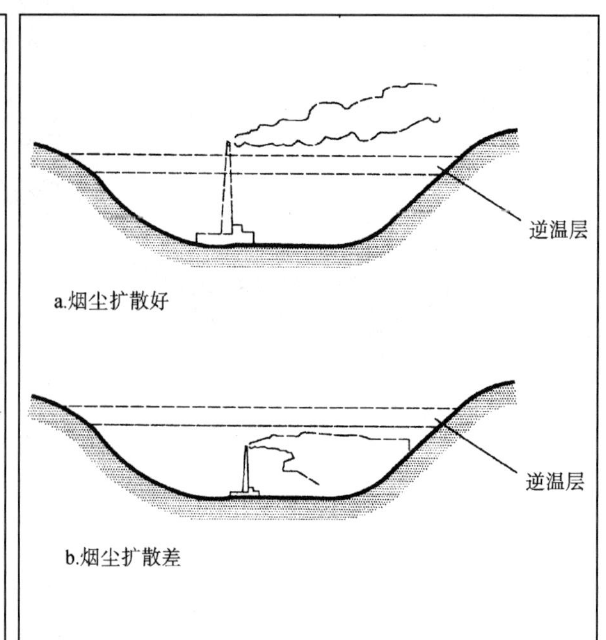

（左）图 2－1－13　山地逆温的形成

（右）图 2－1－14　烟囱高度与逆温层的关系

海拔高度的升高，山地环境的气温逐渐降低，山地“地形雨”发生的概率就越来越大。

地形雨是一种具有明显特征的山地气候现象。当湿热空气在运动中遇到山岭障碍，气流就会沿着山坡上升，而气流中的水汽升得越高，就受冷越甚，并逐渐凝结成云而形成地形雨。但是，当气流越过了山顶之后再沿山坡下降，空气渐暖，降雨就减少了。地形雨多降落在山坡的迎风面，而且往往发生在固定的地方。例如，在我国的秦岭、太行等山脉，迎风的东南面多雨，背风的西北面则少雨。

目前，国内外的气象资料已经证实，在通常情况下，某个地区的年降雨量与该处的海拔高度成线性增长关系，即地势较高的山区雨水较多（俗语称之为“高山多雨”）。例如[13]，台湾中央山脉两侧每升高 100m，年降雨量平均值增加 105mm，浙江的天目山和四川的峨嵋山每升高 100m，年降雨量平均值增加 40～45mm；陕西秦岭每升高 100m，年降雨量平均值增加约 20mm；甘肃祁连山每升高 100m，年降雨量平均值增加约 7.5mm。

四、水文

在山地生态系统中，“水循环”（图 2－1－15）[14]的起始来源于自然界的降水或冰雪溶化，它们到达地面以后，一部分被地表吸收，形成下渗，一部分被蒸发，另一部分则会充填地表小沟和洼地，或溢出洼地和小沟，形成地表径流。其中下渗的水分部分被土壤和植被所截流，部分形成地下径流和壤中流。不适当的地表径流、地下径流或壤中流，都有可能对山地建筑构成影响。例如，集中的、激增的地表径流会引发山洪，过量的地下径流会导致滑坡的产生。

为了避免水文对山地建筑的不利影响，我们应对基地区域的排水路径、排水方式进行合理的引导和组织，并采取积极的水土保持措施，从根本上加强对山地环境的水

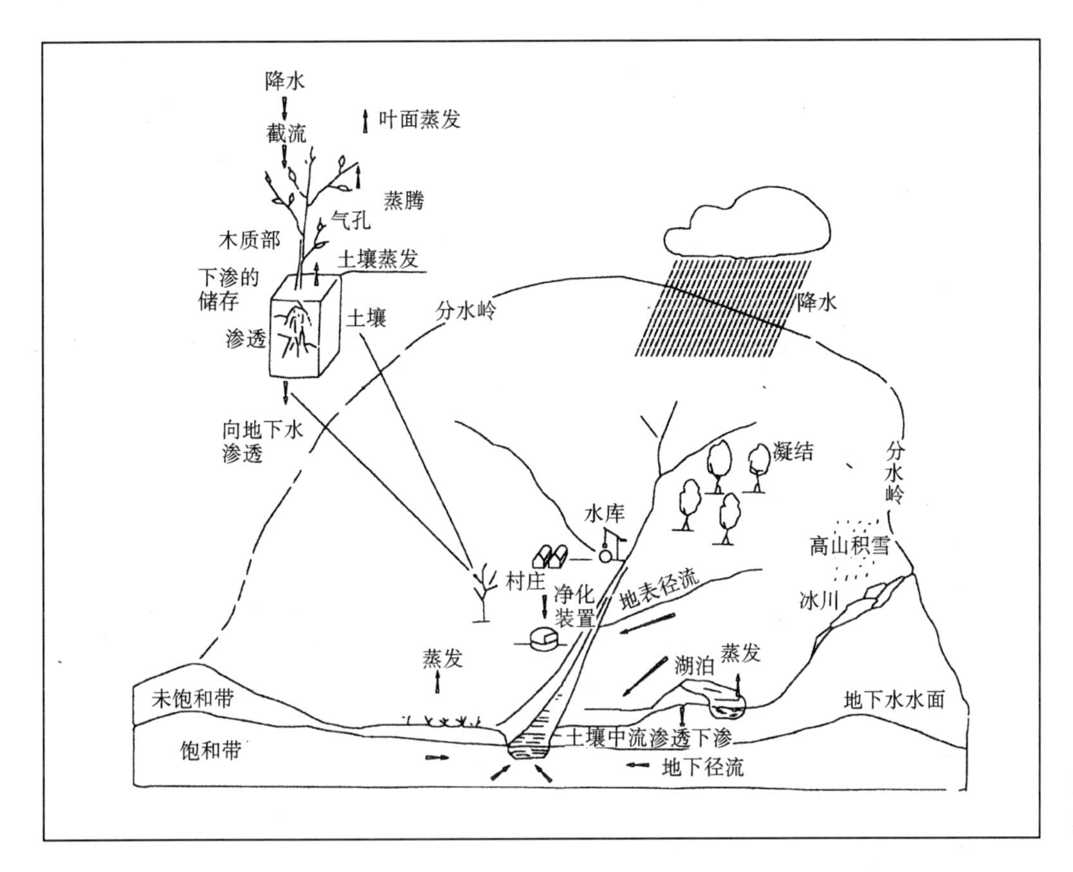

图 2－1－15 山地生态系统的水循环

文控制。当然，山地建筑的水文处理还应该兼顾自然地形与建筑形态的结合，合理地利用山地冲沟，组织群体建筑的布局。

五、植被

在山地环境中，植被状况是山地生态环境的直接反映，它的表现是山地景观的主体内容。

作为山地生态系统的组成元素，植被的分布与组合体现了生态环境的差异，它们对山地建筑的影响是隐性的，常常通过生态系统的整体调控作用，对山地建筑的生存环境起着影响作用。

从山地景观组织的角度来看，植被又是极其生动的景观客体，它们常常决定了山地景观的基调。因此，根据景观体验的需要，我们应在建筑群体布局、空间组织上对地肌要素采取适当的取舍，对有较高景观价值的露头岩、植物等加以保留，并把它们有机地组织到建筑中去。

第一章注释

① 《建筑设计资料集》(第二版、第六册)第 223 页,中国建筑工业出版社(1994)。

② 黄耀志(1995),《山地城市生态特点及发展模式研究》第 8 页(重庆建筑大学硕士学位论文)。

③ 潘国梁,《从环境地质观点论本省山坡地之开发》,《山坡地开发专集(二)》第 240 页(台湾营建世界杂志社、山地工程顾问公司汇编)。

④ 任雷(1991),《山地建筑形态特征探索》(同济大学硕士学位论文)。孙光临(1992),《山地建筑群体研究》(同济大学硕士学位论文)。

⑤ Abbott. D & Pollit. K[英](1980),《Hill Housing》P. 217。

⑥ 傅抱璞(1983),《山地气候》第 2 页(科学出版社)。

⑦ 傅抱璞(1983),《山地气候》第 12 ~ 16 页(科学出版社)。

⑧ 傅抱璞(1983),《山地气候》第 37 页(科学出版社)。

⑨ 引自《城市规划与环境》第 51 页。

⑩ 傅抱璞(1983),《山地气候》第 175 ~ 176 页(科学出版社)。

⑪ 毛刚、段敬阳(1998),《结合气候的设计思路》(《世界建筑》9801 第 18 页)

⑫ 傅抱璞(1983),《山地气候》第 135 ~ 136 页(科学出版社)。

⑬ 傅抱璞(1983),《山地气候》第 126 页(科学出版社)。

⑭ [德]R· 赫尔曼,《水文学导论》(中译本)第 5 页,高等教育出版社(1985)。

第二章 山地建筑的形态

一、概述

“形态”在汉语里原是绘画艺术上的用语，意为“形状和神态”，是对物体形象、体态等的描述。例如，张彦远的《历代名画记》卷九中有：“[冯绍飞]尤善鹰鹘鸡雉，尽其形态。”[①]在英文里，“形态(morphology)”一词则来源于生物学，它反映了生物组织的结构和形式，是与生理学、胚胎学密切相关的一个概念。当然，在今天，不同来源的“形态”概念有了比较一致的引申意义：即形态是事物在一定条件下的表现形式和组成关系。

也许是巧合，“形态”一词的不同渊源对于我们完整地把握建筑学意义上的形态概念是极其有益的。从东方的“形态”涵义中，我们可以体会出“形态”的感性一面，即把客观存在的事物当作一种造型对象，较多地从审美的角度去把握事物的存在方式；从西方的“形态”涵义中，我们可以看出“形态”的理性一面，即从组织结构、逻辑关系的角度去探寻客观事物的组成关系。

因此，在我们看来，建筑形态是个含义丰富的概念，它既是对造型对象的描述，又是建筑客体内在逻辑关系的反映。为了把握建筑的造型特征，我们需要研究建筑的形式美，这是建筑学所一贯提倡和追求的，已经被我们所熟知；为了把握建筑的逻辑关系与组织结构，我们可以借鉴生物学中的“形态发生”概念[②]，以理性、缜密的思维方式来创造形态，这是我们在以往的研究中所常常忽略的。

在生物学中，形态研究的主要内容是事物的外形与内在结构的关系。其主要观点包括：(1)各种生物都有其自身的胚性组织，外形与胚性组织相一致；(2)生物的“源”与“功”的问题，其中“源”是指生物由遗传而得来的组织结构，“功”即指在环境中的作用和功能，“源”决定了“功”，“功”又能促使“源”的改变。

以生物形态学的眼光来看待建筑形态，我们可以发现建筑形态与生物形态有着极其相似的特点，建筑形态所体现的是建筑的外在形式与内在组织结构的统一，其中建筑的组织结构犹如生物的胚性组织，既体现其内在属性（即“源”），又表现出对环境的反应（即“功”），是“遗传”与“进化”的统一体；而不同程度的“遗传”、“进化”基因的组合就构成了千变万化的外在形式。

于是，我们认为，建筑的外在形式和内在组织结构构成了建筑形态的基本内涵，它们缺一不可、相辅相成。注重形式美和组织结构的逻辑合理性是把握建筑形态的两个基本途径。

然而，要创造活生生的建筑形态，我们还需明确形成建筑形态的主体对象，因为它们是形态内涵的载体，是建筑形态赖以产生的客观存在。

诺伯格·舒尔茨在其《住居之概念》(The Concept of Dwelling)一书中指出：“建筑语言包括三个互相关联的组成部分：构筑成的形式（built form）、被组织的空间

(organized space)和建筑类型(building type),对这三者的研究可分别称为形态学(morphology)、拓扑学(topology)和类型学(typology)。”显然,舒尔茨将建筑的实体部分归入形态学的研究范畴,而将建筑空间组织的研究归入拓扑学;与之不同的是,在我国,一些学者习惯于把建筑形式和空间组织看成是一个整体,把建筑的实体部分和空间组织看成是构成形态的有机统一体③。

比较以上两种说法,我们不难发现,对应于笔者所限定的建筑形态内涵,后一种说法更为全面。因为,就建筑形态而言,其外在表现多变依赖于构筑而成的实体,而其内部组织结构则多受建筑空间布局的制约。如果撇开了对空间因素的探讨,讨论建筑内部组织结构的逻辑关系就会变得非常困难,建筑的实体形式在很大程度上就成了无本之源,要全面地把握建筑的形式美与内在组织结构也就会显得不可能。

因此,我们认为,构成建筑形态的客观主体应该包括建筑的实体与空间,它们两者是同时产生、互为目的的。

通过对建筑形态内涵的分析,我们知道,建筑形态的产生既体现了其内在属性,又反映了外部环境的影响,即建筑形态应该包括实体形态与空间形态两个不可分割的部分。对于山地建筑而言,山地——这一特殊的建筑外部环境对建筑形态造成了巨大的影响。在建筑形态的产生过程中,环境的作用非常明显。为了克服地形高差及由此而带来的其他原因,建筑的实体形态与空间形态都会产生相应的变化。其中最为显著的是,丰富多彩的接地形态,山体作为组成部分建构建筑以及与山位结合建立不同“旷”、“奥”的空间形态等。

因此,为了便于揭示山地建筑的形态特征,我们把山地建筑的形态问题分成三个方面深入讨论:即建筑的接地形式、形体表现及空间形态。

二、山地建筑的形态特征

山地建筑的形态特征,取决于山地建筑所赖以生存的山地环境。山地的坡度、山位、山势、自然肌理等是构成山体形态的主要因素(图 2-2-1)。它们对山地建筑的接地形式、形体表现和空间形态的作用各不相同。为了保护地貌,尽量保持地表的原有地形和植被,我们提倡建筑采取“减少接地”的接地形式;为了合理的利用地形高差和山位,我们提倡建筑运用“不定基面”的原理,以形成有山地特色的空间定位形式;为了形成与山体形态的谐调,我们提倡建筑要与环境“共融”,使建筑形体的塑造与山体地段环境相适应。

(一)减少接地

山地建筑位于山地环境中,首先面对的是如何生存的问题,即解决结构问题,以提供人们所需的活动空间。要达到以上的目的,建筑免不了要与山体地表发生关系。因为,所有的建筑荷载到最后总要传递到地面,而建筑的结构受力体系也决定了建筑获得水平层面的可能与方式。

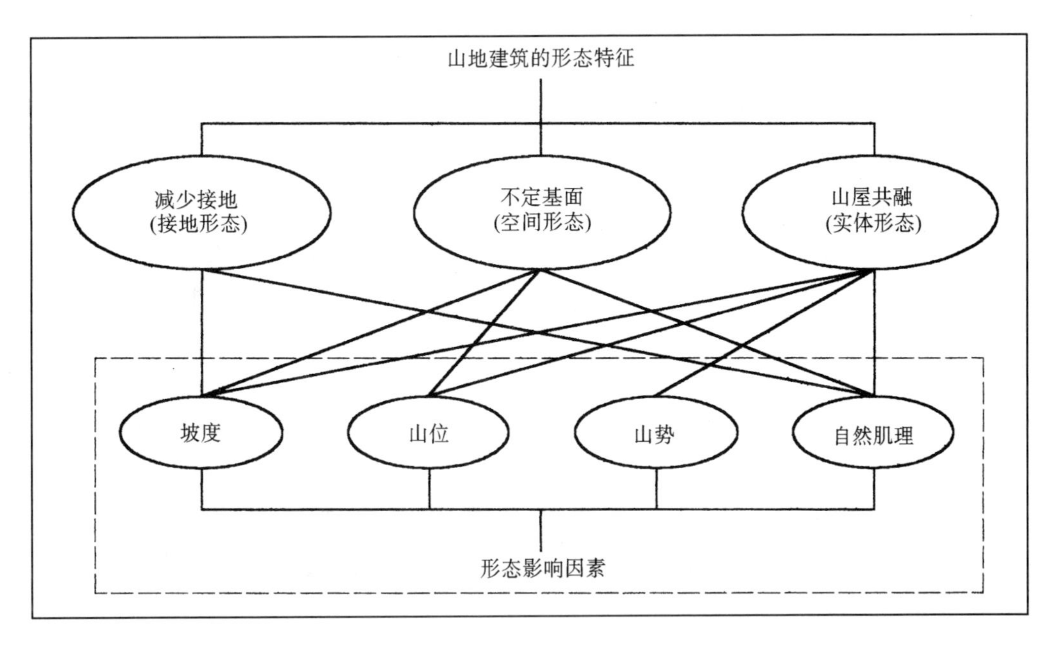

图 2-2-1　山地建筑的形态特征

为了在起伏、倾斜的山地环境中合理选择建筑的接地方式，以使建筑的结构形式和空间得到最好的兼顾，不同地域、不同时代的人们进行了不断的尝试和创造。

山地环境与平地环境不同，其生态的敏感性特强，对于生态系统的变动作出的反应远比平地系统大得多。脆弱的山地生态系统常常发生山体崩塌、滑坡、泥石流和水土流失等灾害。这种敏感性使人们长期以来从众多的教训中获得经验：建设时尽量少破坏山体，少破坏植被，少变动水文状况，力求保护地貌。虽然，与古代人们相比，现代人类的科学技术水平空前提高，已具有了“移山倒海”的能力，但是，人们还是愈来愈认识到保护地貌的必要性，为此，人们在山地建设时仍尽量采取减少接地的做法。

中国山区匠人长期以来运用“借天不借地”的方式，在我国的西南山区和东南沿海丘陵地区分别形成了干栏、吊脚、悬挑等建筑形式。在现代建筑中，人们更自觉地注重维护自然地貌和保护山林景观，山地建筑少接地的特征更多地得到表现。图 2-2-2(a)为美国威斯康星州某度假别墅，下部两点支在岩石上，上部运用两根不锈钢拉杆，将玻璃方盒子拉住，悬挑在离海面 50m 高的悬崖上，建筑几乎不占用地，却能全方位欣赏海景。图 2-2-2(b)为美国俄勒冈州某度假别墅，采用独立钢柱(船的桅杆)将二层八角形建筑支撑起来，建筑全部架空，接地面积极小，对自然环境几乎没有影响。图 2-2-2(c)为美国康涅狄格州某别墅，建筑处在岩石林立的山地上，为了保护优美的岩石和林木，将基地的受力范围局限于一个狭长的条带(进厅)上，通过二片厚实石墙传递到基础，其他部分，包括起居室、卧室等都运用悬挑的方式向二侧伸展，使建筑与自然融于一体。

(二)不定基面

“不定基面”是山地建筑所具有的基本形态特征。例如，在古罗马的特拉扬市集(图 2-2-3)中，我们就可发现这一有趣的现象。因为，对于下面公共建筑而言是“屋顶”的地方，成了上层民宅建筑群的入口层和街道的所在地，人们很难说清，哪一个层面是建

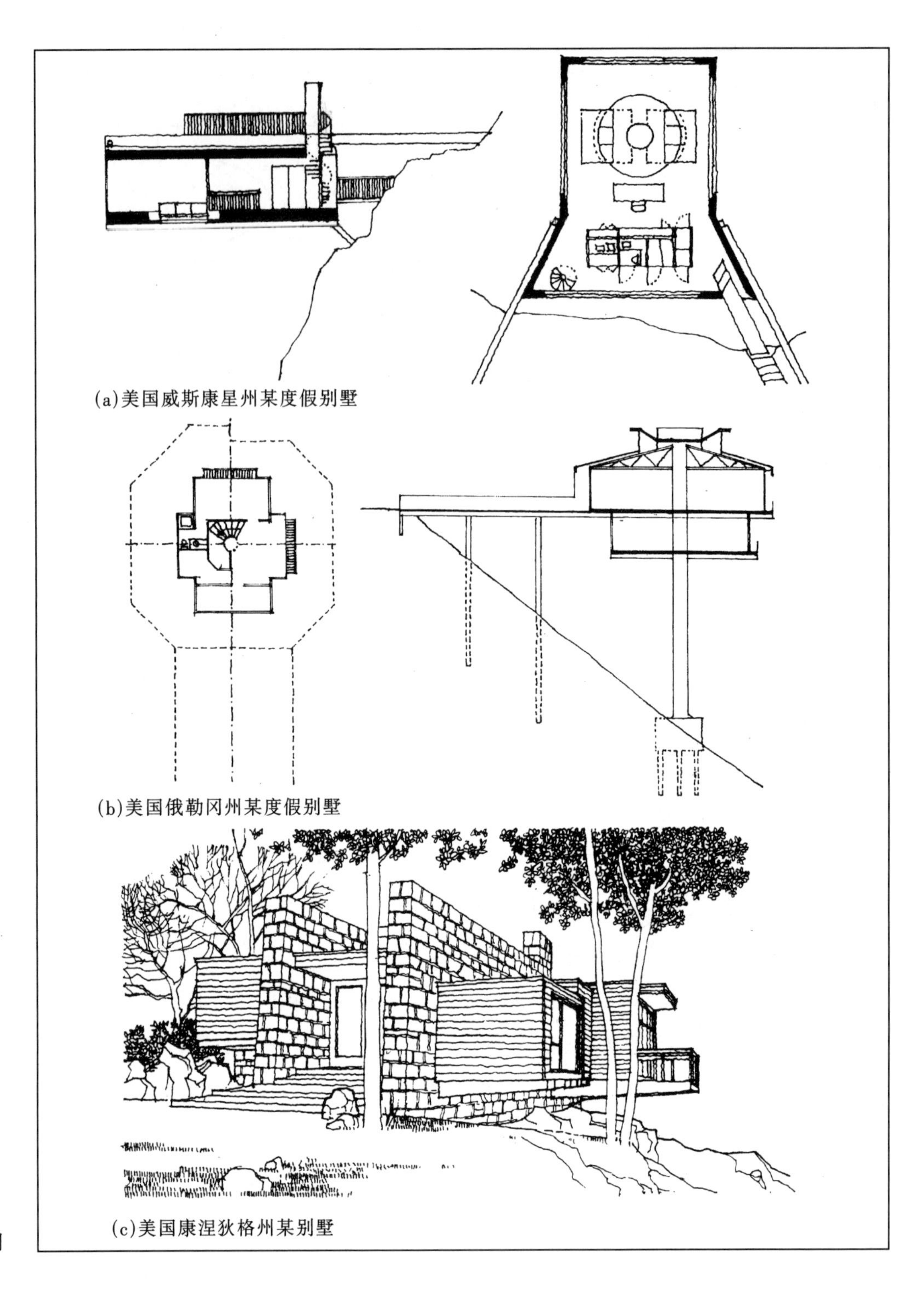

(a)美国威斯康星州某度假别墅

(b)美国俄勒冈州某度假别墅

(c)美国康涅狄格州某别墅

图 2-2-2　减少接地的范例

筑的第一层，建筑的基面具有明显的不确定性。

为了便于我们更深入地分析山地建筑的“不定基面”原理，我们首先对建筑的“基面”与“底面”两概念作一界定与区分。建筑的“基面”是指建筑的入口层面或与较大面积的室外活动空间发生联系的建筑层面；而建筑的“底面”是指建筑与基地的接触层面，当然，对于架空的建筑来说，建筑的底面应是指水平高度最低的建筑层面。显然，对于平地建筑而言，基面与底面通常是重合的，而对于山地建筑来说，情况就有所不同，因为，在山坡基地中，建筑的入口层或室外活动场所可以处在不同的高度上。这样，山地建筑的基面就有可能与底面分离，也可能有几个基面(图 2-2-4)。

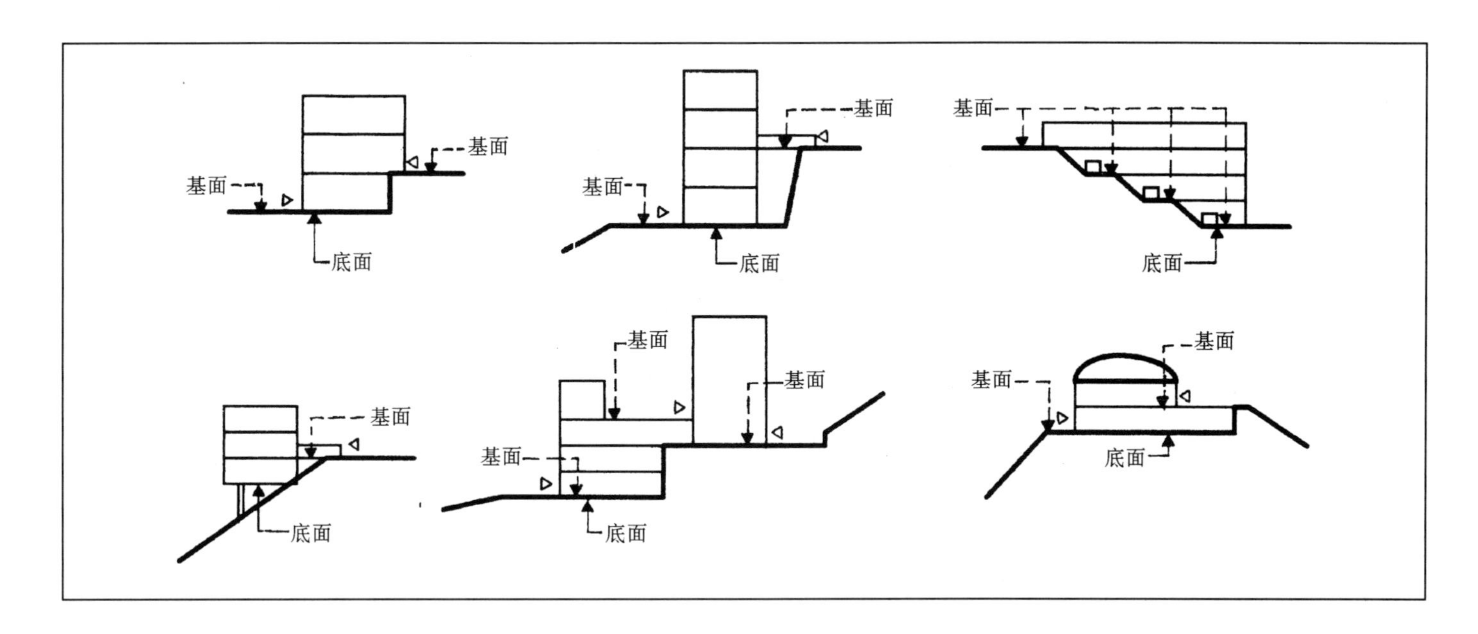

图 2-2-4 山地建筑的“基面”与“底面”

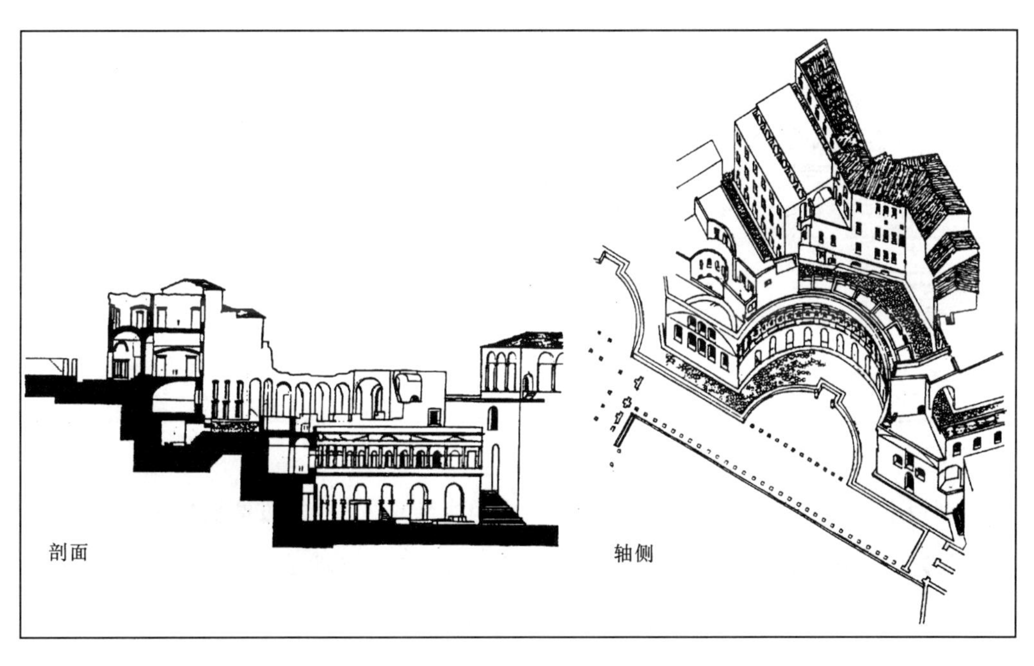

图 2-2-3 古罗马的特拉扬市集

山地建筑“不定基面”特性的存在，主要由于山地环境中，地形的坡起，基地的表面一般都崎岖不平，这就为建筑的底面设置带来了极大的障碍。许多山地建筑不得不采取“天平地不平”的作法，以错层、掉层、吊脚等形式与山体地表发生关系，使建筑根据坡度的陡缓、跨越等高线的数量来调节山地建筑的底面，产生出高低变化、参差错落的不平底面。

然而，陡峭的山体地形虽然限制了山地建筑在水平方向的延伸自由度，却为建筑在垂直方向的组合创造了有利的条件。人们可以在同一幢建筑中设置不同水平标高的入口，使建筑具有数个“基面”，为建筑功能流线的组织提供了方便，使住宅建筑的层数增加有了可能。因此，“基面不定”又给山地建筑的形成带来了独特的有利条件。

对于山地建筑设计来说，“不定基面”的特征，使人们对建筑层面的标注带来了一定的困难。如果按平地建筑的标注法，以底面作为第一层，对人的行为识别带来困难。

为此，我们建议将基面作为第一层，向上为第二层、第三层……向下为负一层、负二层……尽量避免使用地下层的概念。当建筑有几个基面时，可以选定一个基面作为主要基面，标注第一层（图 2－2－5）。为了明确建筑与基地的高度关系，应该在第一层标明绝对标高；如果基地起伏变化复杂，若干个入口处在不同的标高上，最好在每层都标出绝对标高，以明确建筑与山地地形的相互关系。

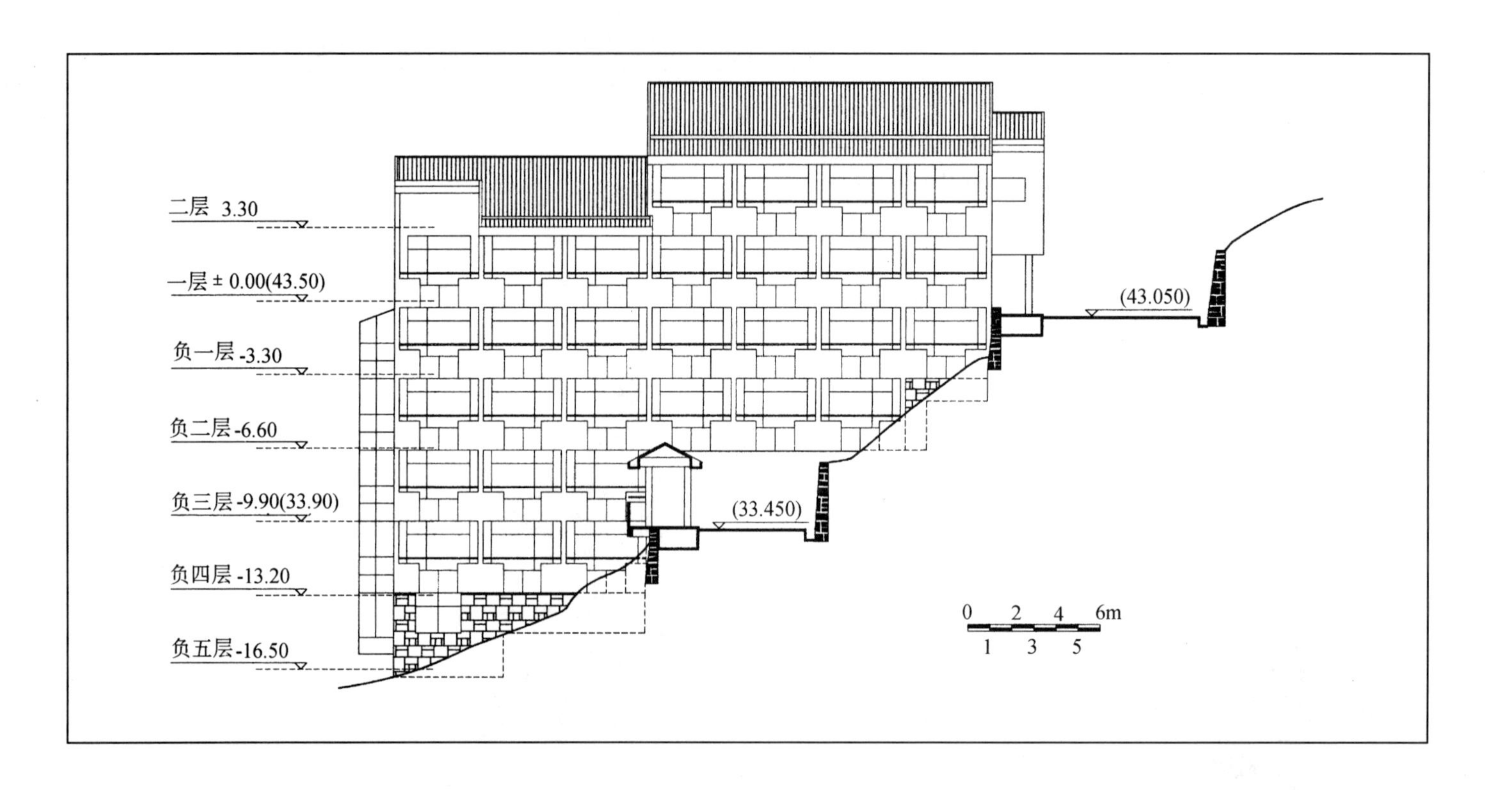

图 2－2－5　山地建筑层次标注方法

利用“不定基面”的特性，人们可以在山地建筑的形成中更方便地利用建筑的“屋顶”，因为，有些建筑的“屋顶”很可能是上层建筑的入口或花园。此外，人们还可以在建筑的入口组织、车库设置、功能空间的安排方面获得相当的灵活性和便利性。

例如，某独立住宅（图 2－2－6），其二层为屋顶停车，道路位于建筑上方，住宅的入口设在屋顶层，从上往下进入住宅。马来西亚吉隆坡“太平洋”住宅（图 2－2－7、彩图 14），建筑为四层，干栏架空依山跌落，入口层设在第三层高度，住宅主人上一层下二层即能到达所有的房间。

奥地利巴特格斯坦休疗养会议中心是运用不定基面的公共建筑实例（图 2－2－8），建筑沿山坡跌落，道路从一侧通过，入口层设置广场、门厅、餐厅等，上层布置室内外休息空间，下面几层布置会议大厅及活动、设备用房等。

对于一些大型的建筑或群体，处于山地环境中，不同高度的入口，可以分置不同性质的人流、车流、货流，方便建筑功能空间的联系。例如，位于香港薄扶林道东侧的置富花园（图 2－2－9），是一个由 20 幢高层住宅、7 幢低层住宅、1 座大型商业中心、3 所学校和娱乐设施组成的大型社区，它利用小区中心的低凹地形设置商业娱乐中心，并在商业中心的屋面设置了不同高低的平台和花园，当作住宅群的室外庭院，在不同标

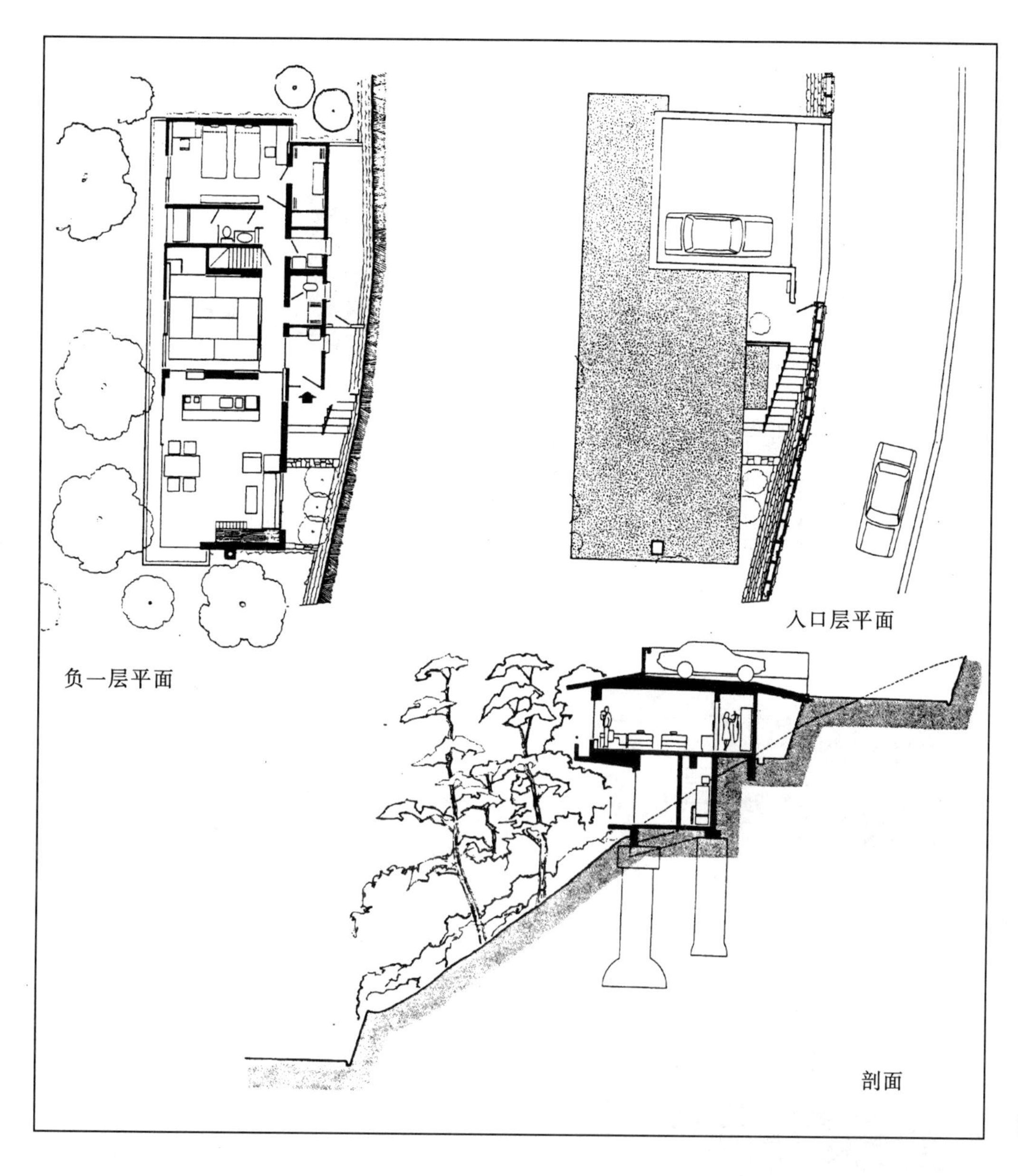

图 2-2-6　某独立式住宅

高通过天桥、台阶、坡道等组成的步行系统与各幢建筑连接。

对于功能流线复杂的山地公共建筑来说，不定基面原理的运用有利于满足建筑功能空间的组织。例如，香港的东区医院(图 2-2-10)，利用地形的升起和局部架空，将建筑群的道路系统分成两层，各建筑的服务性入口设在一层道路平面上，而各建筑的主要门厅、人流入口设在架起的二层道路上，很好地组织了医院建筑群中不同性质的功能流线。

(三)山屋共融

山地建筑位于山林环境中，其形体表现与山地环境相谐调，是人们的追求，也成为其重要特征。从形态的角度来看，山地环境既包括较大范围的宏观山势，又包括具体地段的坡度、山位、地表肌理等因素。因此，山地建筑形体既要考虑与地段环境的协调，又要注意与整体山势的和谐。

1. 与地段环境的谐调

由本篇第一章的叙述我们知道，根据所处位置的不同，山地环境可被分为以下几

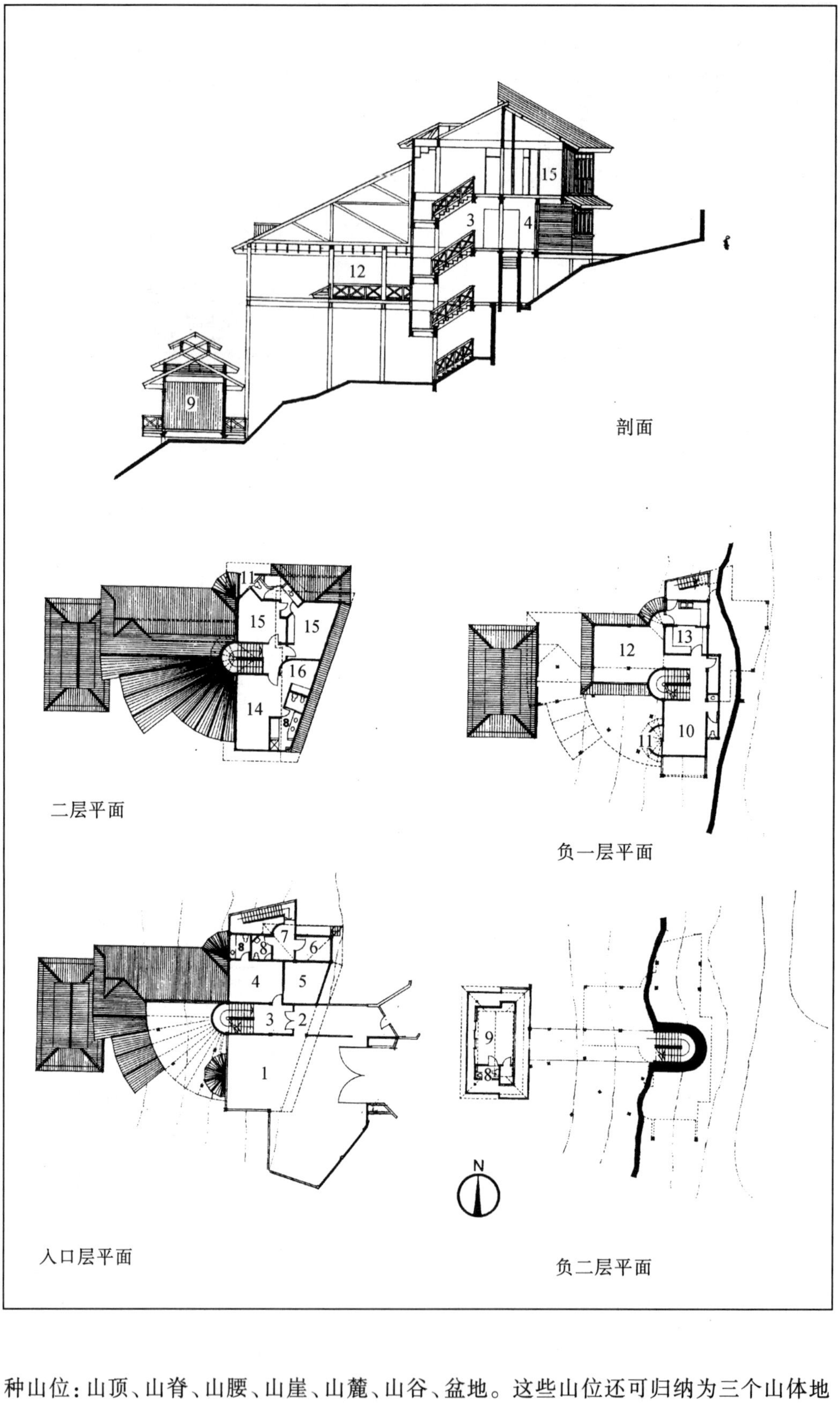

剖面

二层平面

负一层平面

入口层平面

负二层平面

图 2-2-7　马来西亚吉隆坡“太平洋”住宅

1. 车库；
2. 入口；
3. 门厅；
4. 书房；
5. 藏书；
6. 佣人室；
7. 工作间；
8. 浴厕；
9. 客人；
10. 餐厅；
11. 阳台；
12. 起居室；
13. 厨房；
14. 主卧室；
15. 卧室；
16. 挂衣室

种山位：山顶、山脊、山腰、山崖、山麓、山谷、盆地。这些山位还可归纳为三个山体地段：底部、中部、顶部。不同的山位对山地建筑形态的影响是不相同的。

一般说来，在山体的底部或顶部，山地建筑沿水平方向延伸可能性较大，而在山体的中部，由于地形的局限，建筑向竖直方向拓展的可能性较大，当然，当某些大型山地建筑跨越几个山位时，它们的形态会同时向水平和竖直方向发展。

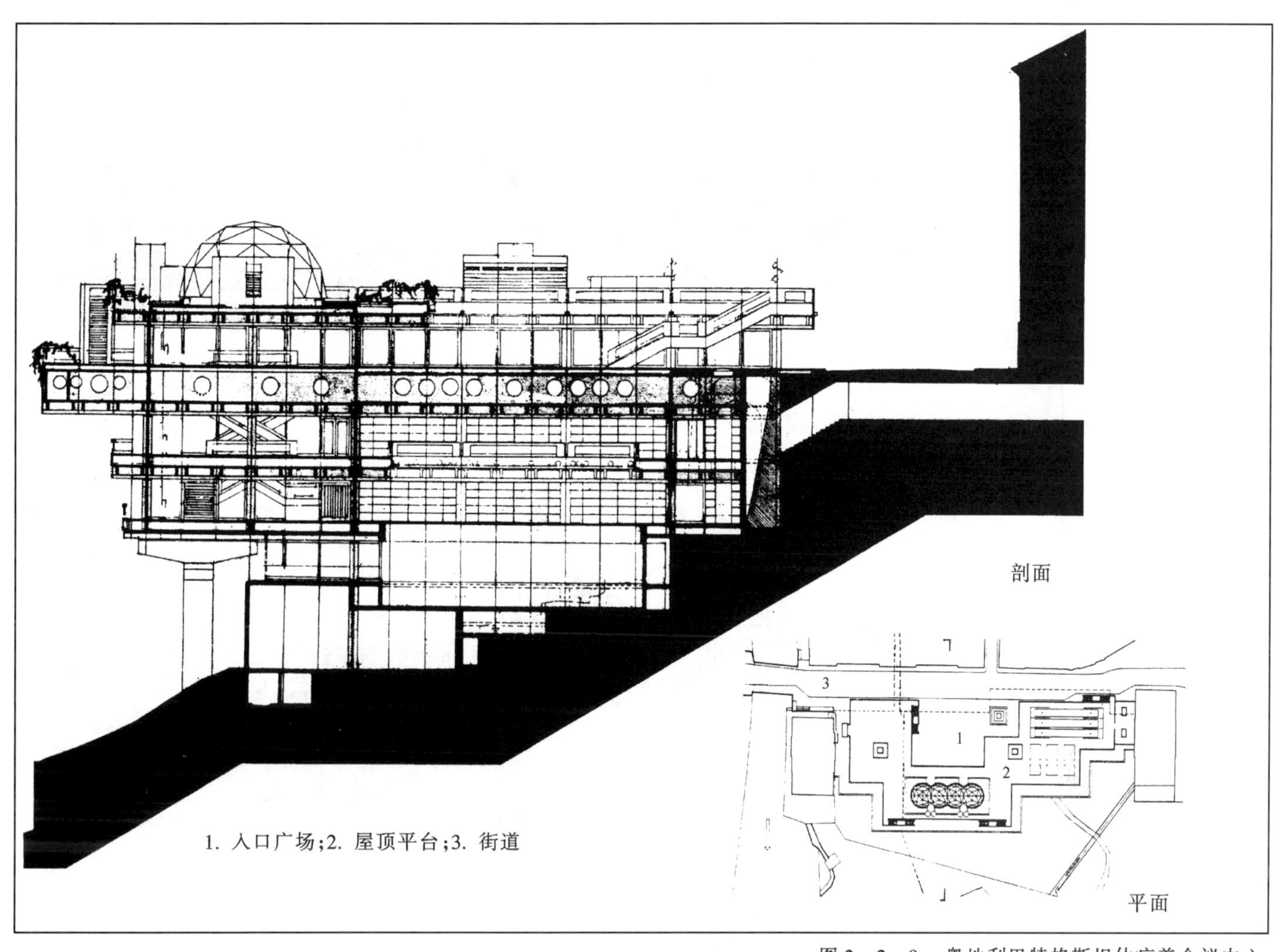

图 2-2-8　奥地利巴特格斯坦休疗养会议中心

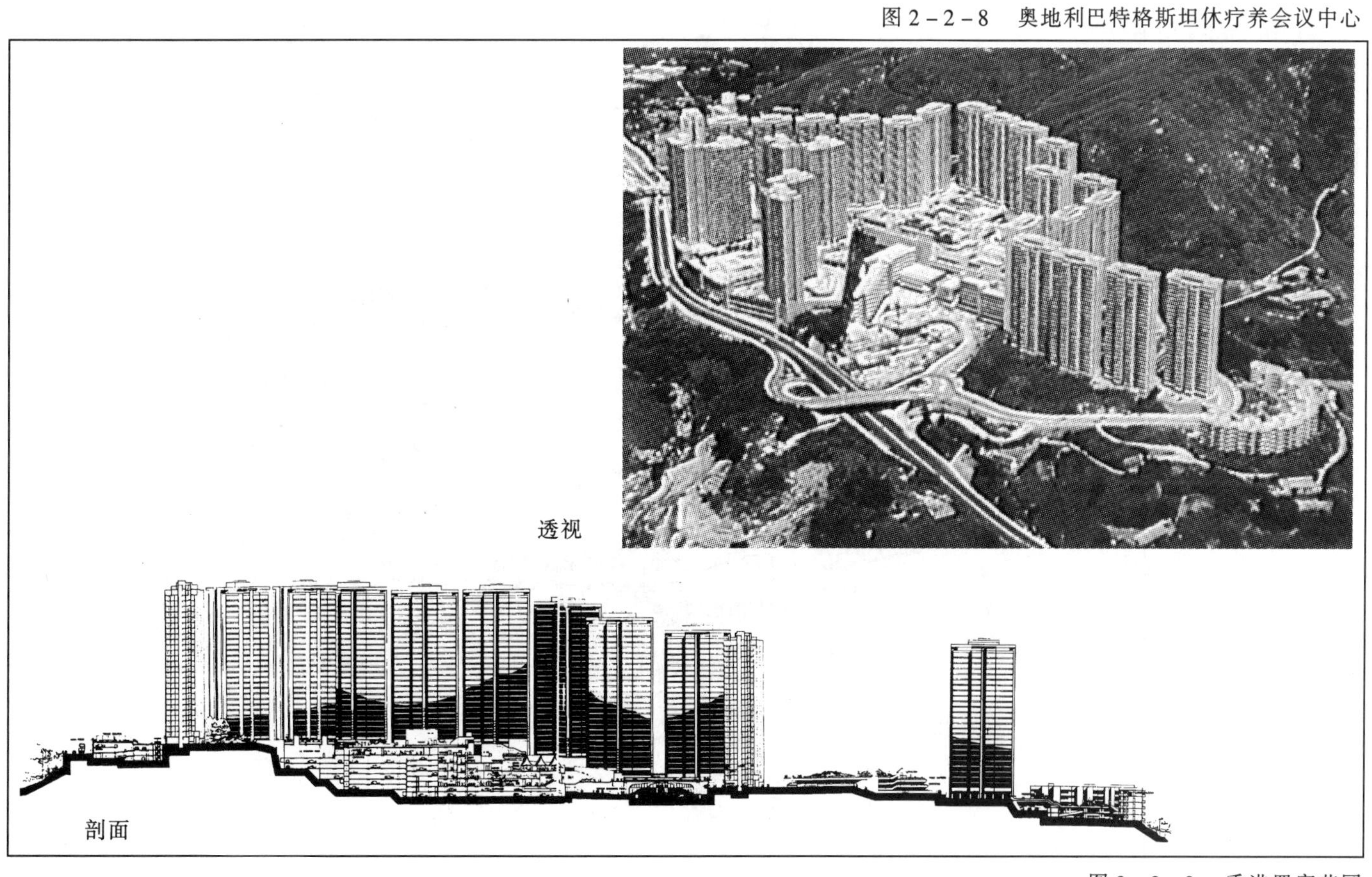

图 2-2-9　香港置富花园

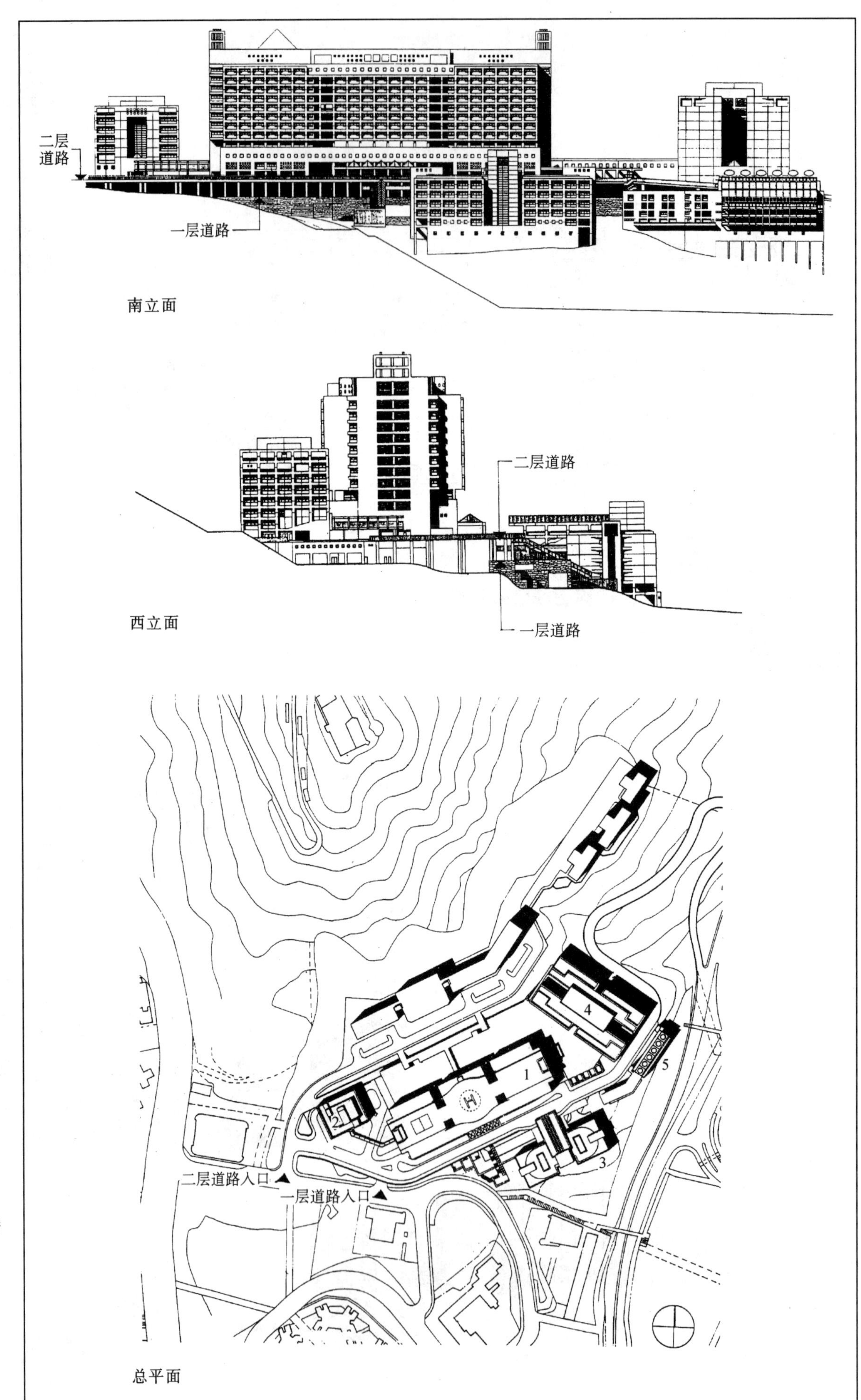

图 2－2－10 香港东区医院
1. 主楼；
2. 病理学楼；
3. 门诊楼；
4. 特殊病房楼；
5. 设备用房楼

强调山地建筑在山体底部和顶部的水平延伸特性，并不意味着高层建筑在这些山位的出现是不可能的。建筑形体的竖向发展还须考虑与山地环境的匹配。例如，在山体底部，根据建筑与山体距离的远近，低层或高层都是可能的：当建筑离山体较近时，建筑形体不宜太高，反之，则可适当增加高度，当然，如出现高层的话，错落的点式比僵硬的板式更可取，因为这样可以减少建筑对山体的遮挡，避免以高大的形体来“堵塞”有限的自然空间(图 2－2－11)。而在山体顶部，对于建筑形体的处理，则需格外谨慎，因为位于山顶、山脊处的建筑对山体轮廓线极其重要。

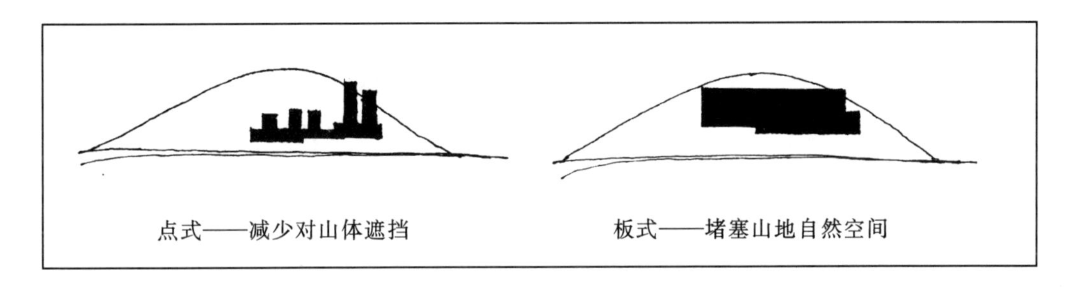

图 2－2－11　高层建筑与山体环境的关系

此外，要寻求建筑形体与山体地段的和谐关系，我们还需注意对自然肌理的保护和利用。因为，在山地环境中，组成地肌的岩石、土壤和植被、水体等元素既构成了山地建筑形体的背景，又应是建筑形体的组成部分。

2. 与整体山势的和谐

对于山地建筑形态的把握，我们还应从大处着眼，解决其与较大范围山地环境的关系。因此，我们需要对“山势”进行研究。山势，源自于古人所说的“山川形势”，是对山地地形条件的宏观描述，其主要内容包括山地地形的起伏程度及走向趋势。在通常情况下，山势的变化主要通过山体轮廓的曲直、开合体现出来，或呈陡峭、雄伟，或显平缓、秀丽，给人以不同的心理感受。与自然山体相似，任何单体或群体山地建筑形态也会表现出一定的“势态”，其物质形体的集聚总会产生某种“势”的趋向，或平缓、或上升、或零碎、或整体。

显然，成功的山地建筑形态应该是与自然山势相和谐，它可以表现为与自然山势的融入，也可以表现为与自然山势的共构。

三、山地建筑的接地形态

山地建筑的接地形态是山地建筑与自然基面相互关系的概括和描述，它表现了山地建筑克服地形障碍、获取使用空间的不同形态模式。接地形态的不同，决定了山地建筑对山体地表的改动程度及其本身的结构形式，因此它对山地生态环境的保护、建筑形体的产生具有重要的意义。根据建筑底面与山体地表的不同关系，山地建筑的接地方式可分为地下式、地表式和架空式三大类(图 2－2－12)，它们对山地环境分别有不同的适应范围，具有较强的典型性。

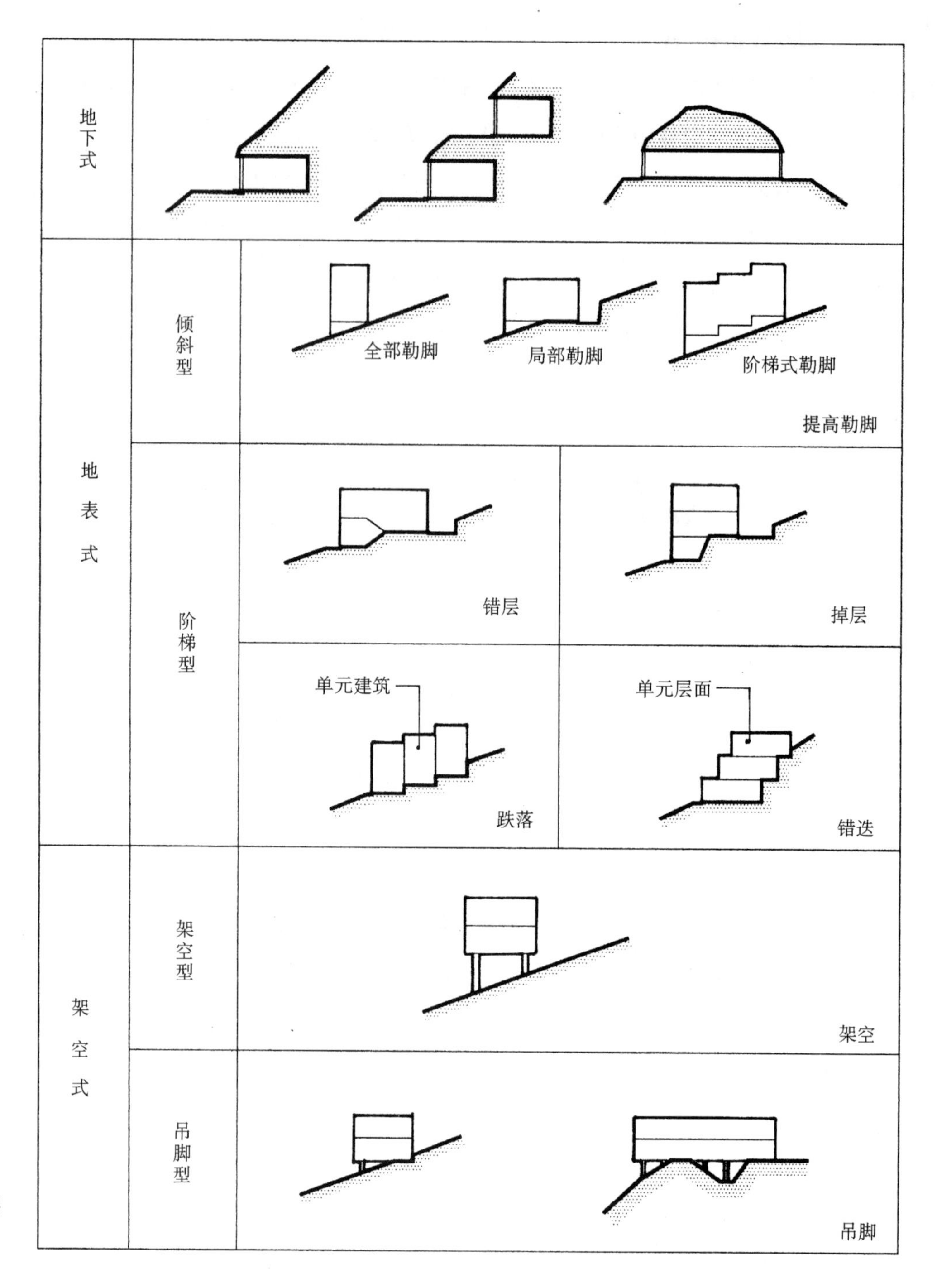

图 2-2-12　山地建筑的接地形态

(一)地下式

采用“地下式”接地形态的山地建筑,其整个形体位于地表以内,对于山地地表的破坏相对减少,它们一方面为保留开发地区的自然植被或自然地形提供了最大的可能性,也有利于保持基地区域原有的环境轮廓线;同时地下式对于建筑的节能十分有利,建筑能获得冬暖夏凉的效果;虽然建筑埋在地下,但是由于在倾斜地形上,仍能保持有一个面具有自然采光,优于平地上的地下式建筑。

窑洞是中国传统的地下式山地建筑,其主要的出发点是躲避外界的气候变化,获得较好的节能效果,但是其空间布局较为拘谨,采光、通风的效果也不尽如人意。例如，在我国西北的黄土高原地区，“穴居”式的窑洞建筑随处可见，它们有的沿等高线蜿蜒布置（图2－2－13），有的在竖向呈台阶状层层相叠，利用下层窑洞的“窑背”作上层窑洞的道路或院子（图2－2－14），充分利用了山地地形。

在现代工程技术的支持下，地下式山地建筑可以采取自由的空间布局，并能获得良好的采光、通风条件。例如，日本群马县利根郡的某疗养院（图2－2－15），将沿等高线延伸的客房埋于地下，其顶部有覆土，保留了植被，使建筑与山体环境浑然一体；为了满足公共活动的需要，该建筑还设有顶部为玻璃顶的内院。

当然，地下式接地形态的山地建筑，其形成过程也会有所不同。有的山

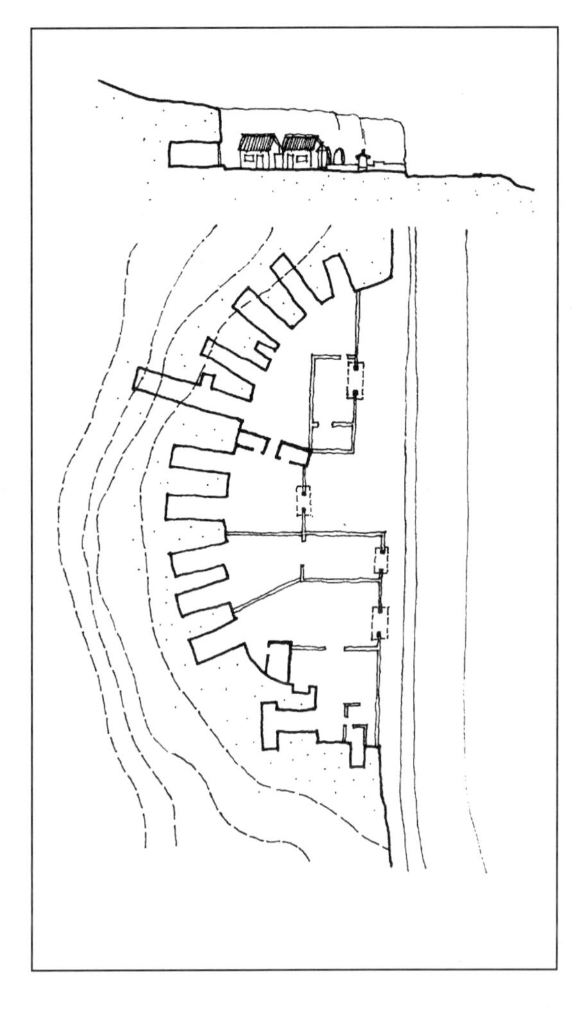

图2－2－13 沿等高线水平组织的窑洞（陇东庆阳县南大街张宅）

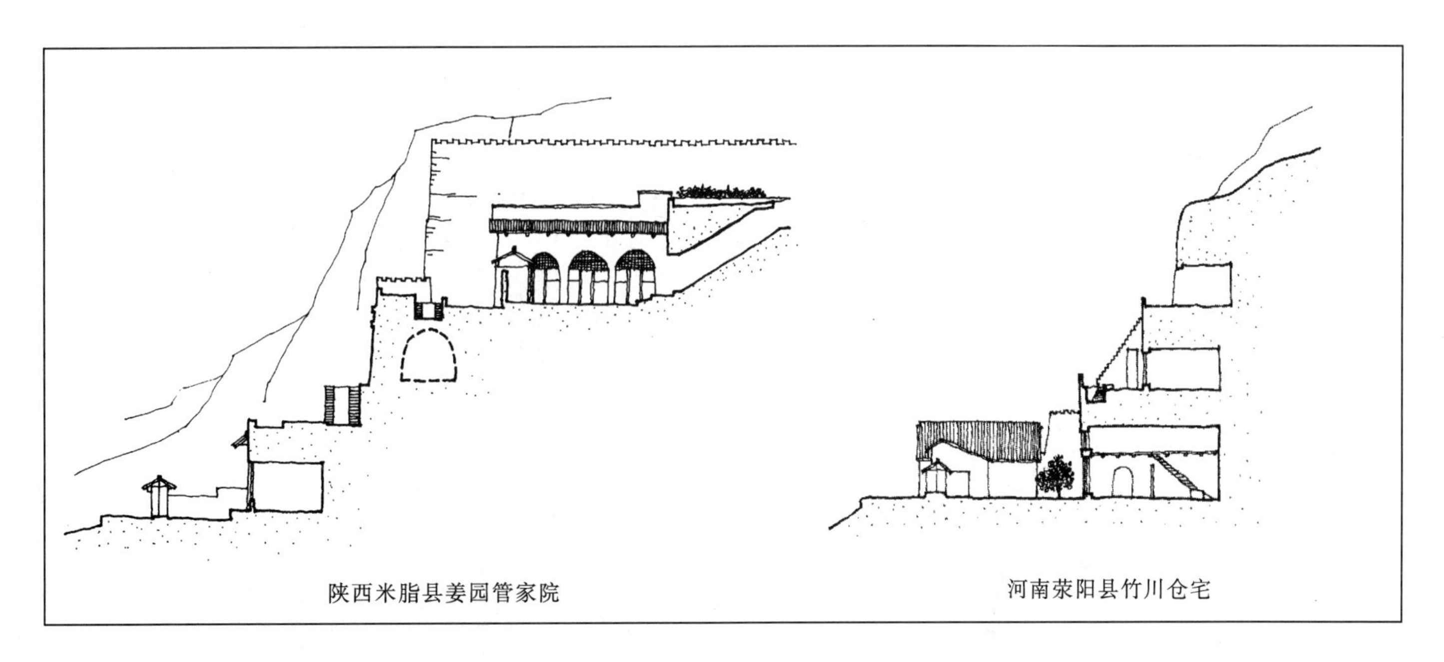

图2－2－14 呈台阶状层层相叠的窑洞

地建筑，在其建造的过程中，始终保持了原来的地貌，而有的则在建造的过程中对基地进行了开挖，在建筑完成后再实施覆土，恢复原有的地表形态。例如，美国康奈尔大学URIS学生图书馆（图2－2－16），西侧有小丘，已成为景观的重要特色。由于规模需扩大，要在小丘位置增建阅览室。为保持原有的地貌，将阅览室埋于小丘下部，使图书馆

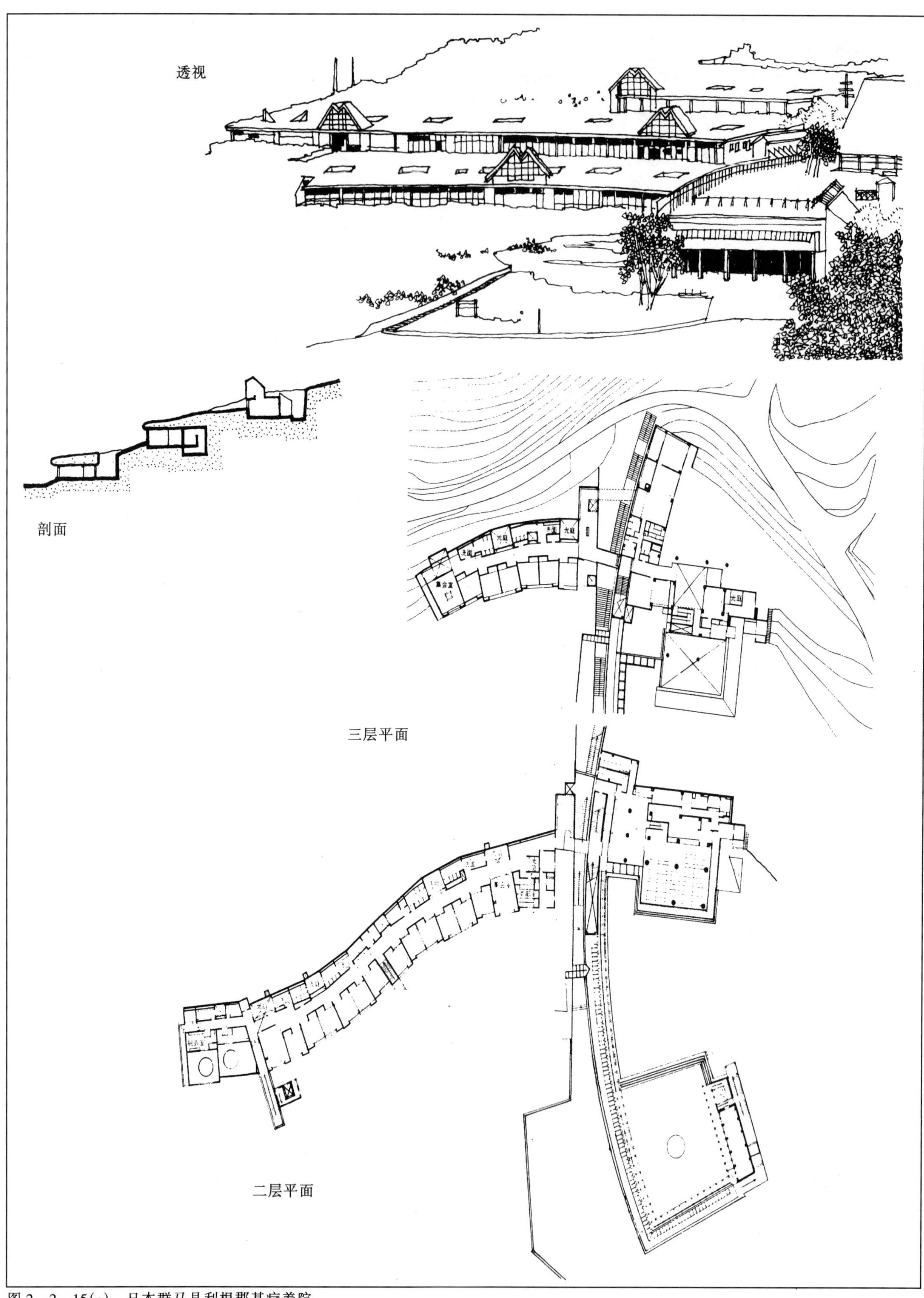

图 2－2－15(a)　日本群马县利根郡某疗养院

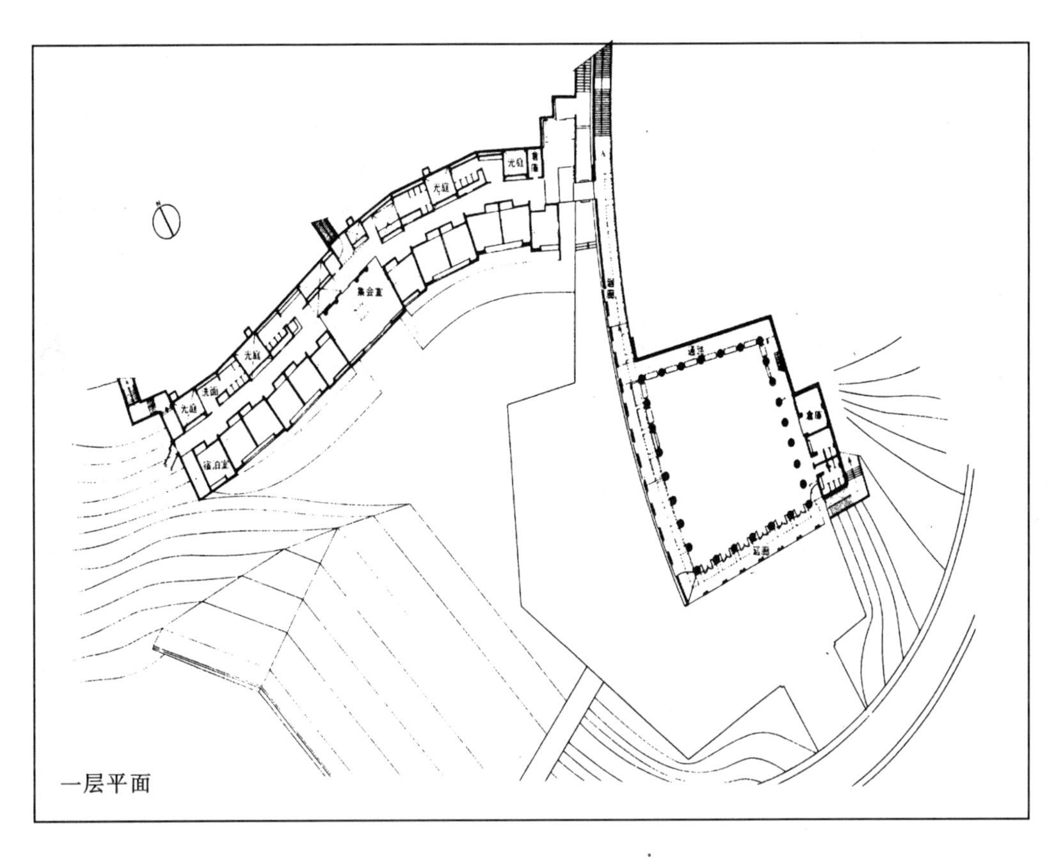

图 2－2－15(b)　日本群马县利根郡某疗养院

优美的景观效果依旧。康奈尔大学学生图书馆扩建，视觉地貌没有改变，但地形的内部构造有了变化。这种保护地貌的方式，对于一些地形条件复杂、生态环境稳定性差的地段应慎重。

由于地下式接地形态在保护地表植被、保持生态环境上的优势，它还可以被平地建筑所借鉴。在一些缺少自然环境的城市中心地段，人们可以将建筑的功能空间放于地下，而在地表覆土堆山，以保持或增加地表植被、改善基地区域的生态环境。例如，上海静安寺下沉广场综合开发工程，结合地铁出入口与房地产开发，在广场的南侧建二层地下商场，高出地面二米，并在其上覆土 2～3m，形成高出地面 4～5m 的小山丘，并与南面的静安公园共同组成城市公共开放绿地，将山林引入城市，在南京路上人流如织、店铺林立的繁华地段，营造了一片充满自然韵味的生态绿地(图 2－2－17、彩图 15)。

(二)地表式

“地表式”是一种在山地环境中被应用最广泛的接地形态。采用“地表式”接地方式的山地建筑，其主要特征即在于建筑底面与山体地表直接发生接触。为了减少对倾斜地形的改变，人们可以对山地地形作很小的修整，采取提高勒脚的手法，使勒脚高度变化，让建筑与倾斜的地面直接接触；也可以对建筑的底面加以调节，如使建筑形成错层、掉层、跌落或错叠。

对于人们常见的台地式建筑，由于它是以平地建筑的手法来对待山坡基地，其建筑形式几乎与平地建筑毫无二致，因此，我们不把它作为山地建筑的一种接地形态来加以研究。

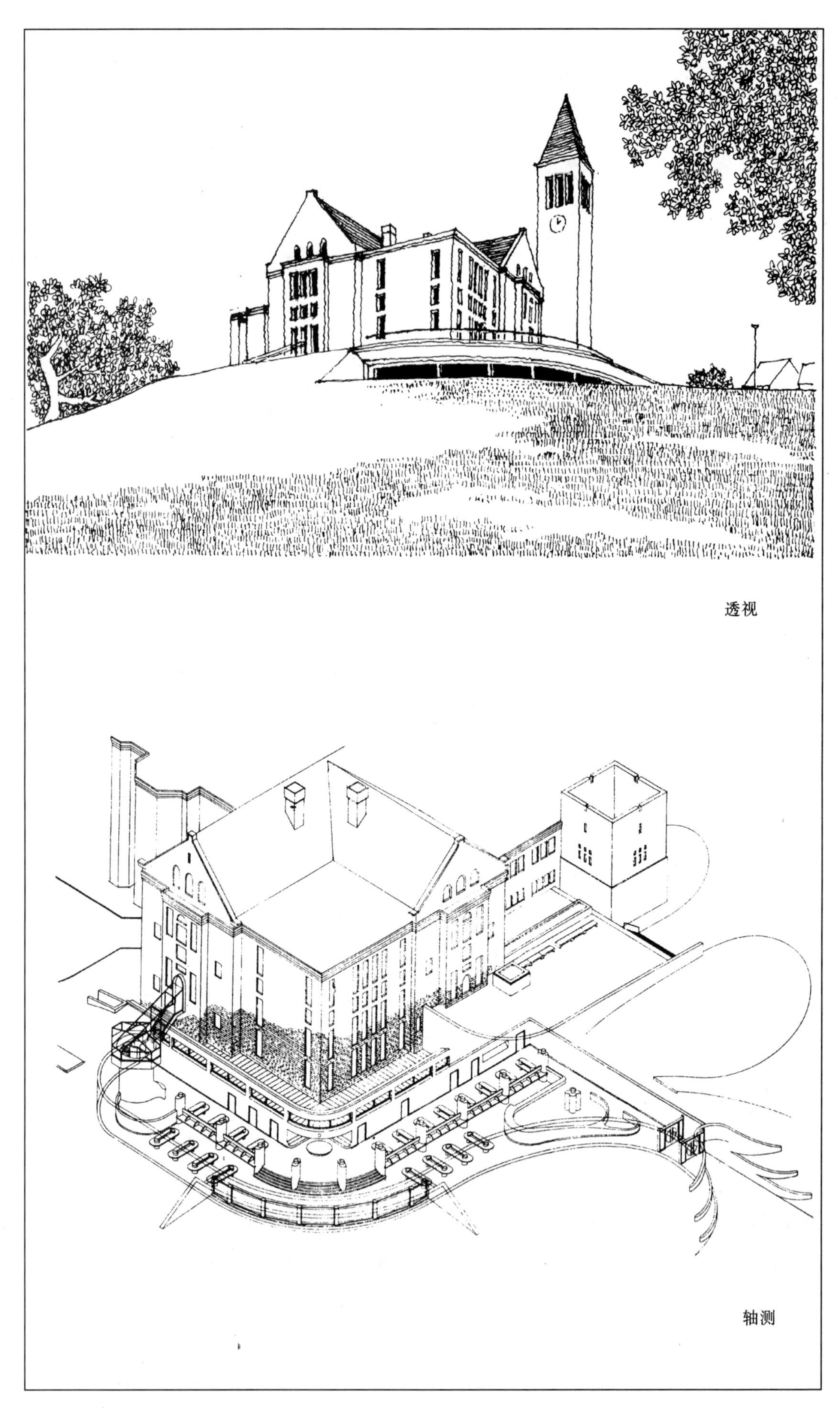

图 2-2-16(a) 美国康奈尔大学 URIS 学生图书馆(扩建)

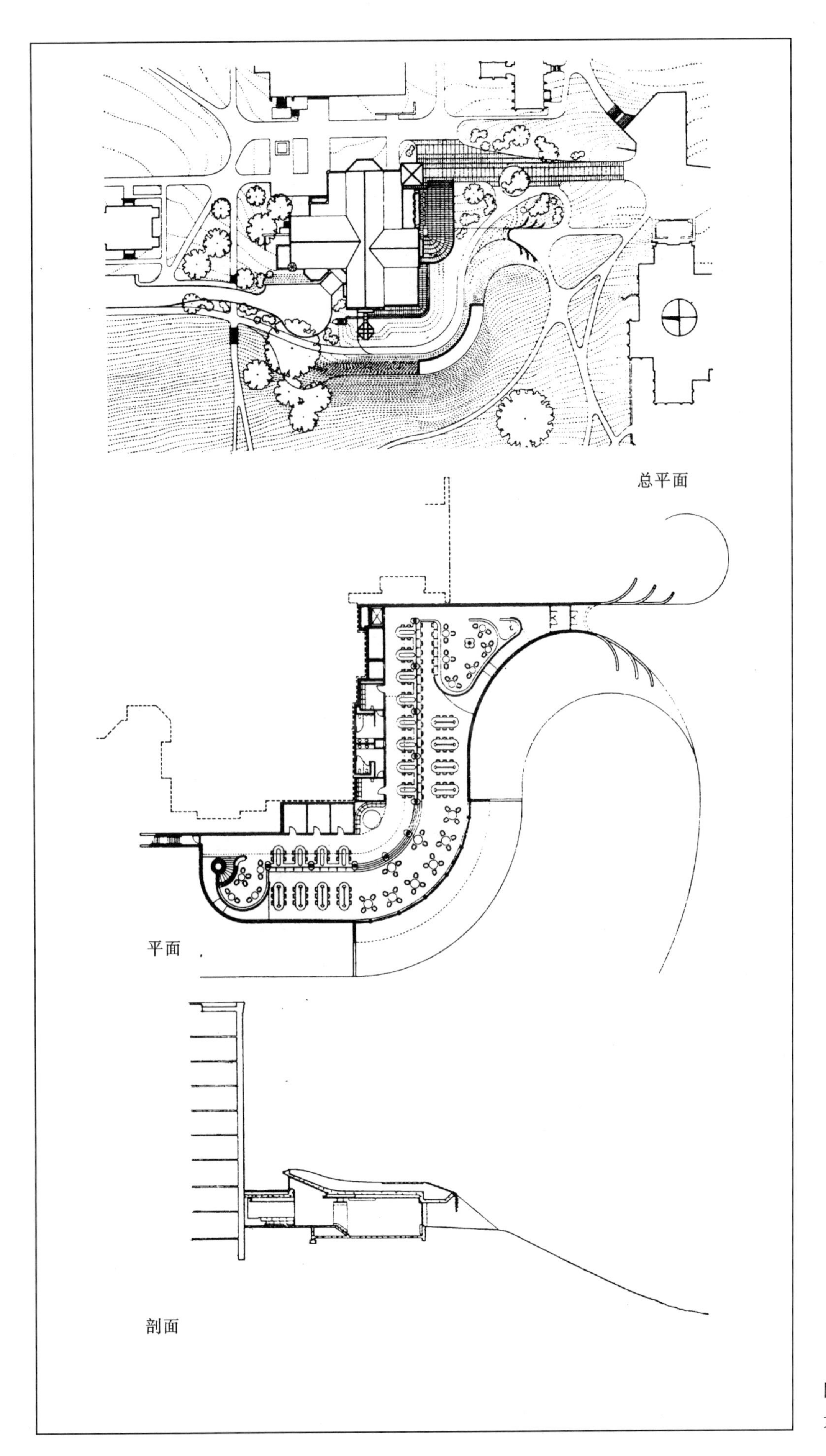

图 2-2-16(b) 美国康奈尔大学 URIS 学生图书馆(扩建)

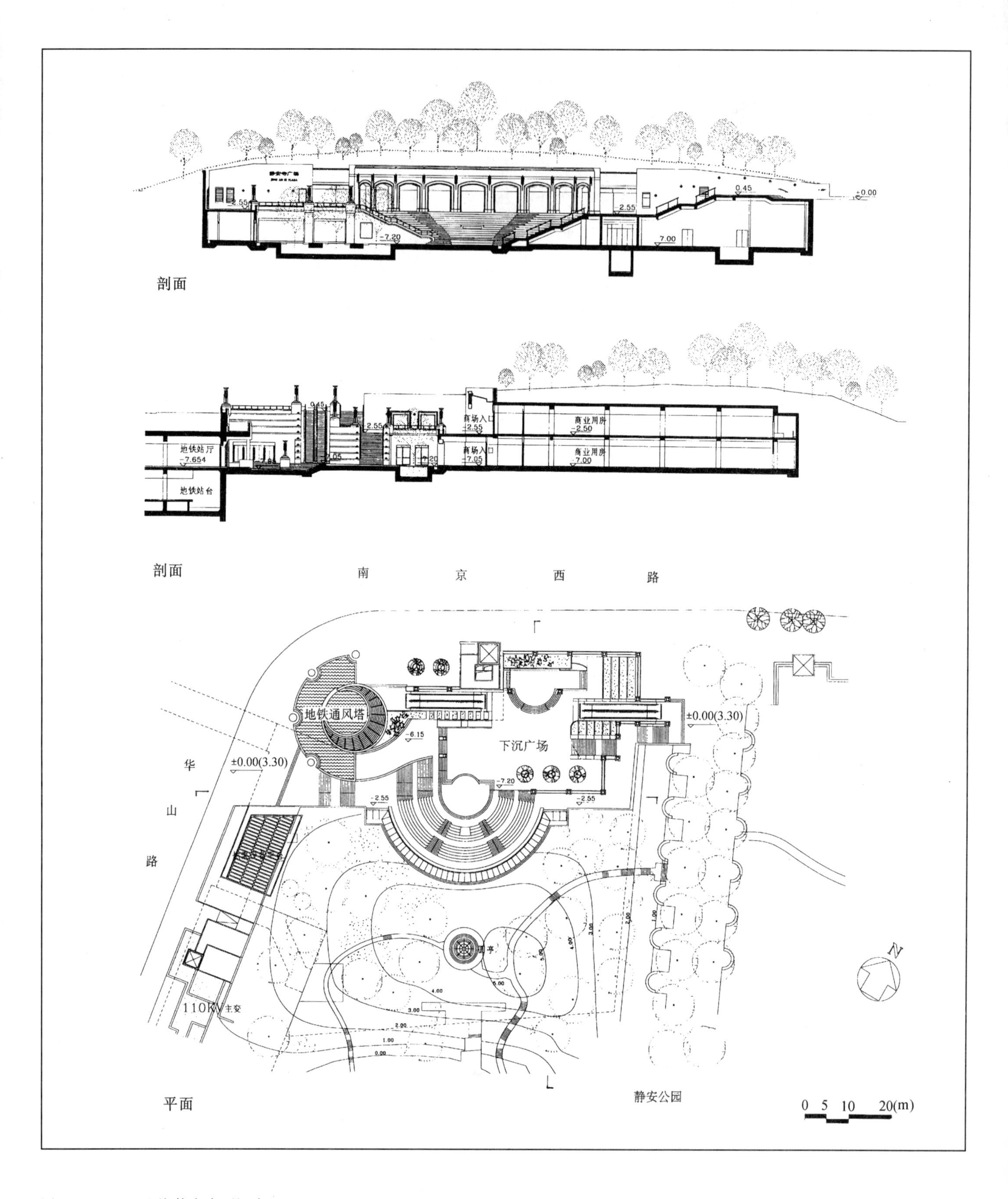

图 2-2-17 上海静安寺下沉广场综合体

地表式山地建筑形成以后,位于建筑下部的地表形状有两种可能,其一,山体地表仍呈原来的倾斜形,建筑坐落于勒脚层之上;其二,基地地表呈层层升高的阶梯形,建筑直接位于经过小幅修整的基地之上。为此,我们把地表式山地建筑分为二类:倾斜型和阶梯型。

1. 倾斜型

在山体坡度较缓，但局部高低变化多、地面崎岖不平的山地环境中，将房屋的勒脚提高到同一水平高度，是一种简捷、有效的处理手法。通常，勒脚高度随地形坡度和房屋进深的大小而变，人们既可以对建筑的全部砌筑勒脚，也可以在建筑的局部形成勒脚，此外，当基地坡度较大时，还可将勒脚作成台阶状。例如，中国传统的江浙民居常常以当地的石块垒砌勒脚(图 2－2－18)，既消化地面高差，又使建筑与山地环境协调。

图 2－2－18 浙江黄岩黄土岭住宅

当然，当勒脚的高度较大时，其内部空间还能被利用。例如，一些规模较大的现代建筑为了在山地环境中获得较大面积的水平基面，常常以几层高的裙房为"勒脚层"，然后再在它上面设置主体建筑。如香港新加坡国际学校，以六层高的裙房楼作为主体建筑的"勒脚"，利用裙房屋顶形成了校园广场，并以此广场联接建于勒脚层之上的图书馆和教学主楼(图 2－2－19)。

2. 阶梯型

(1)错层

在地形较陡的山地环境中，为了避免较多的土方工程量，人们往往会在同一建筑的内部形成不同标高的底面，这就形成了错层。错层适应了山地的倾斜，使建筑与地形的关系非常紧密。错层的底面标高差通常处在一层之内，适应山地坡度 10%～30%。

错层手法的运用，既满足了地形的要求，又丰富了山地住宅的空间组织。例如，英国勃克斯山地住宅(图 2－2－20)，从建筑的入口层进去，下 1/3 层是客厅，上 2/3 层是卧室，利用地形的天然高差，合理地区分、限定了不同性质的使用空间。

山地建筑错层的实现，主要依靠楼梯的设置和组织。对于单元住宅来说，人们可以利用双跑楼梯的平台分别组织住户单元的入口，使住宅沿房屋的横轴或纵轴错开半层。也可以根据地形坡度的大小，采用三跑、四跑或不等跑楼梯，作出不同高度的错层处理，使各单元错 1/3(2/3)层或 1/4(3/4)层(图 2－2－21)。例如，德国的格兰登堡完全中学，位于坡度 10% 的山坡地上，运用双跑楼梯形成错层，既顺应了地形，又合理地组织了建筑单元(图 2－2－22)。

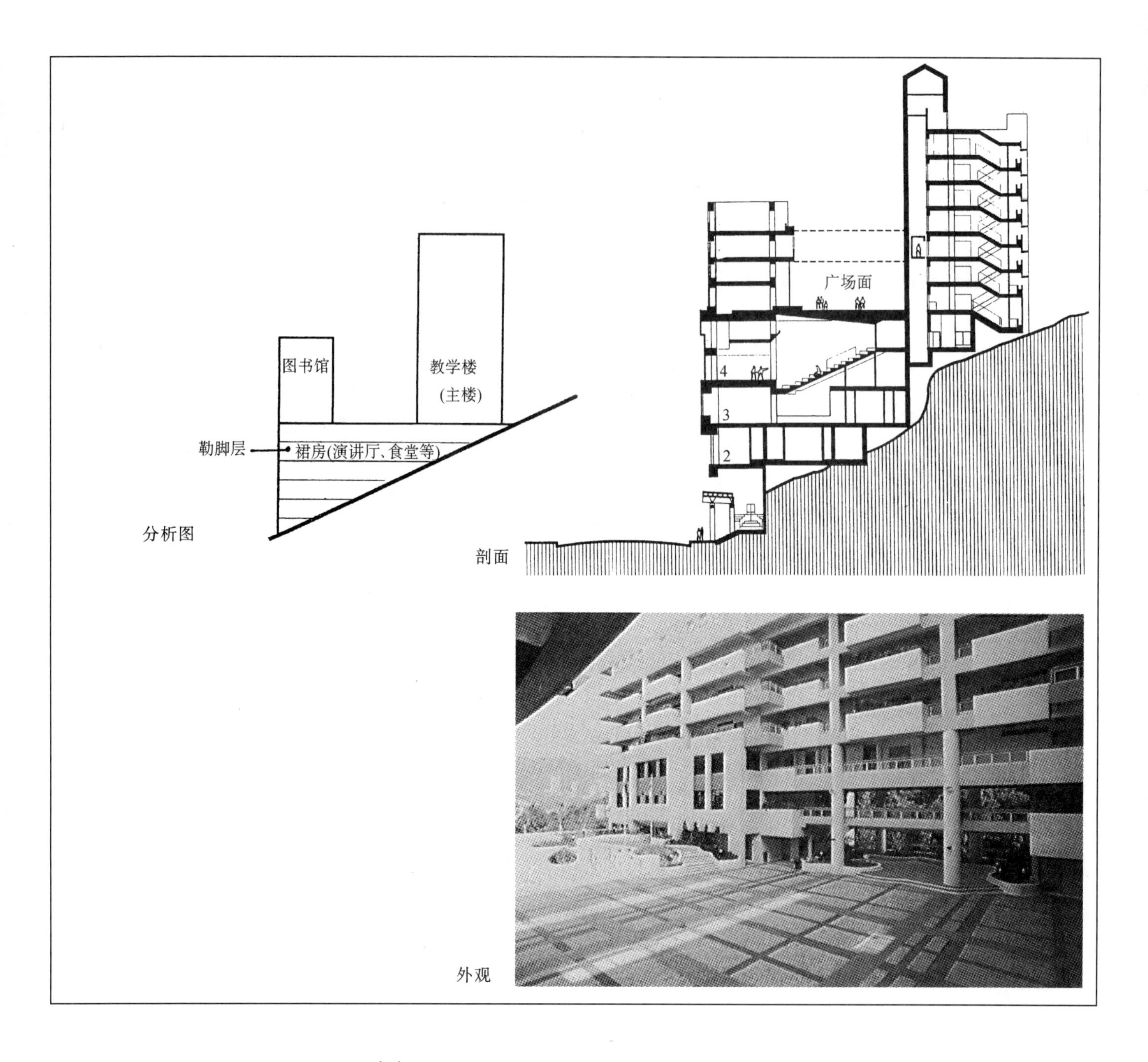

图 2－2－19　香港新加坡国际学校

(2)掉层

当山地地形高差悬殊，建筑内部的接地面标高差达到一层或以上时，就形成了掉层。掉层建筑一般适应坡度为 30% ~60% 的地形。掉层的基本形式有纵向掉层、横向掉层和局部掉层三种(图 2－2－23)。

当建筑布置垂直等高线时，其出现的掉层就是纵向掉层。纵向掉层的山地建筑跨越等高线较多，其底部常以阶梯的形式顺坡掉落，适合面东或面西的山坡，掉层部分的采光通风状况均较好。当山坡面南时，纵向掉层部分朝向就不很理想，大量房间处在东西向。图 2－2－24 是运用 45° 斜窗解决东西晒矛盾的例子。该建筑建在德国斯图加特，是一幢护士宿舍，建造在约 57% 的山坡上，锯齿形平面使每个房间均获得充足阳光，建筑两侧做成台阶状，使每层均可直接走到室外平台上。

横向掉层的建筑，多沿等高线布置，其掉层部分只有一面可以开窗，采光和通风

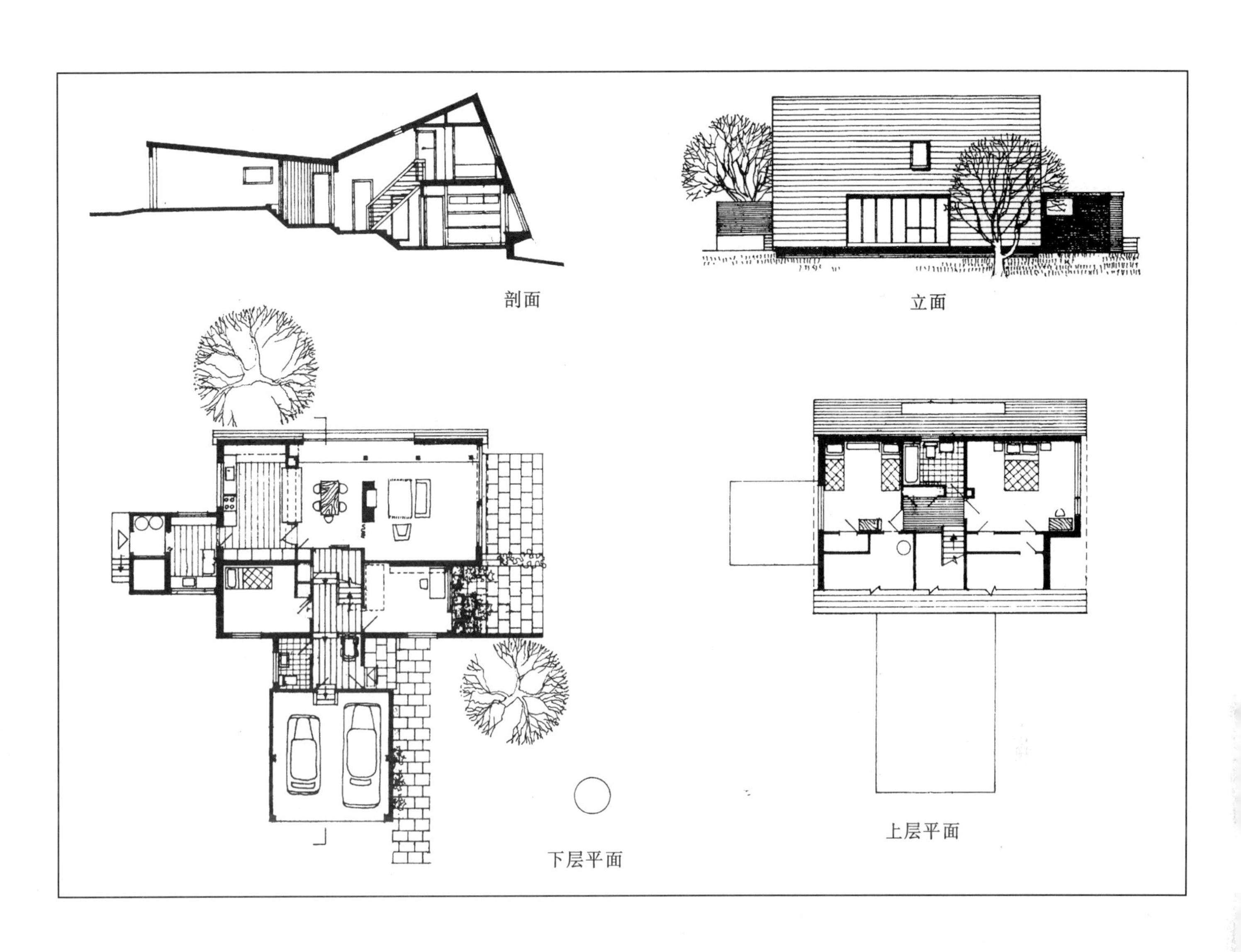

图 2-2-20　英国勃克斯山地住宅

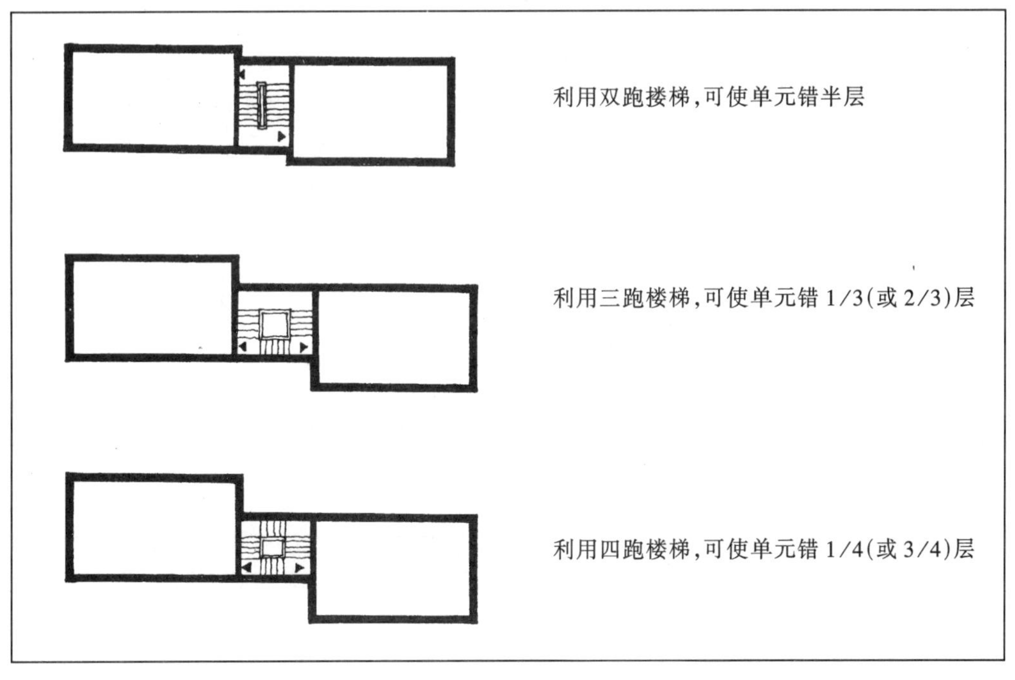

图 2-2-21　利用楼梯间形成错层

状况都受到影响；局部掉层的建筑在平面布置和使用上都较特殊，一般都在复杂地形或建筑形体多变时采用，例如图 2-2-25、彩图 16 是一座小住宅，建造在美国佛蒙特

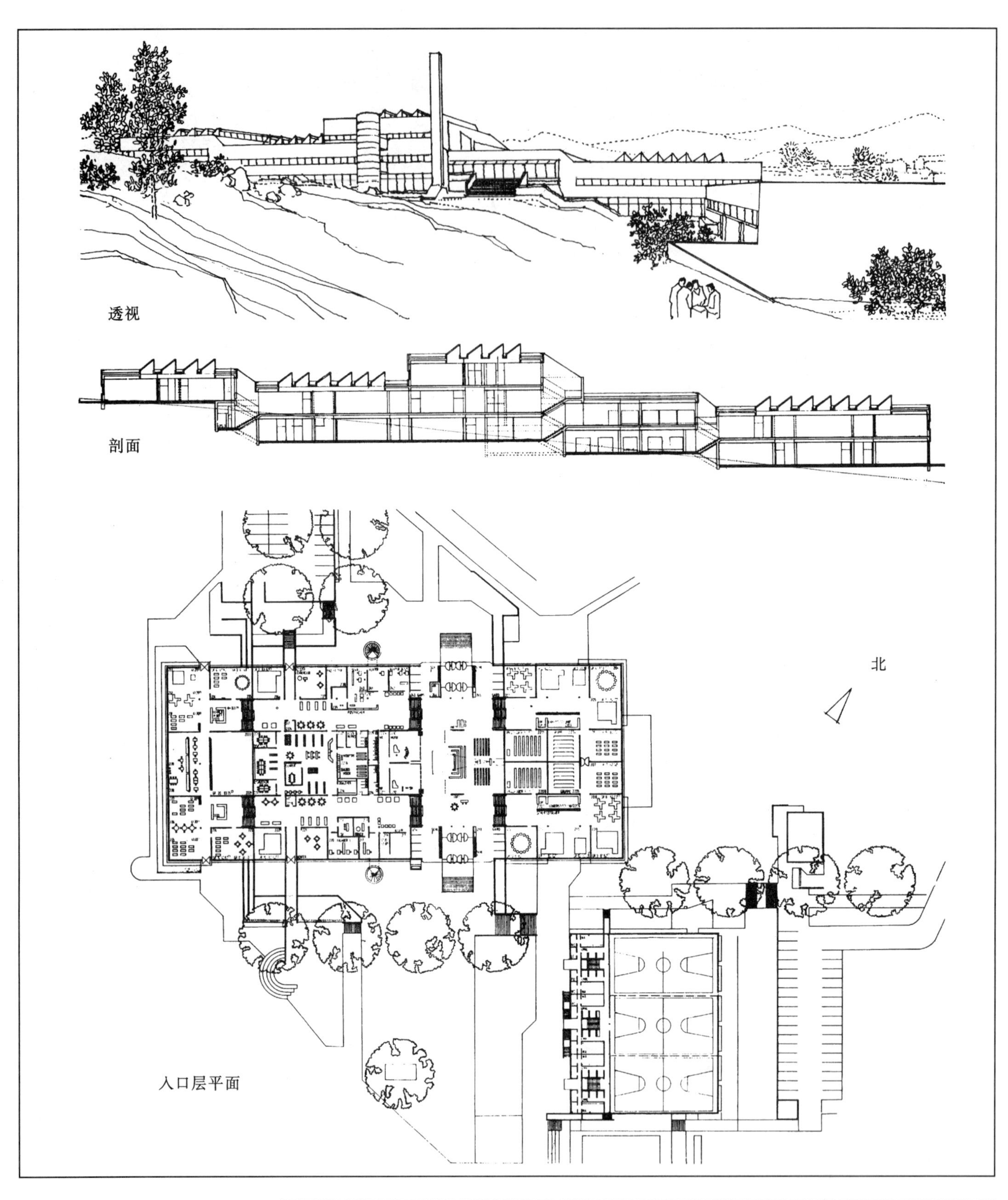

图 2-2-22　德国格兰登堡完全中学

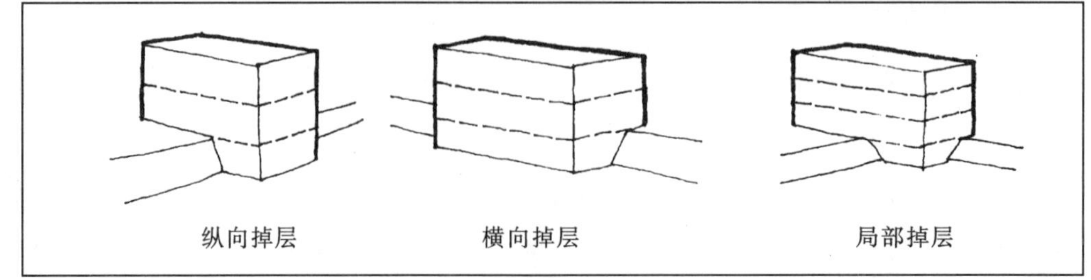

图 2-2-23　掉层的基本形式

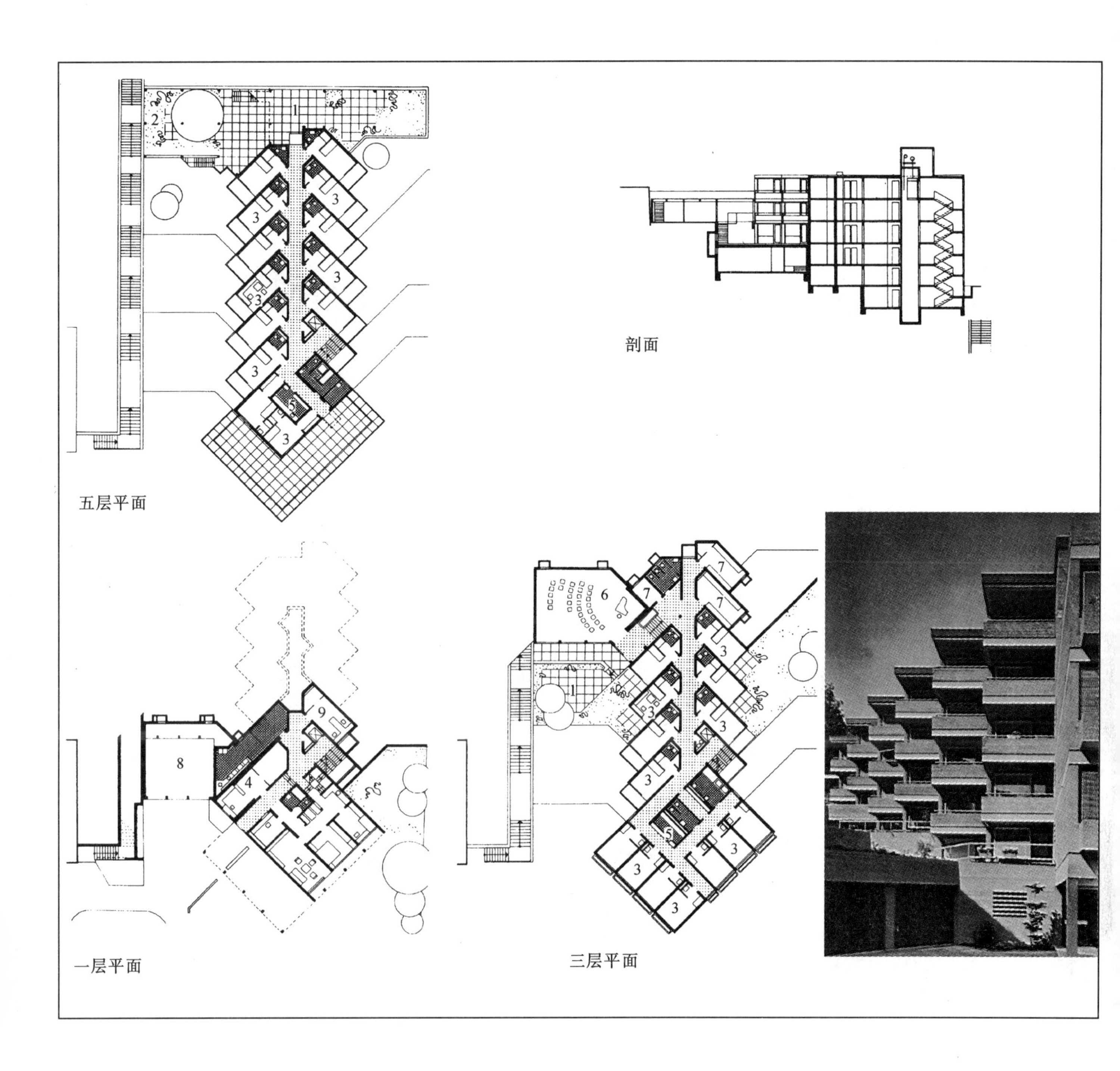

州，位于卡尔维尔（Carwill）山的一个山顶上，入口处在山顶平台，下一层为局部掉层，布置主卧室。建筑形体丰富多变，掉层跌落，与山林环境融合协调。

掉层结合地形还可建立台阶状底面的共享空间。美国M·A·本尼迪克廷大学图书馆（图2－2－26），建于60年代末，由阿尔瓦·阿尔托设计。该建筑镶嵌在校园中央的坡地上，在跌落部分安排二层扇形阅览室，楼梯平台扩大，也成了阅览空间，通过扇形中庭，将不同标高的三部分阅览空间连成一体。这样的空间处理，使所有的开架阅览都能被顶层半圆形平台上的人们一览无余，对于图书馆的管理工作极为有利。

在中国传统山地建筑中，掉层的手法也屡见不鲜。如浙江临海的麻利岭陈宅就采用了掉层的手法将山坡组织到建筑中。这是一幢由二个合院组成的建筑，在二院之间的房屋运用掉层，使其成为联系前后内院的自然过渡（图2－2－27）。

图2－2－24　德国斯图加特护士宿舍
1. 平台；
2. 绿地；
3. 寝室；
4. 管理室；
5. 开水间；
6. 活动室；
7. 贮藏室；
8. 车库；
9. 工作室

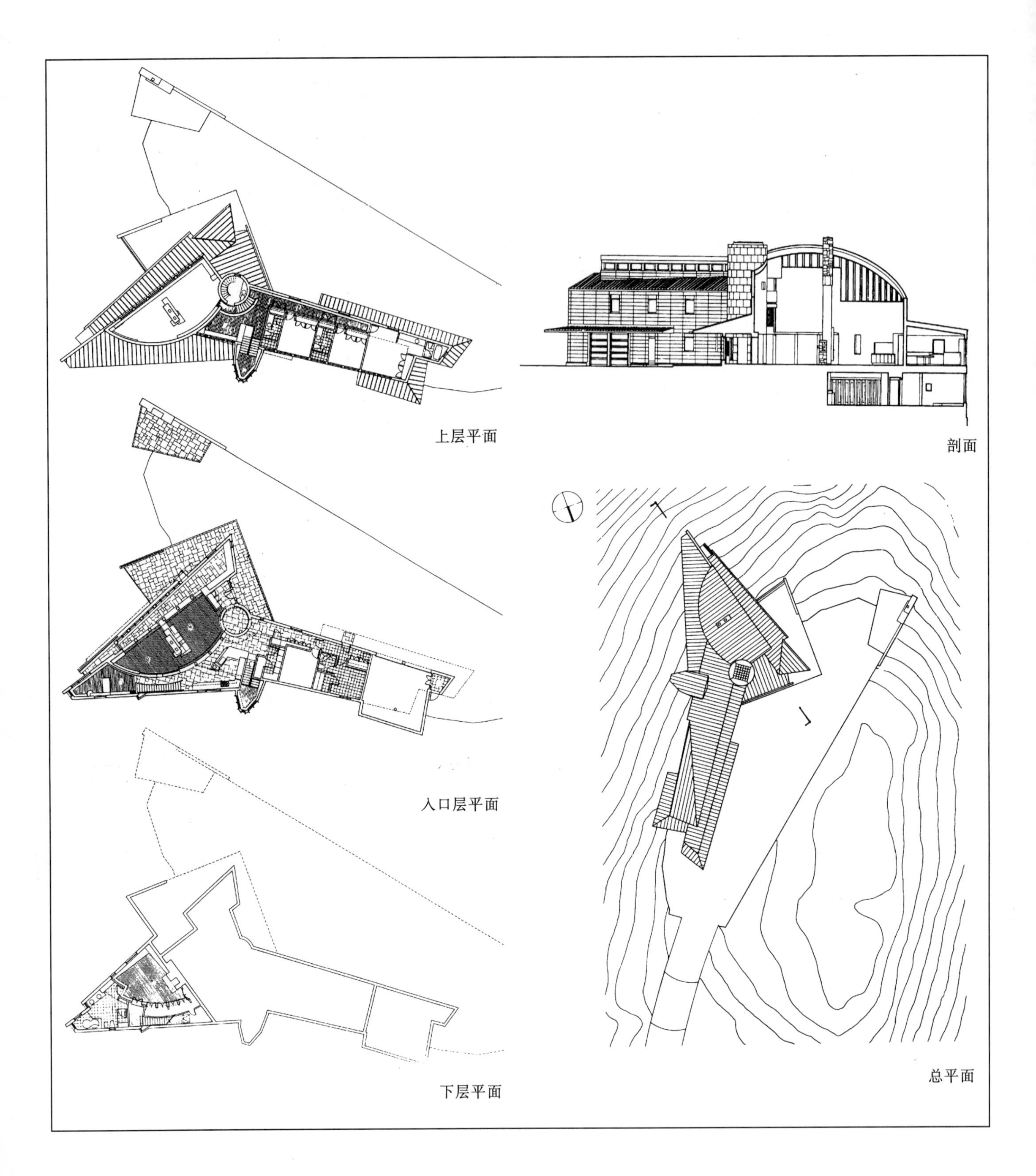

图 2－2－25　美国佛蒙特州卡尔维尔山小住宅

(3)跌落

跌落式是指单元式建筑，顺坡势跌落，成阶梯状的布置。由于山地建筑以单元为单位跌落，其内部的平面布置不受影响，因此布置方式较为自由，通常在住宅建筑中运用较多，住宅单元有以户为单位的，也有以若干户为单位。例如，德国斯图加特某联列式住宅(图 2－2－28)，每户二层为一单元，随地形跌落。香港薄扶林港大住宅(彩图 17)

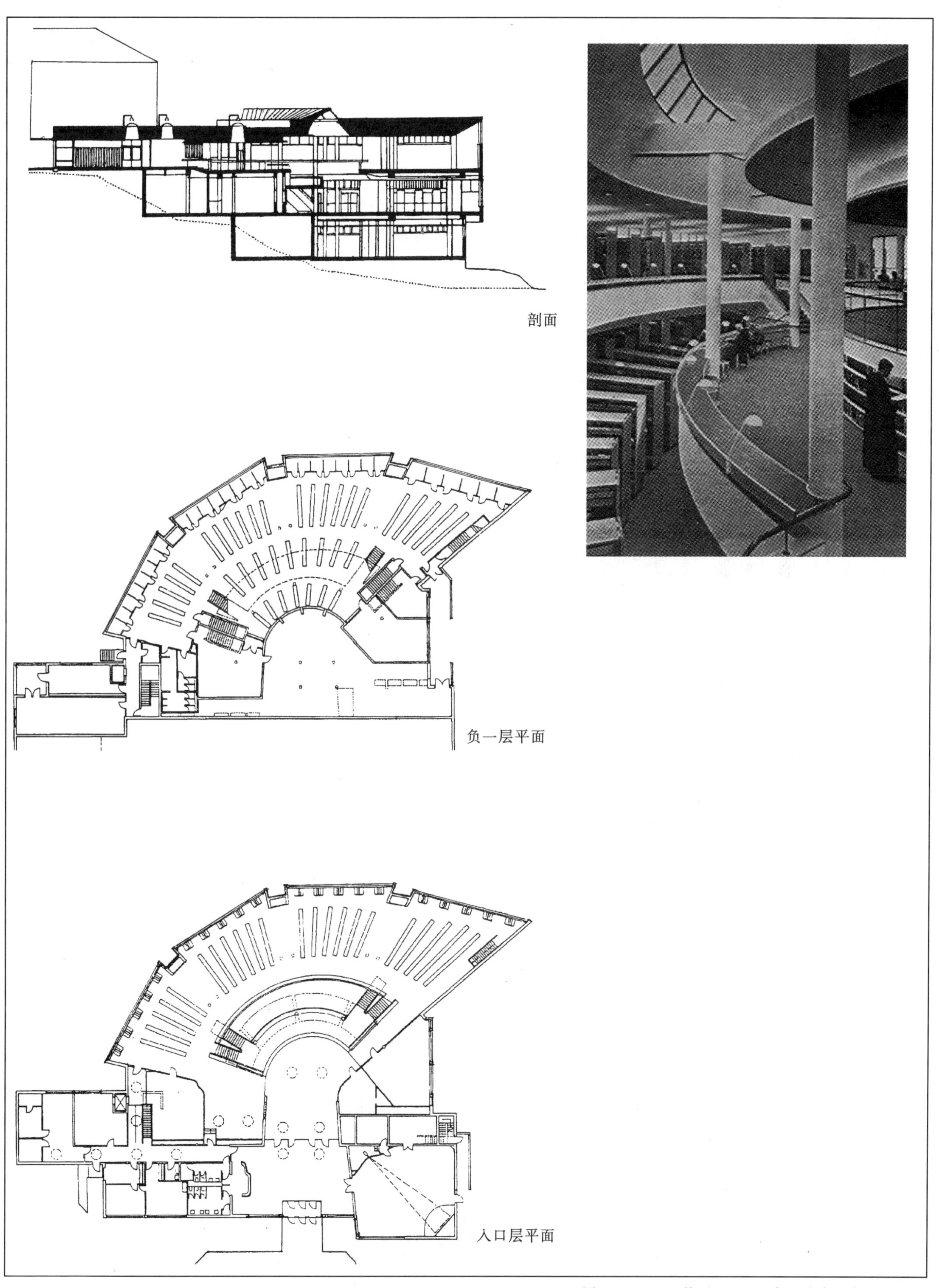

图 2-2-26　美国 M·A·本尼迪克廷大学图书馆

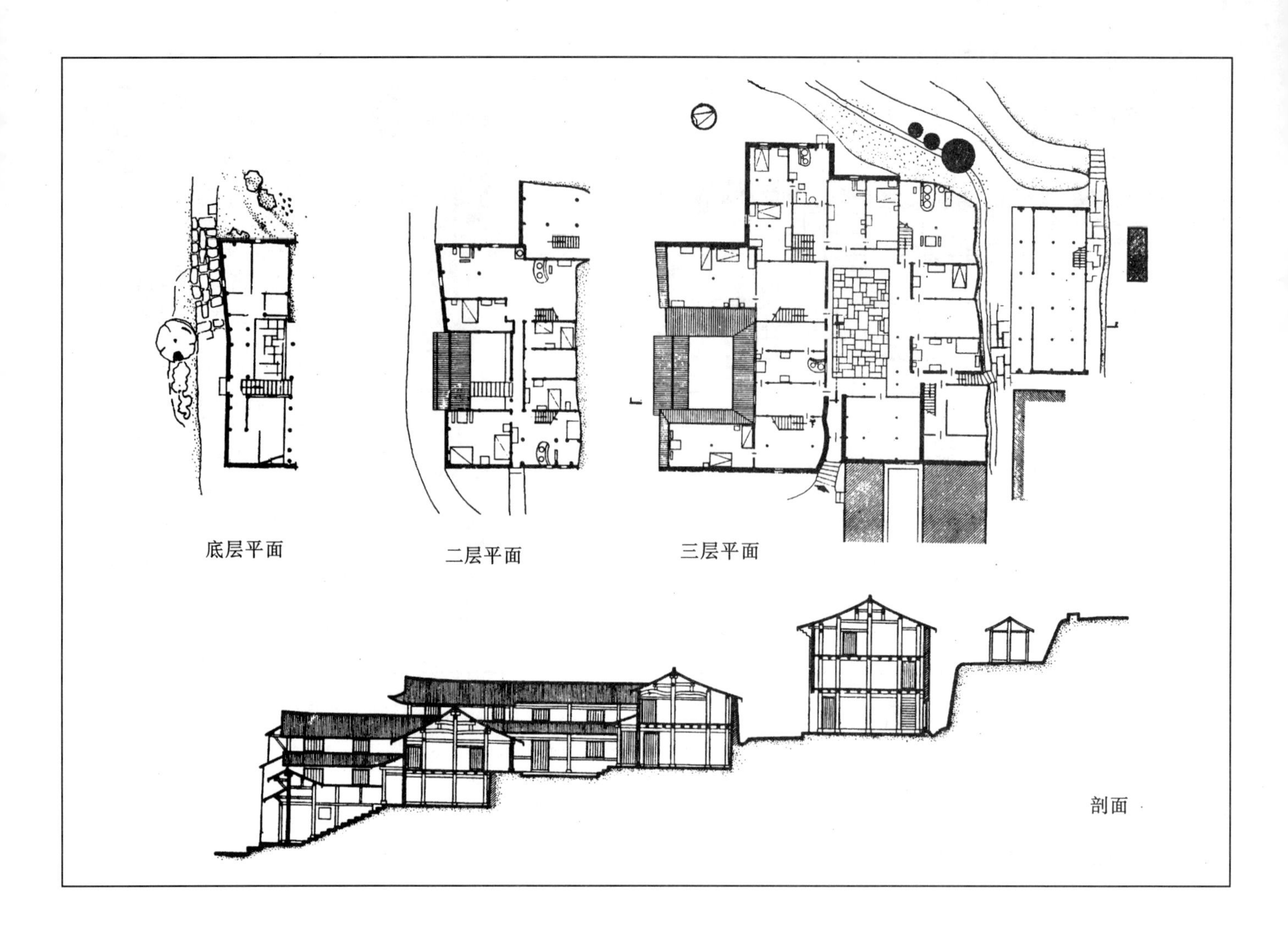

图 2-2-27　浙江临海的麻利岭陈宅

沿倾斜道路跌落，高低错落，又有韵律，构成一幅优美的图景。

(4)错叠(台阶式)

错叠式与跌落式相类似，也是由建筑单元组合而成，通常建在单坡基地上，其主要特征是每住宅单元沿山坡重叠建造，下单元的屋顶成为上单元的平台。由于其外形是规则的踏步状，因此也称台阶式。它与跌落式不同的是，前者单元横向联结，后者单元之间是上下错叠联结。

错叠式的山地建筑，较适合住宅、旅馆等建筑。人们可以通过对单元进深和阳台大小的调节，来适应不同坡度的山坡地形。例如，瑞士楚格的台阶式住宅(图 2-2-29)，适应 65% 坡度的地形；瑞士利斯塔的台阶式住宅(图 2-2-30)，适应 90% 坡度的地形；德国吾培塔尔的台阶式住宅(图 2-2-31)，阳台很浅，建在地形坡度为 200% 的基地上。

错叠式建筑最基本的形式是建筑与山地等高线正交(图 2-2-32)，此外，在朝向、日照允许的情况下，错叠式山地建筑还可采取与等高线斜交的方式，以适应地形坡度的要求和建筑平面布置的需要(图 2-2-33)。

美国俄勒冈州亚基那湾恩巴卡地诺住宅(图 2-2-34)，利用坡顶的倾斜度与山地坡度一致的手法，建筑顺着山势发展，与自然地形和谐、协调。错叠式建筑的垂直联系，住宅通常在户外组织，有些公共建筑则要求在室内组织，如采用厅式楼梯间来联系

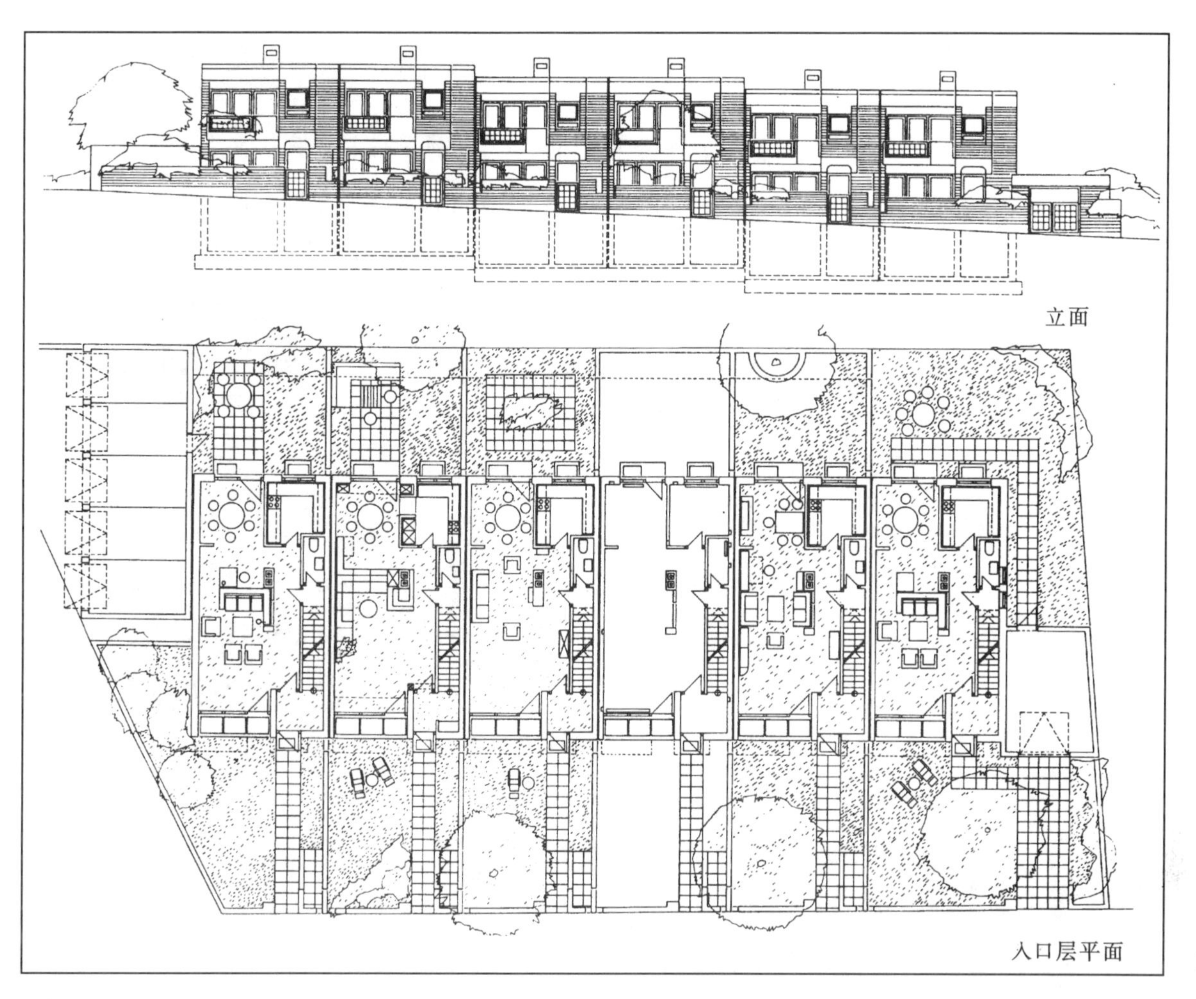

图 2-2-28　德国斯图加特某联列式住宅

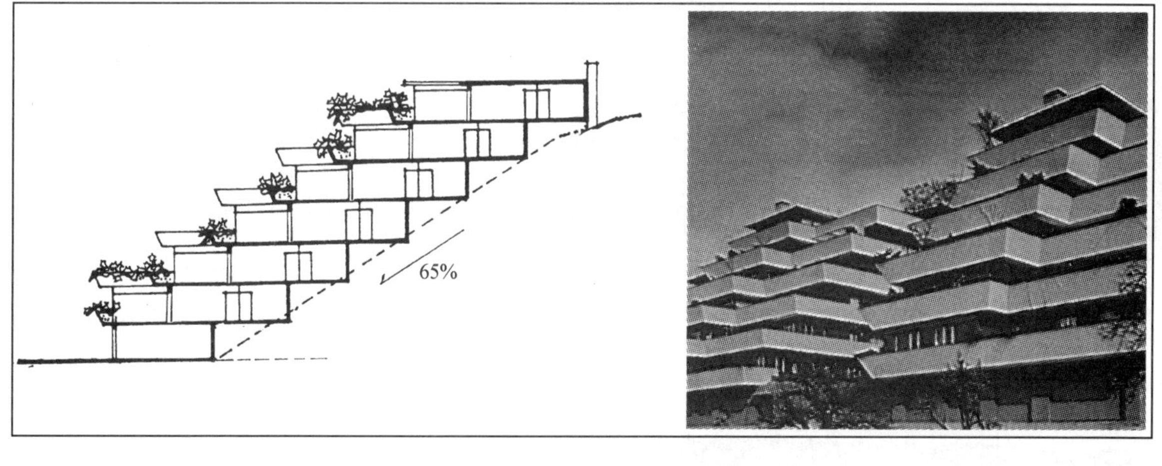

图 2-2-29　瑞士楚格的台阶式住宅

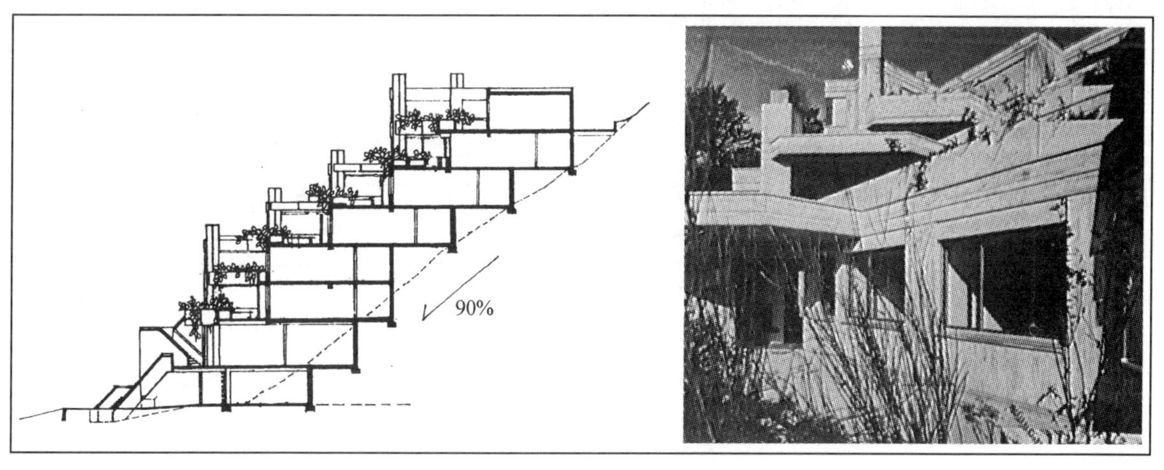

图 2-2-30　瑞士利斯塔的台阶式住宅

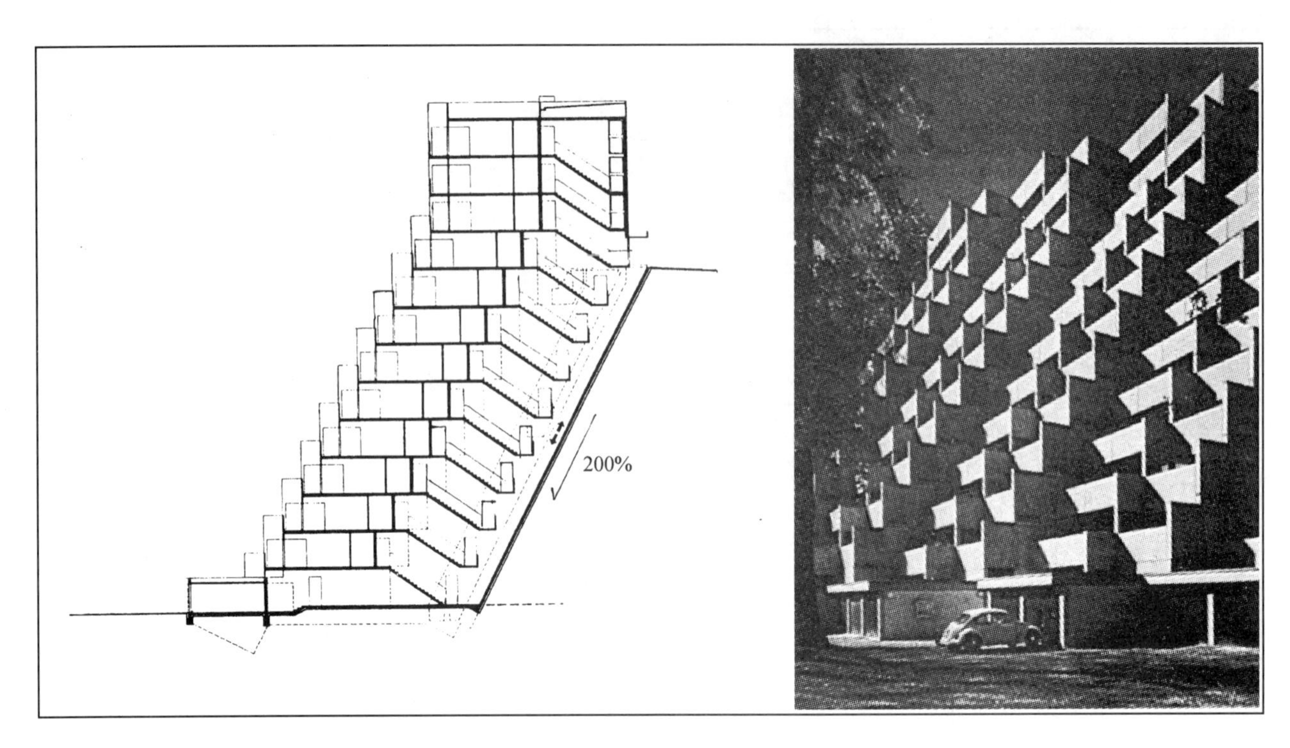

图 2-2-31　德国吾培塔尔的台阶式住宅

图 2-2-32　挪威奥斯陆的台阶式住宅

图 2-2-33　瑞士贝阿海麦瑞克的台阶式住宅

各层的空间。例如，德国西门子公司位于弗尔达汀（Feldating）的培训中心（图 2－2－35），公共活动部分建造在山坡地上，从入口层向下逐阶跌落，楼梯厅将交通与休息、阅览等功能结合在一起，并与门厅相联，成为各阶段的空间枢纽，使各组成部分浑然一体。

错叠式建筑设计时应注意视线干扰问题，特别是住宅。因为这类建筑下层平台正处在上层平台的视线之下，有损于下层住户的私密性。为了阻止视线，通常将上层平台的栏杆做成具有一定宽度的花台，避免正常情况下上下层的对视（图 2－2－36）。

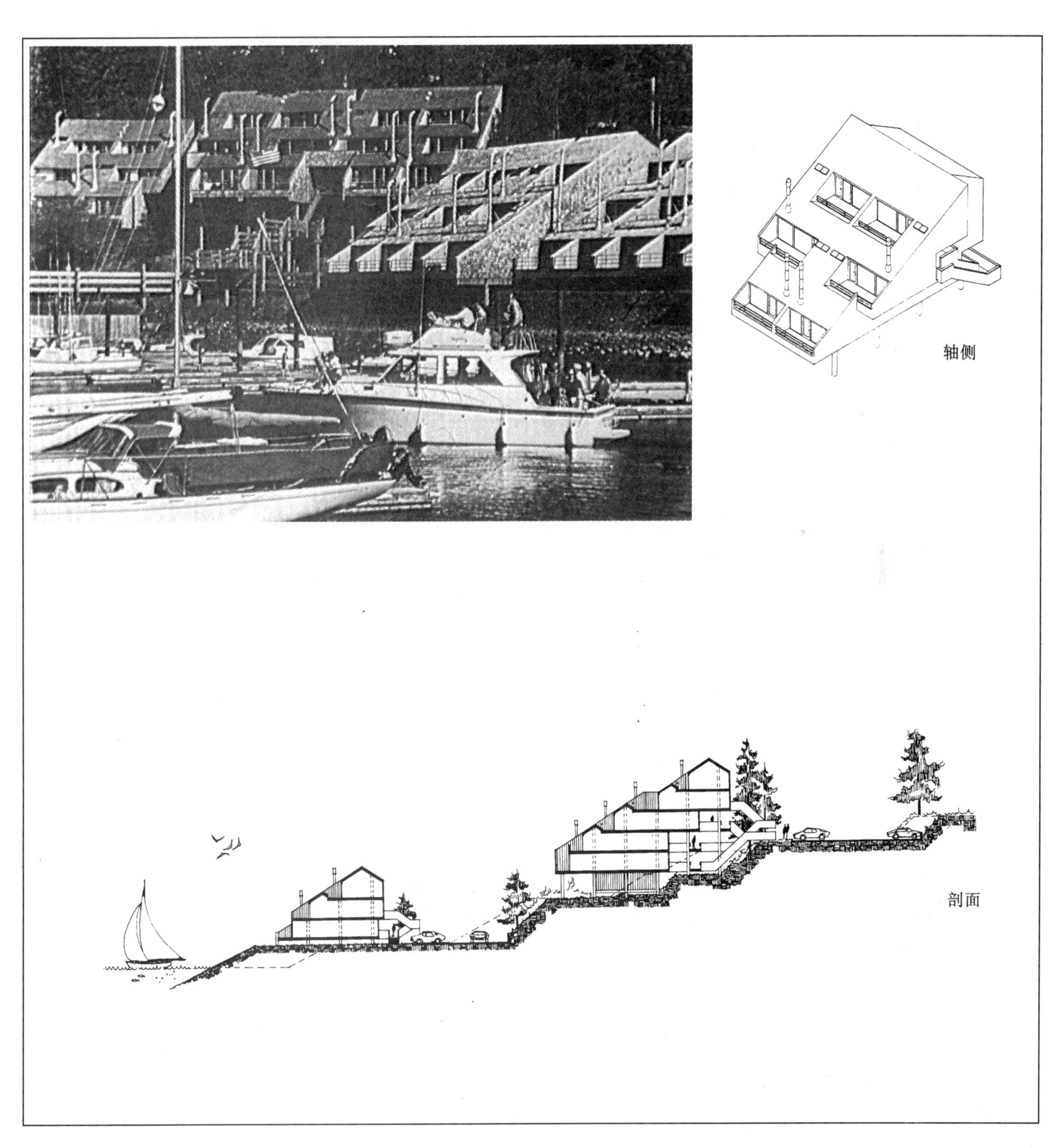

图 2－2－34　美国俄勒冈州恩巴卡地诺的台阶式住宅

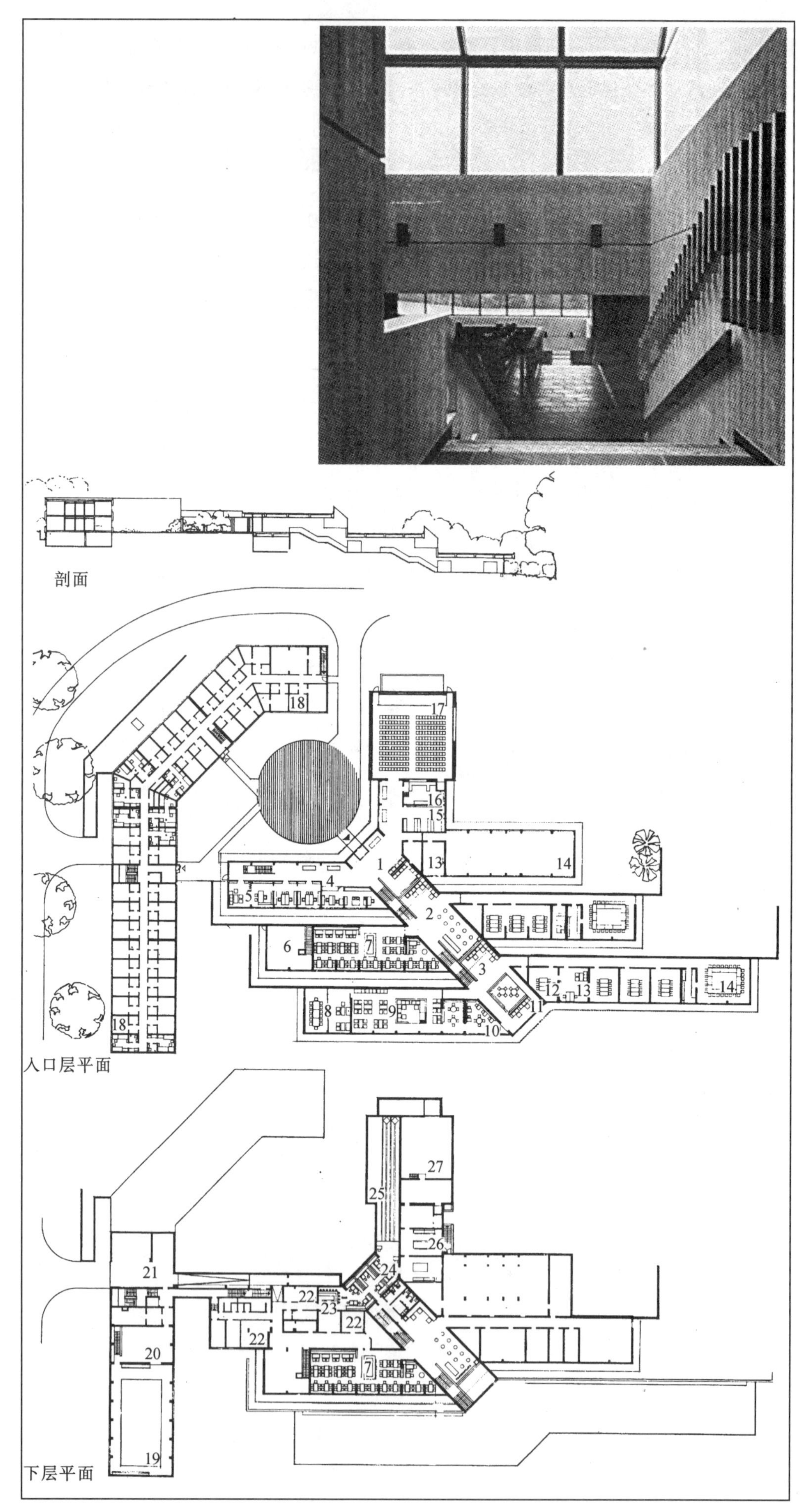

图 2－2－35　德国西门子公司弗尔达汀培训中心

1. 入口门厅；
2. 台阶式敞厅；
3. 休息；
4. 接待室；
5. 管理；
6. 厨房；
7. 餐厅；
8. 小餐厅；
9. 起居厅；
10. 阅览；
11. 图书；
12. 小组活动；
13. 讲师室；
14. 教室；
15. 衣帽；
16. 控制室；
17. 观众厅；
18. 客房；
19. 游泳池；
20. 健身房；
21. 更衣室；
22. 厨房备餐；
23. 酒吧；
24. 俱乐部；
25. 保龄球；
26. 乒乓球；
27. 设备用房

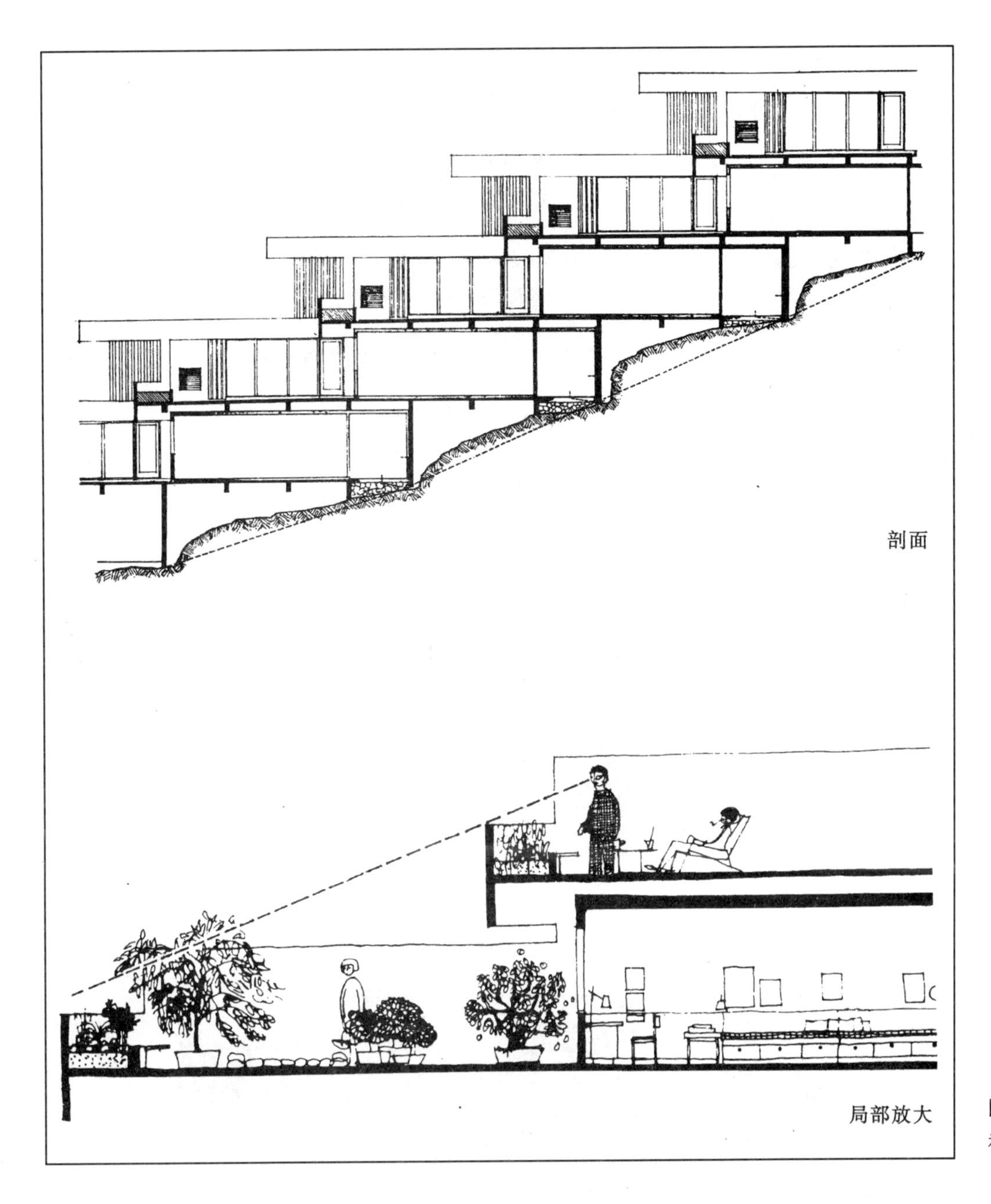

图 2－2－36　错叠式建筑避免视线干扰的处理

(三)架空式

采用“架空式”接地形式的山地建筑，其底面与基地表面完全或局部脱开，以柱子或建筑局部支承建筑的荷载。由于建筑与基地表面的接触部分缩小到了点状的柱子或建筑的局部，因此，该种类型的建筑，对地形的变化可以有很强的适应能力，对山体地表的影响较小，有利于保留山地原有植被，减少对山地原来水文状况的扰动，是一种较为理想的接地方式。架空式建筑脱离地面，有利于建筑的防潮，并能减少虫蝎等的干扰。根据建筑底面的架空程度，架空式又可分为架空和吊脚两种类型。其中，架空的建筑，其底面与基地表面完全脱开，完全用柱子支承；而吊脚的建筑，其底面局部坐落于地表，局部位于架空的柱子之上，类似于我国四川的吊脚楼民居。

1. 架空型

架空型接地方式的基本模式是建筑以支柱落地，建筑层面架于支柱之上。中国传统的干栏式民居是这种形式的典型例子。在现代建筑中，由于框架式结构体系的盛行，架空型建筑的形成变得更加方便和自然了，它能适应各种功能空间的划分需要，自由地形成建筑形体，可生存于各种坡度的自然地形中。如美国加州的某集合住宅（图2-2-37），位于坡度为65%的山坡基地上，其形体为逐层退后的台阶状；而前苏联的阿尔捷克度假村中的疗养楼（图2-2-38），架空于坡度为12%的基地上，其形体舒展、整体。

以上所说的架空型基本模式是我们在山地建筑中常见的，除此以外，架空型山地建筑还有一种特例，即建筑以其点状局部或单体建筑为支撑，形成架空，获得使用空间。例如，俄罗斯索契的黑海之滨疗养院（图2-2-39），其影剧院一端架于山坡顶部，另一端架于客房楼的顶部，以客房楼作为影剧院建筑的支柱，既充分保留了山地的原有地形和植被，又获得了需要的使用空间。

2. 吊脚型

吊脚的名称来源于我国传统的"吊脚楼"民居，它形象地表现了建筑局部以支柱架空的形体特征。由于吊脚型的山地建筑一部分直接与山体地表发生接触，一部分与山体地表脱开，能很好地适应地形，因此，在中国传统山地建筑中，吊脚形态的应用极为广泛，其中，尤以我国四川、贵州等西南地区的民居更为典型。

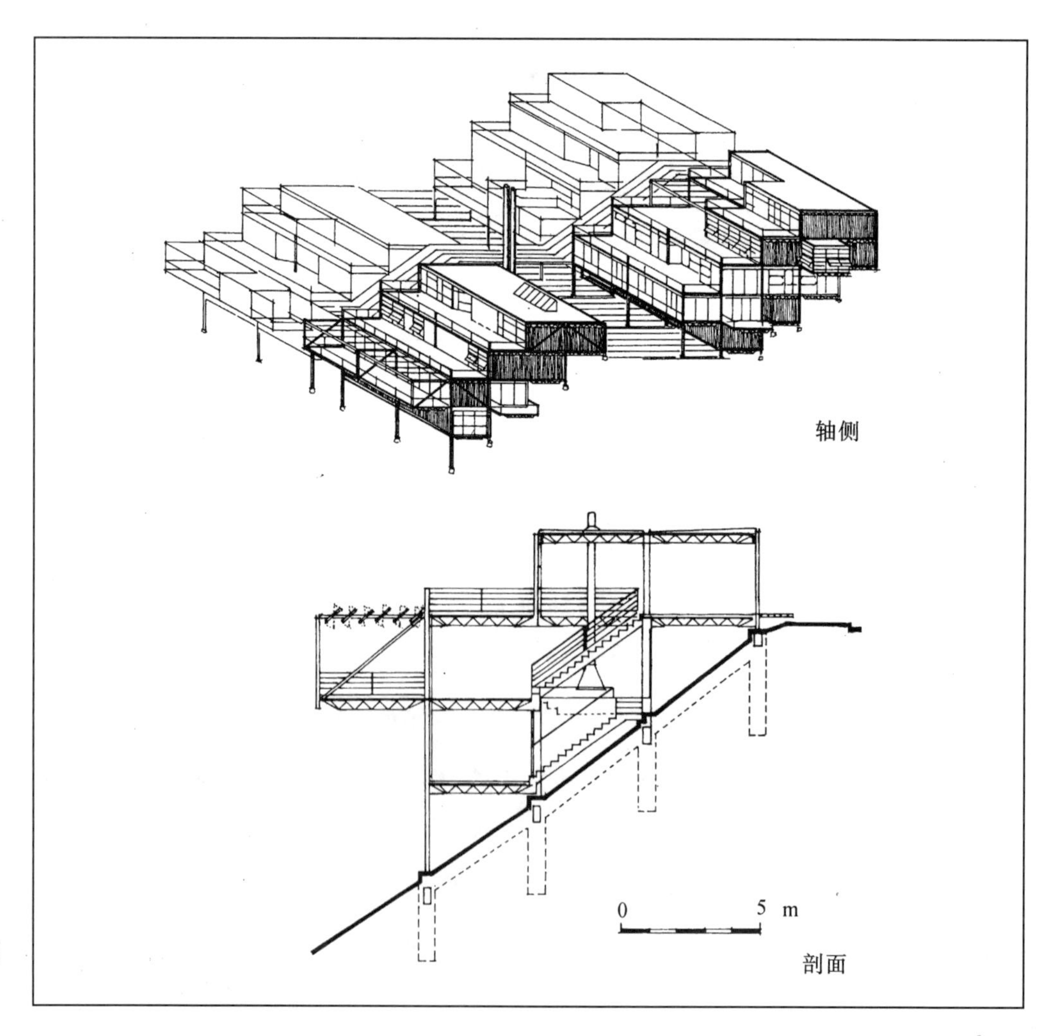

图2-2-37　美国加州的架空型集合住宅

图 2－2－38　前苏联阿尔捷克度假村

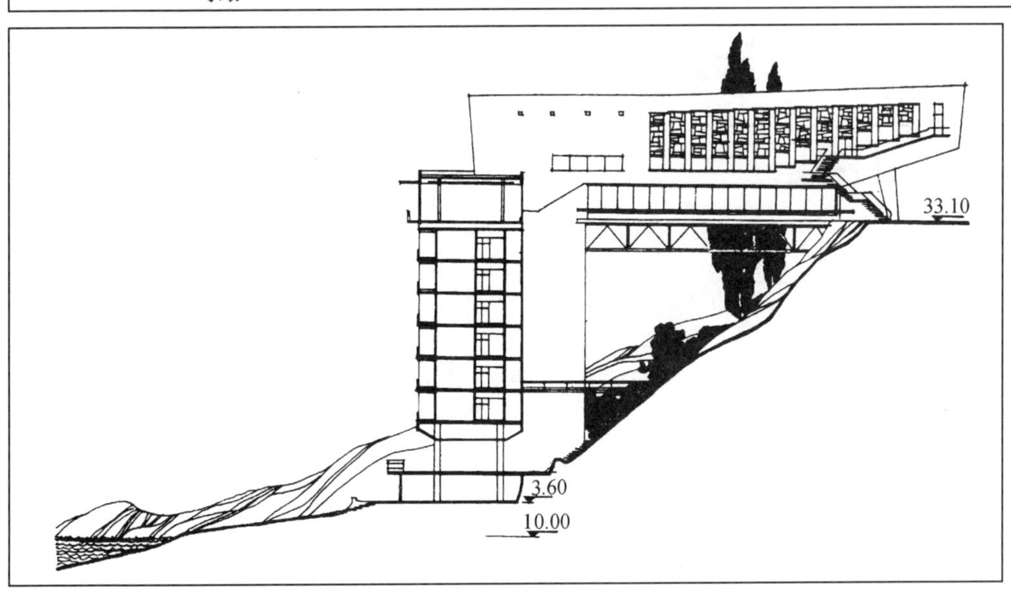

图 2－2－39　俄罗斯索契黑海之滨疗养院

采用吊脚型接地方式的建筑，平面布局可以不受地形限制，变化比较自由，且能使建筑与山地自然环境相互穿插，更加融洽。如柯布西耶设计的拉·土雷特修道院，其面向山坡的一侧底层架空，形成吊脚，让自然地形渗入建筑内院（图2－2－40），使建筑与环境和谐相处；前苏联的阿尔捷克度假村中的滨海疗养楼，建筑在临海滨的一侧利用地形高差形成吊脚，可以充分地感受海水涨落时建筑与水面的不同接近程度，取

图2－2－40　法国拉·土雷特修道院

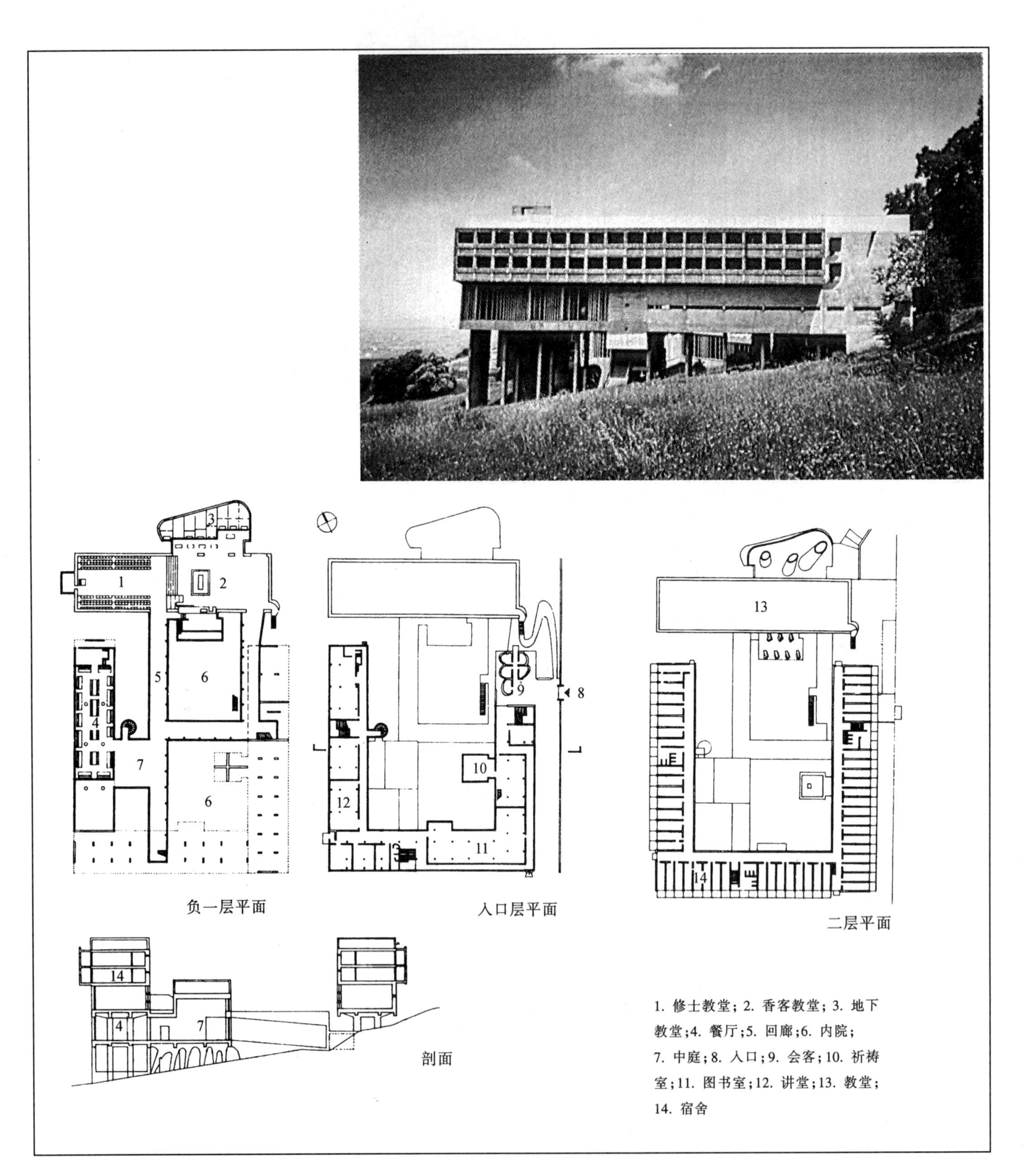

得与环境的融洽。

一般情况下，吊脚型建筑都处在单坡山位上。当地形复杂，处于山顶或其他起伏不平的山位时，吊脚型建筑会出现变异的形式，吊脚可能在建筑的两侧，也可能在建筑的中间，例如日本宫城县图书馆（图 2－2－41(a)、(b)）（彩图 18），横跨在两个山脊和一个山谷上，在山谷处运用吊脚列柱，布置开敞的、与自然山地融合的广场，提供阅览者休息。

香港大潭国际学校（彩图 19），位于港岛南侧，基地处在面海的山坡上，怀抱在一片丛林中。学校建筑的边缘布置柱子，形成四周吊脚的特征，使自然地形向建筑渗透。结合列柱设置开敞的楼梯和敞廊，让人们更多地享受山林海景，以达到人与自然的交融。

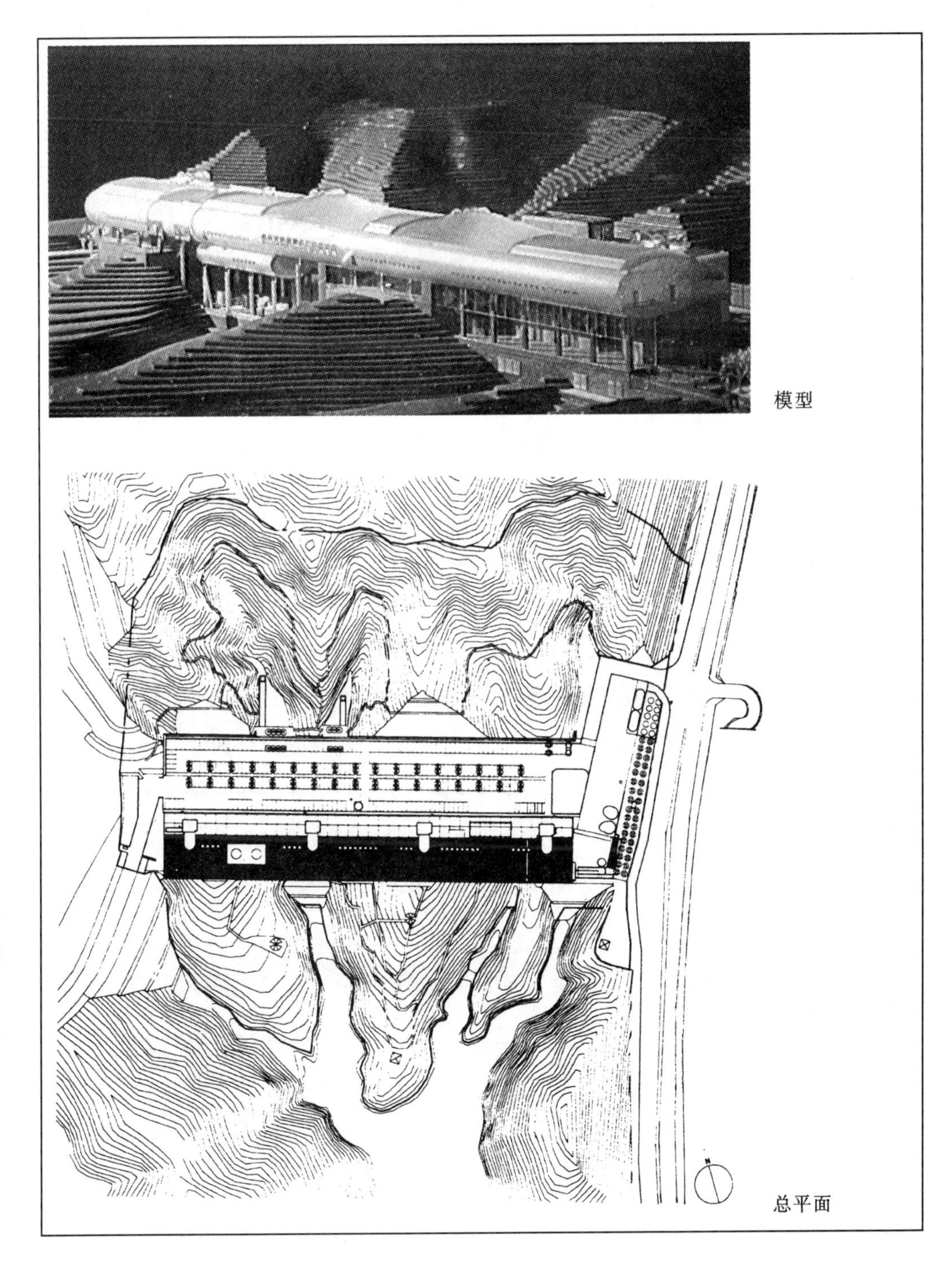

图 2－2－41(a) 日本宫城县图书馆

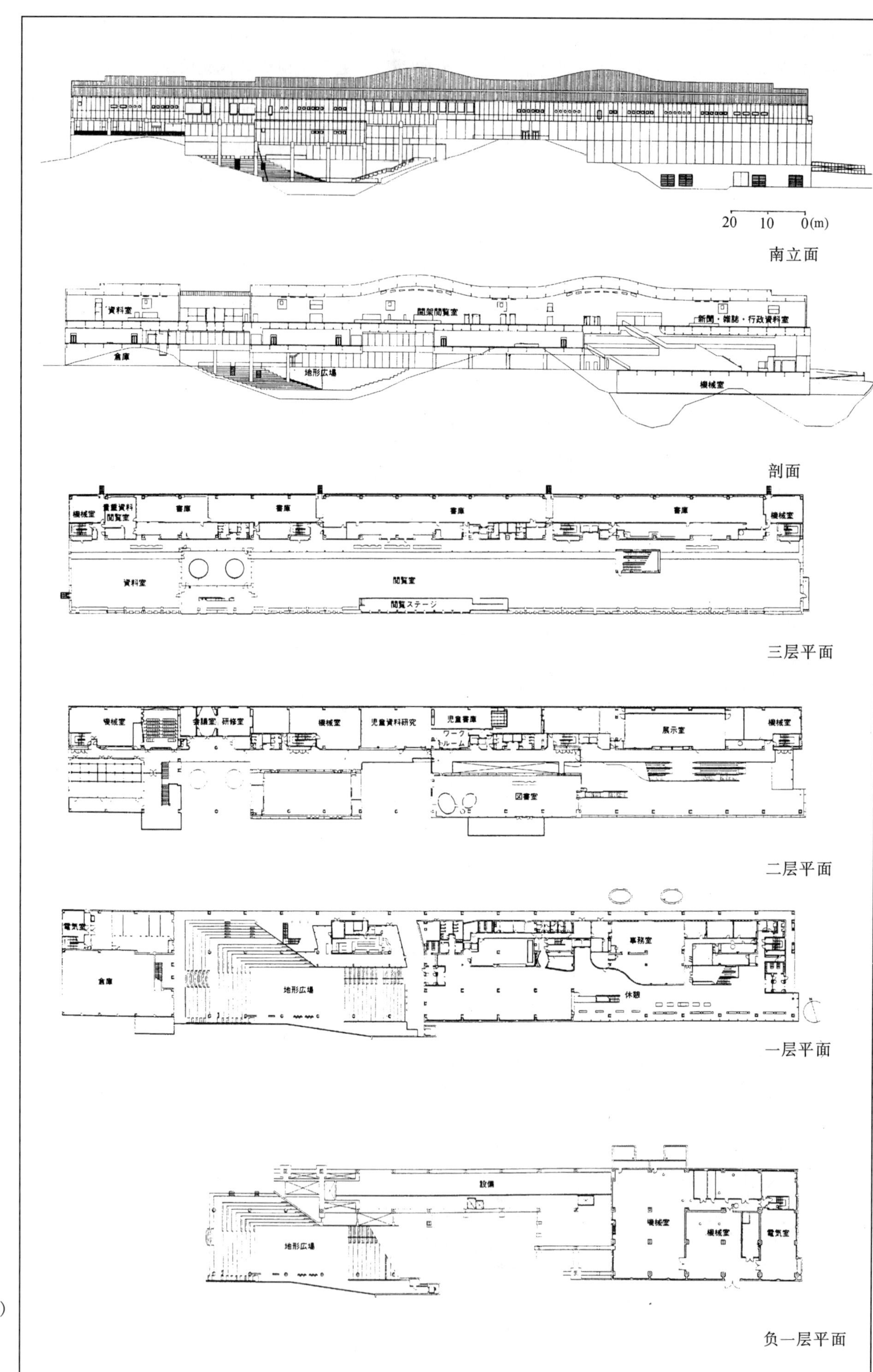

图 2-2-41(b)
日本宫城县图书馆

四、山地建筑的形体表现

形体，是对建筑三维轮廓的描述。处于山地环境之中的建筑，其形体与山体环境的关系是极其重要的。山地环境既是建筑形体产生的限制因素，又是形体产生的灵感源泉。建筑师应寻找建筑形体与山体环境的默契关系，抓住形体创作的关键。

根据建筑形体与山体环境之间关系的差异，我们把山地建筑的形体表现归纳为以下几类，它们分别体现了建筑与山地环境的不同关系：其一，融入型，即山地建筑形体在整体上服从山地环境，表现出对山地环境的归属感；其二，共构型，即建筑形体依托于山地环境，与山地共构，成为山地形体的延续；其三，超越型，即建筑形体摆脱了山地环境的束缚，表现出一定的自由性。

（一）融入型

融入型的山地建筑注重对山地原有环境的维护，强调建筑与各山体地段的融合，表现出对自然的谦让，易于创造富有人情味、与自然亲和的建筑环境。当山地建筑位于山腹、山谷、山麓等地段时，运用融入型特征的建筑更为常见。要使山地建筑融入山地环境，一般从两个方面入手，即建筑形体与地形协调、融合和建筑形体与地肌协调、融合。

1. 形体与地形的融合

要使建筑形体与山体地形融合，应当以对山地自然环境形象的最小改变为出发点。当然，最直接、有效的方法是尽量保持山地的原有地形和地貌，最常用的手法是，将建筑按“小”、“散”、“隐”的方式设计，即将建筑体量化整为零，分散布置，尽量隐蔽在山林中。无锡新疆石油职工太湖疗养院（图 2－2－42、彩图 20）是“小”、“散”、“隐”手法的实例。该疗养院位于太湖北侧的马山，处在驼南山南坡上，山上原有大片杨梅林全部保留，建筑体量不超过三层，并分散布置在绿林中，达到建筑融于山林之中的效果。位于

图 2－2－42　无锡新疆石油职工太湖疗养院总平面

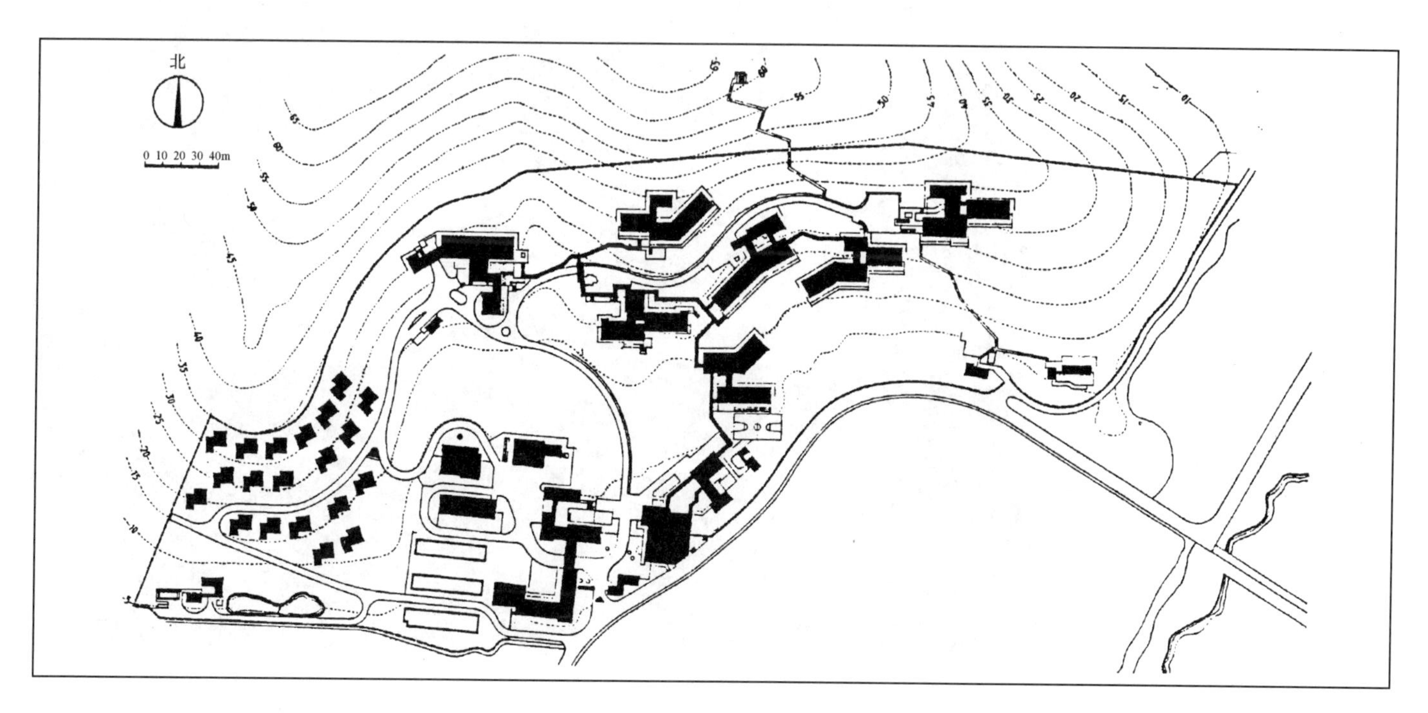

德国赛赫姆的汉莎航空公司培训中心是另一个化整为零的例子（图 2-2-43）。培训中心规模大，且功能要求集中，为此将公共教学、健身与娱乐部分布置在二层裙房中，隐蔽在四周浓密的森林中，而将客房、研讨和办公等用房布置在四个塔楼内，使建筑在山林中仅暴露几个体量不大的方塔，与环境和谐相处。

对于相对较为集中的建筑群体，建筑形体与山地地形的吻合可以通过以下两个途径得以实现：一是建筑形体的展开与山地等高线的走势相吻合。例如，在我国桂北的村落中，建筑多随等高线的走向而布置（图 2-2-44），形态自由，与自然山体融于一体。俄罗斯高加索的“蓝色的海湾”休养基地设计（图 2-2-45）是设计竞赛一等奖方案，总容量达 11500 床，建筑布置成台阶式，面海跌落，沿山势走向和起伏布置，保留了原有山体的形态，建筑与自然环境协调，且创造了休养地整体构图的个性。香港大屿山愉景湾别墅区（彩图 21），也是建筑结合等高线和山势走向融入地形的例子。

二是建筑的立体造型与山体形状相融合。例如，印度喀瓦兰姆海滨酒店（图 2-2-46）（彩图 22）就以台阶式坡屋面与山体斜面相呼应，台阶中穿插椰树，达到与山体形状融合的效果。四川忠县黄金镇洽井河上的榨油房（图 2-2-47），也是建筑与山体形状融合的佳例，榨油房结合山岩走势，随地形跌落，高低错叠，自由的平面布置和不规则的坡顶组合，和谐地镶嵌在大自然中，形成一幅优美的图画。

2. 形体与地肌的谐调

为了使建筑形体与山地环境相融合，山地建筑还需注意其与地面肌理的结合，主

图 2-2-43(a)　德国赛赫姆汉莎航空公司培训中心

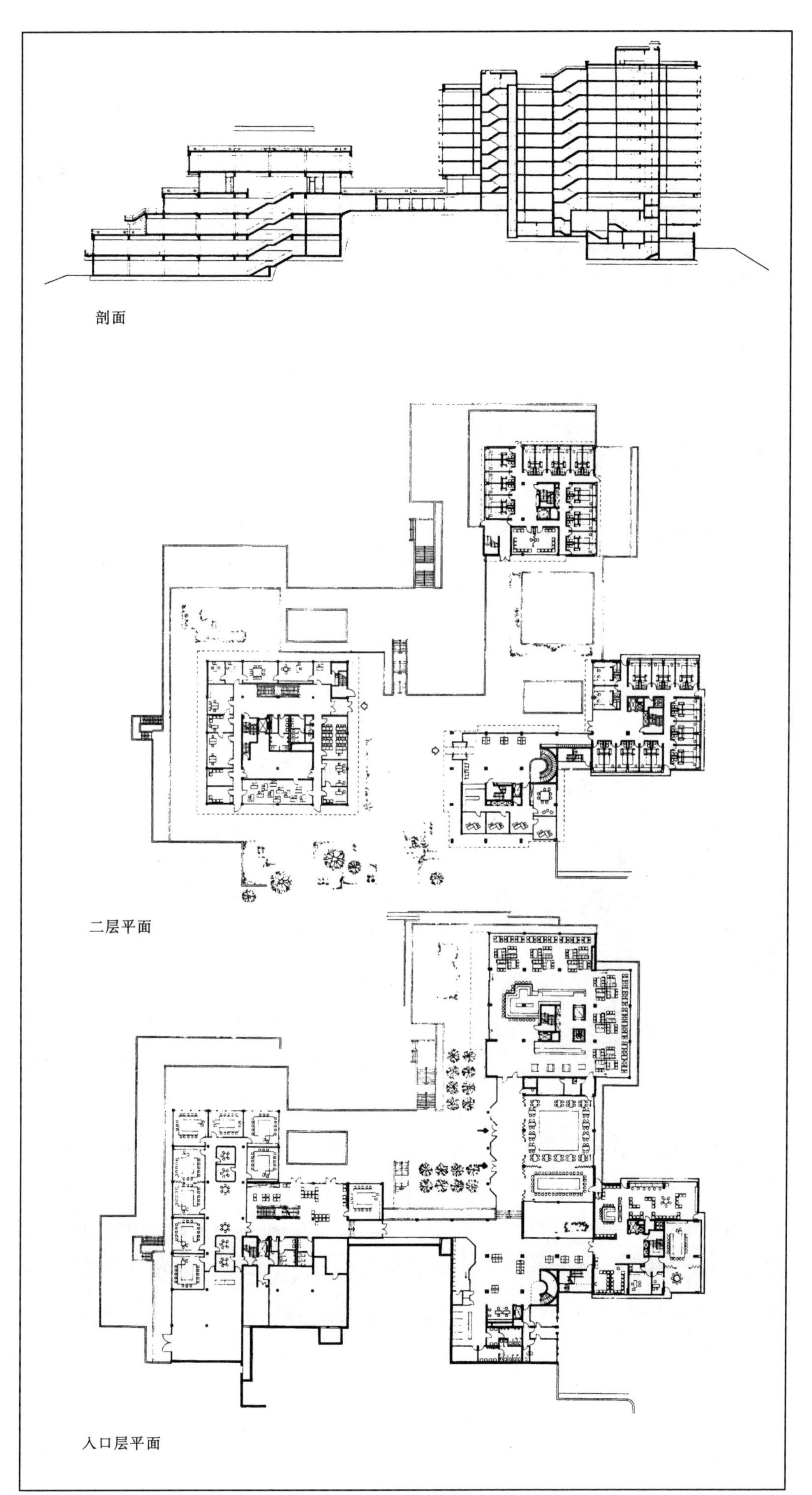

图 2-2-43(b) 德国赛赫姆汉莎航空公司培训中心

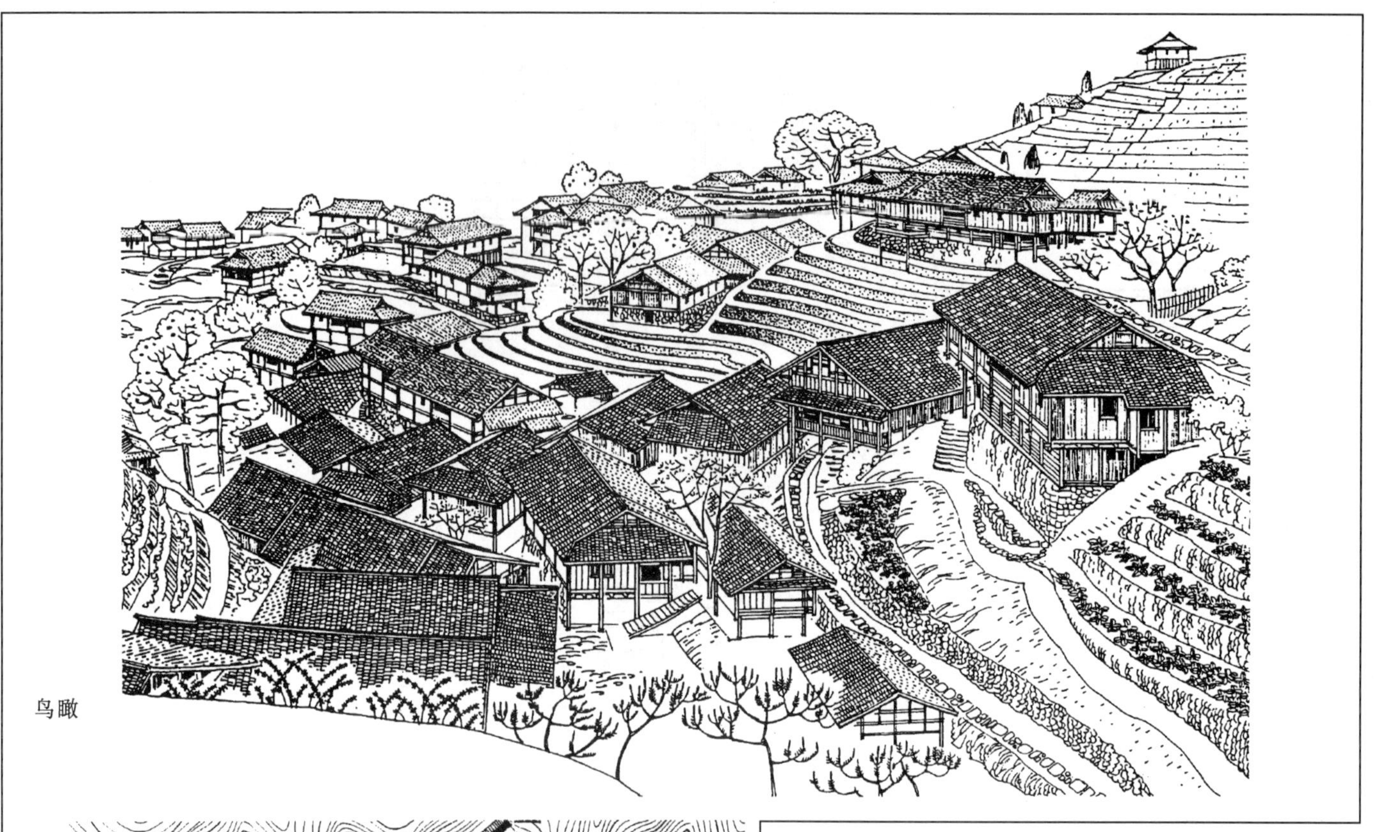

图 2-2-44　广西北部村落——平安寨

要表现在建筑形体与山地自然植被、山石和水流等肌理的融合。

为了使山地建筑与山地植被相融合，应尽力消除建筑几何形体与植被的生硬对抗，让建筑形体与自然植被互相渗透。例如，波黑杜布罗夫尼克的克罗地亚饭店（图 2-2-48）位于海边，根据基地的绿化和地形，将建筑设计成多翼伸展、摊卧于地，自由的曲线平面巧妙地将游泳池、俱乐部、会议厅以及台阶式客房布置于各个部位，与绿林穿插，在自然中贴切和谐。美国建筑大师赖特设计的"落水别墅"(图 2-2-49、彩图 23)是山石、流水和建筑结合的佳作。别墅于 1937 年建成，位于宾夕法尼亚州一条幽静的峡谷——熊跑溪上，小溪的山石高差形成跌落奔泻的小瀑布，建筑跨水而造，平台与石墙纵横交叉。第一层大平台左右伸展，第二层平台向前悬挑近 5m，高低错落，建筑犹如从山中生长出来，与自然浑然一体，意趣盎然。又如美国科罗拉多州的国立大气中心，就模仿当地印第安人就地取材的习惯做法，将当地的石料破碎后加在混凝土里当骨料，使裸露的混凝土表面显示出与山石相接近的红褐色，与山地环境极为和谐。

(二)共构型

共构型山地建筑强调建筑与山体的共同组合，塑造附合山地环境的新景观。共构

图 2-2-45　俄罗斯高加索"蓝色的海湾"休养基地设计

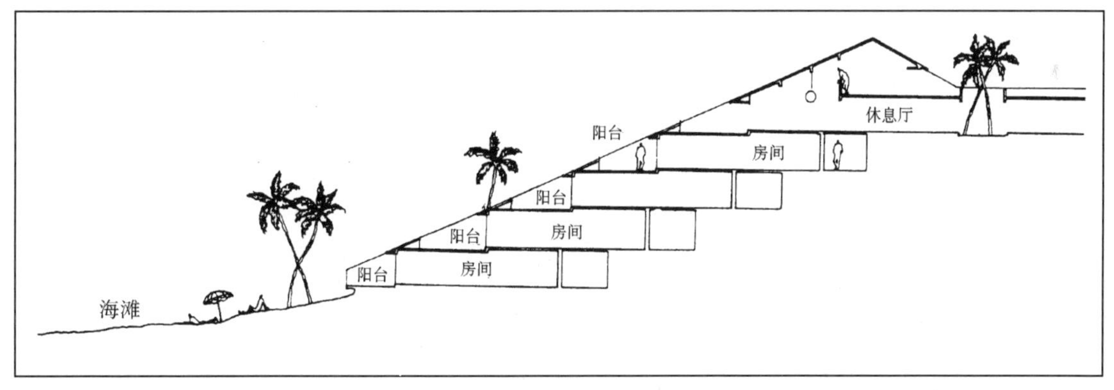

图 2-2-46　印度喀瓦兰姆海滨酒店剖面

型山地建筑通常在山地的显著地位，例如山脊、山顶或山腰的凸出区域。随着社会的发展，山地建筑的功能日趋复杂，规模不断增大，以传统的"小、散、隐"方式与环境协调愈来愈困难，共构型是适应山地建筑这种发展趋势的一种手法。

共构型的山地建筑，强调的是建筑与山体地形的"共构"，因此，其建筑形体的聚合、轮廓线的处理等都需以山体走势为前提，两者相互依靠、相互衬托，才能取得完美的效果。我国西藏拉萨的布达拉宫（公元 1645 年）建在约 200m 高的小山顶上，建筑以山体为基座，顺应山体趋势，山屋一体，产生了雄伟、浑厚的形体效果（图 2-2-50、彩图 24），强化了对地貌特征的表现；镇江金山寺是建筑群与山体共构，形成完整形象的

图 2-2-47　四川忠县黄金镇洽井河上的榨油房(季富政教授提供)

又一实例(图 2-2-51、彩图 25),金山是孤丘,清光绪以前四面环水,金山寺建筑群包括西侧顺山建造的寺庙和山顶北侧的高塔,它们与山体、绿树共构成轮廓丰富、虚实结合的优美景观。

(三)超越型

当山地建筑规模大、功能复杂,且其用地地形多变时,超越型建筑容易适应建筑内外环境的需要。超越型建筑的形体组织往往表现出对山地地形的“超然”态度,强调建筑本身的功能与形体的秩序,是一种有效的山地建筑形式。例如丹下健三设计的新加坡南洋工科大学(图 2-2-52),位于新加坡西端丘陵地区的几个小山丘上,采取了鱼脊式桥体建筑布局形式,在中央的山脊上布置四层高的主体建筑,南北总长 400m。由主体建筑向两侧各伸展二个 230m 长的桥体结构,跨越山谷,连接东、西侧的小山头。

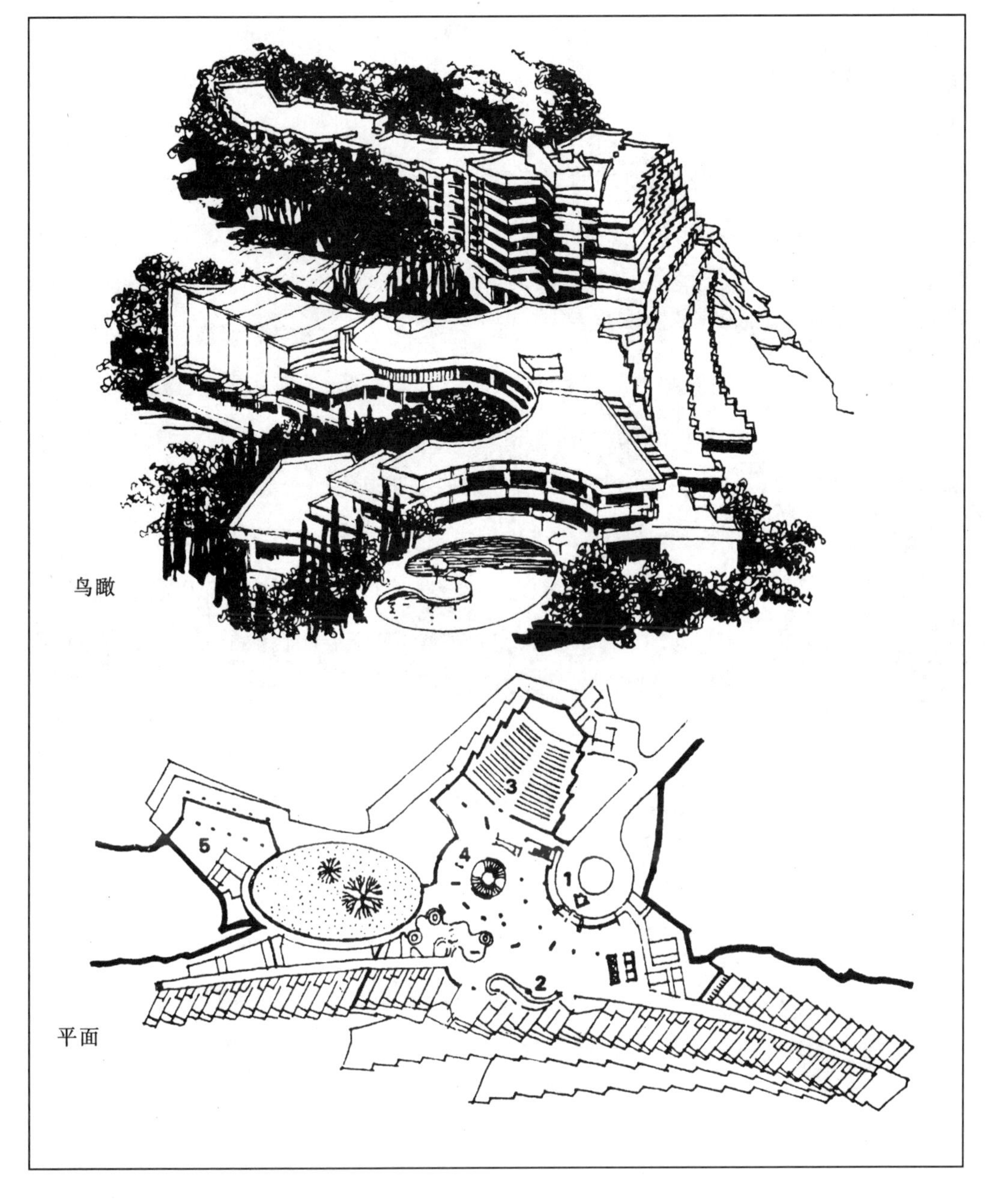

图 2－2－48　波黑杜布罗夫尼克克罗地亚饭店
1. 主入口；
2. 接待；
3. 会议；
4. 交谊厅；
5. 俱乐部

桥体与自然山体巧妙结合，借助于建筑自身解决了起伏地形之间的交通联系，并将两翼建筑内的各系师生方便地导向设有公共设施的主体建筑及中央广场。

当然，超越型山地建筑的形成，有时并不完全因为建筑规模的过于庞大和建筑功能的很杂，在某些特殊的情况下，它是建筑性格表现的需要。例如，由矶崎新设计的日本北九州美术馆（图 2－2－53），将展览室布置在两个长方体的空间内，并向两侧悬挑，像两条巨龙般的方梁横跨在山脊之上，其强烈的几何形体具有摆脱山体束缚的气势，表现出超凡的震撼力。

五、山地建筑的空间形态

空间的营造是人们建筑活动的根本目的。它的形成取决于各物质实体的围合程度和联系方式，它的布局形态左右了建筑的内部组织结构。对于山地建筑来说，空间是构

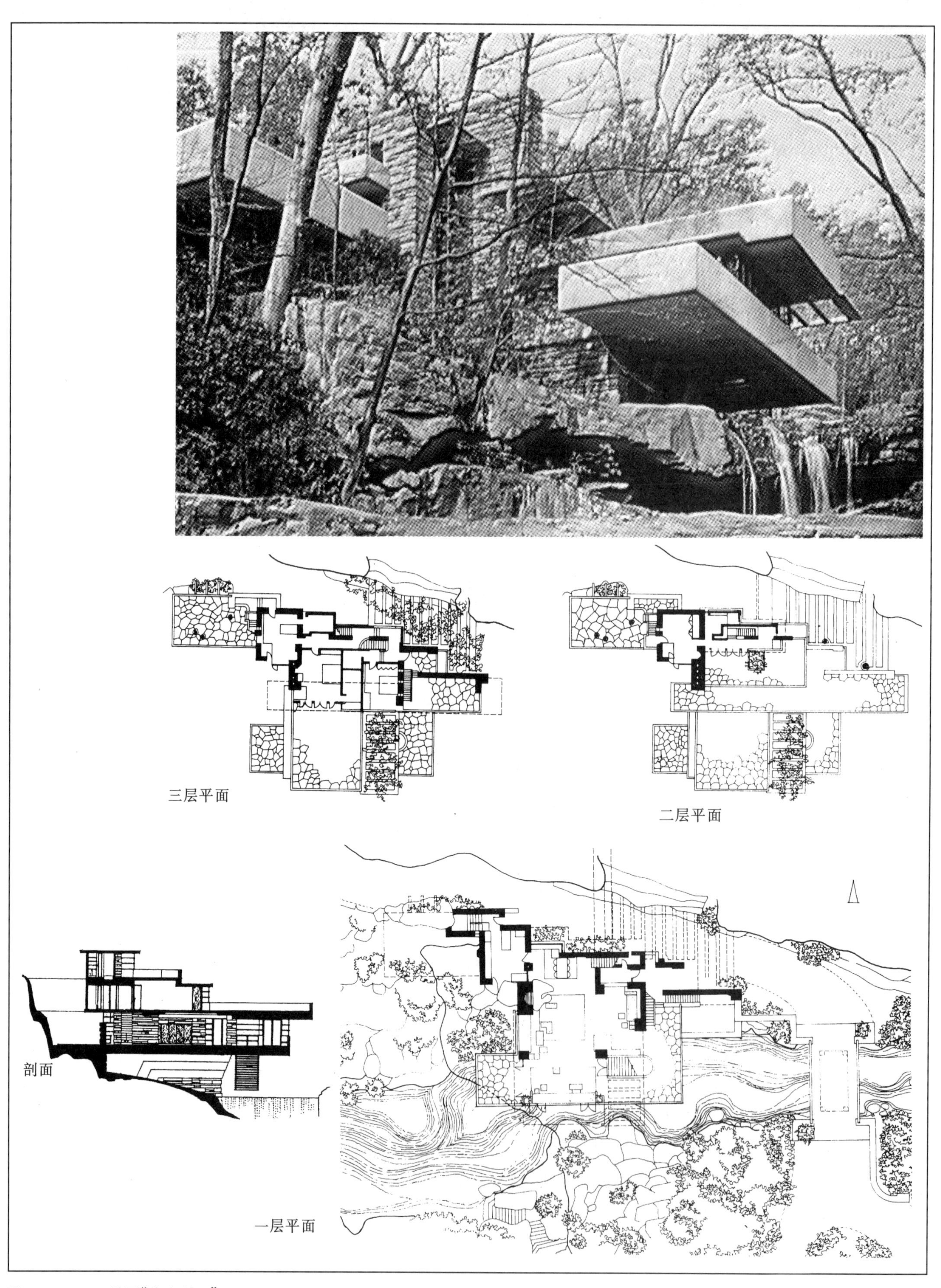

图 2－2－49　美国“落水别墅”

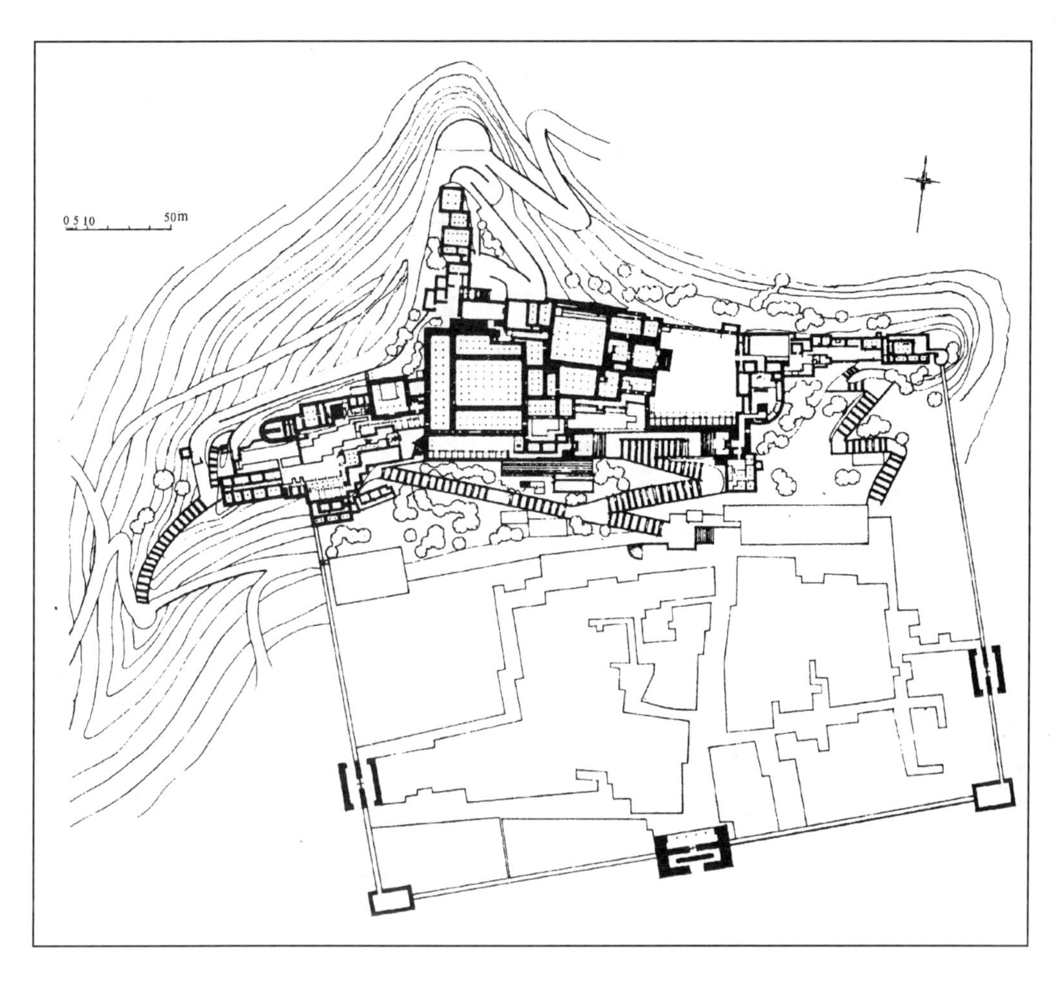

图 2－2－50　西藏拉萨的布达拉宫平面

图 2－2－51　镇江金山寺

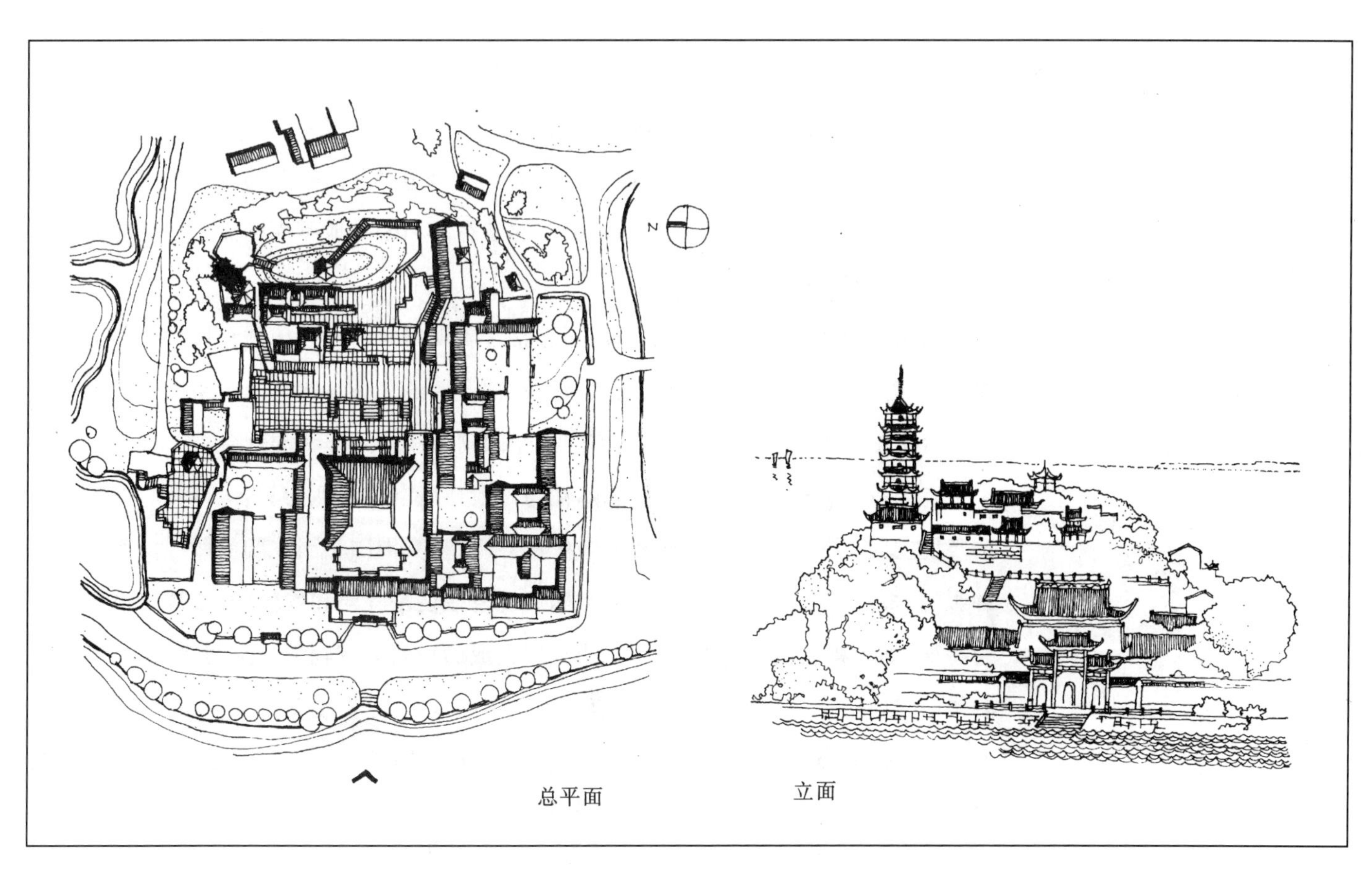

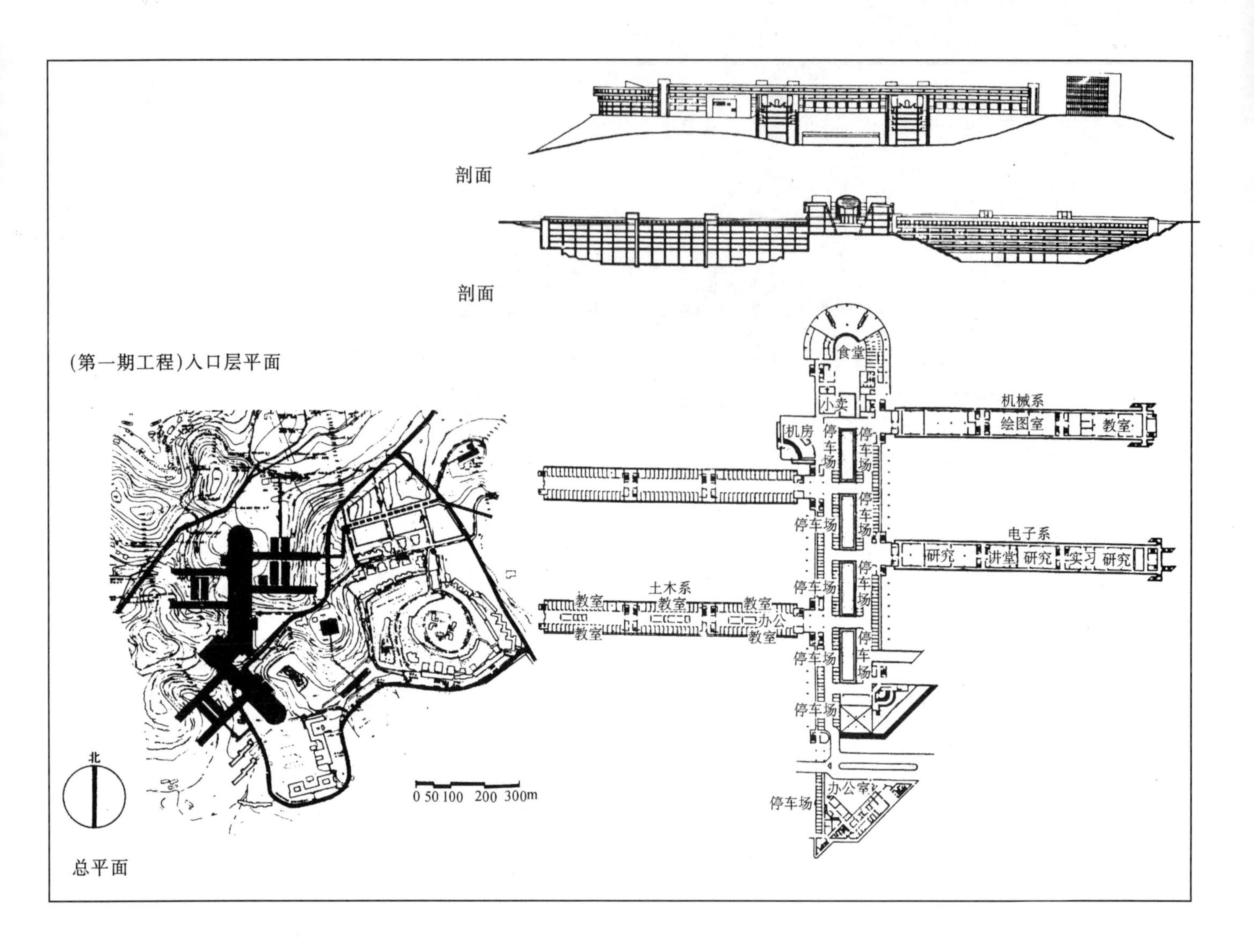

图 2-2-52　新加坡南洋工科大学

成建筑形态的基本骨架，它决定了建筑（或建筑群体）的布局状况，体现了建筑中各个部分（或各个单体建筑）的联系疏密程度。

由于有了山地环境的参与，山地建筑的空间形态表现出一定的特殊性，其特征是：与山地空间的耦合性、由地形高差而引起的动态性和因基地不规则而形成的趣味性。

·建筑空间的耦合性

在山地环境中，山地建筑的空间形态常常表现出与其所处山体地段的空间形态的吻合，使建筑空间与山地空间之间具有一种耦合性的关系。山地建筑空间与山地空间的耦合性主要表现在两个方面，即空间意味的耦合和空间形状的耦合。

空间意味的耦合是指建筑空间属性与山地环境空间属性的契合。例如，山顶位置的环境空间，往往具有一种外向性与发散性，并在其周围相当广阔的领域内产生了一种影响力，位于山顶的优秀建筑，其空间属性也往往是外向和发散的，表现出空间的耦合特征。如雅典卫城位于山体顶部，由柱廊围成的神庙具有较强的空间辐射力，表现出神圣的空间意味。与其相类似的还有中国传统的“塔”，它们也常常位于山顶，其空间属性也是外向的，对周围的山地环境具有震慑和限定的作用；而位于谷地、山凹里的山地建筑，其空间意味往往正是山地环境所具有的意味，即内向、隐蔽。如福建泰宁的悬空

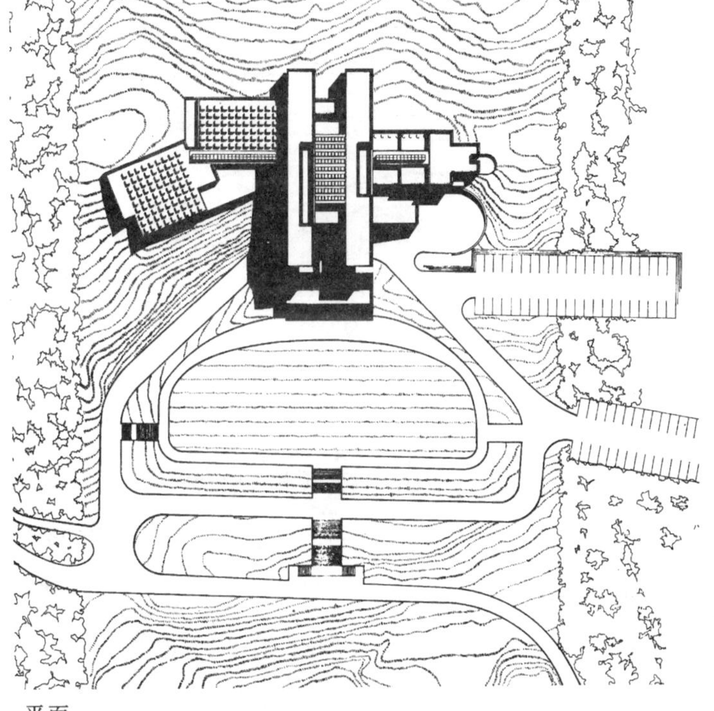

平面

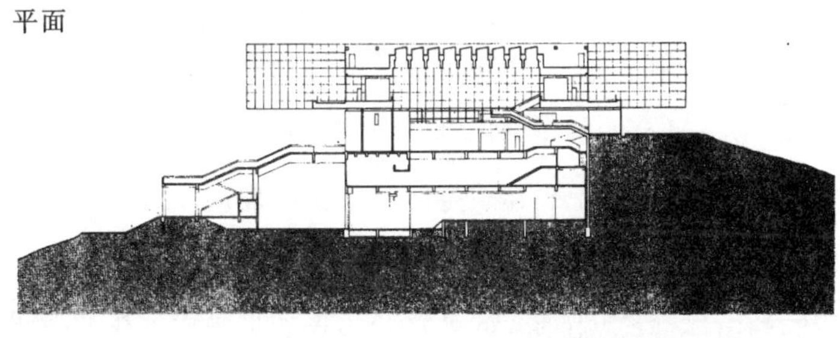

剖面

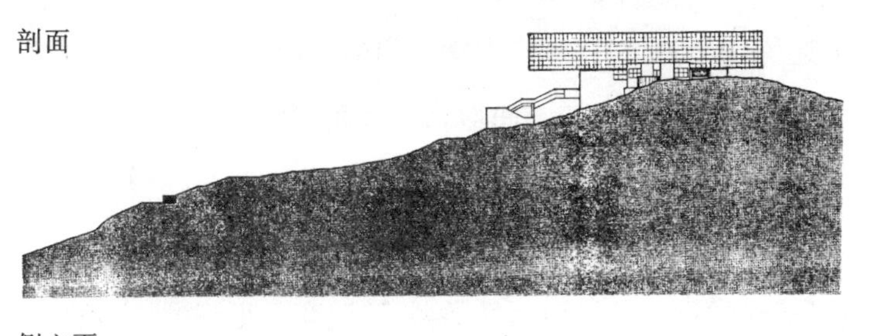

侧立面

图 2－2－53　日本北九州美术馆

寺，位于一内凹的山崖之内，其隐蔽、遁世的空间属性既是一座尼姑庵所需要的，也是该山地地段所特有的。

空间形状的耦合是指山地建筑空间形状与山体地段的同构。其主要表现就是建筑空间与山体空间形态的契合。

建筑空间与地形坡度的契合常常表现在建筑对山地等高线的利用。古希腊人习惯选择自然等高线呈圆形盆地的地段作剧场。在现代建筑中，人们也常常在影剧院、讲演厅设计中，考虑与地形等高线的契合，例如，四川攀枝花的炳草岗影剧院（图 2－2－54），利用自然地形的天然坡度形成了观众厅，获得了满意的视觉效果；印度新德里国立免疫学研究所专家住宅（图 2－2－55），根据地形的特征，组织建筑内院空间，或起伏变化的儿童游戏场所，或露天表演场，以达到空间的耦合。

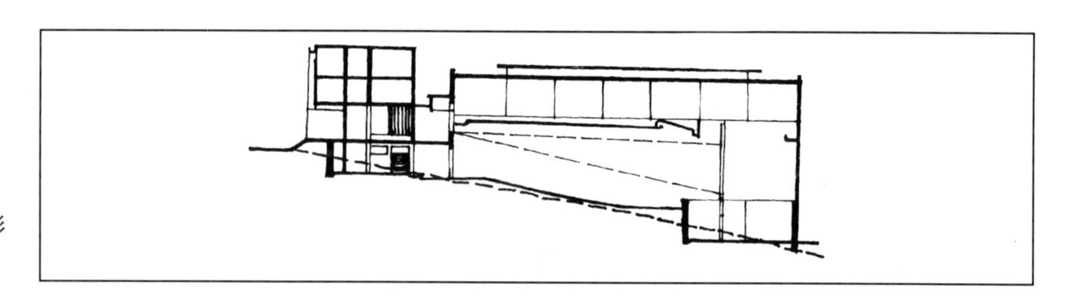

图 2－2－54　攀枝花的炳草岗影剧院（剖面）

日本 Cycle 体育中心是运动场空间与地形空间契合的例子（图 2－2－56）。体育中心是自行车训练和比赛场所，利用地形高差组织运动场和观察台，观察台位于比赛场的东南侧，处在高差变化的斜坡上，运用四个三维构架悬吊观察台的屋顶，屋顶下依次组织餐厅、敞台和大厅，可容纳 2000 名观众和工作人员。建筑简洁通透，与环境和谐协调。

· 建筑空间的动态性

山地建筑位于起伏地形之中，为了消化高差，踏步、坡道等过渡性空间将是必不可少的，而这些过渡空间既可以被安排在室内，也可以与室外空间相结合。踏步、坡道等能对建筑或群体的流线形成导向，使山地建筑的内部空间或外部空间会因地面高度的变化产生动态性，形成具有特殊意味的动态空间。我们将在下面提到的踏步主轴型和空间序轴型等空间组织，就是山地建筑空间动态性的表现。

· 建筑空间的趣味性

在各个不同的山体地段，山地空间的形状与界面是千变万化的。这就为山地建筑空间的营造创造了一个独特的环境。根据不同的山地环境，运用因地制宜的手法，山地建筑常可形成一些颇有趣味性的空间形式。例如前面已经阐述过的四川罗城、罗马西班牙大台阶等都显得情趣盎然。

山地建筑的空间形态组织与地形的特征紧密联系，随地形的变化形成了丰富的表现形式。这些形式通常可以归纳为六种类型：线网联系型、踏步主轴型、空间主从型、层台组合型、空间序轴型和空间穿插型等（表 2－2－1）。

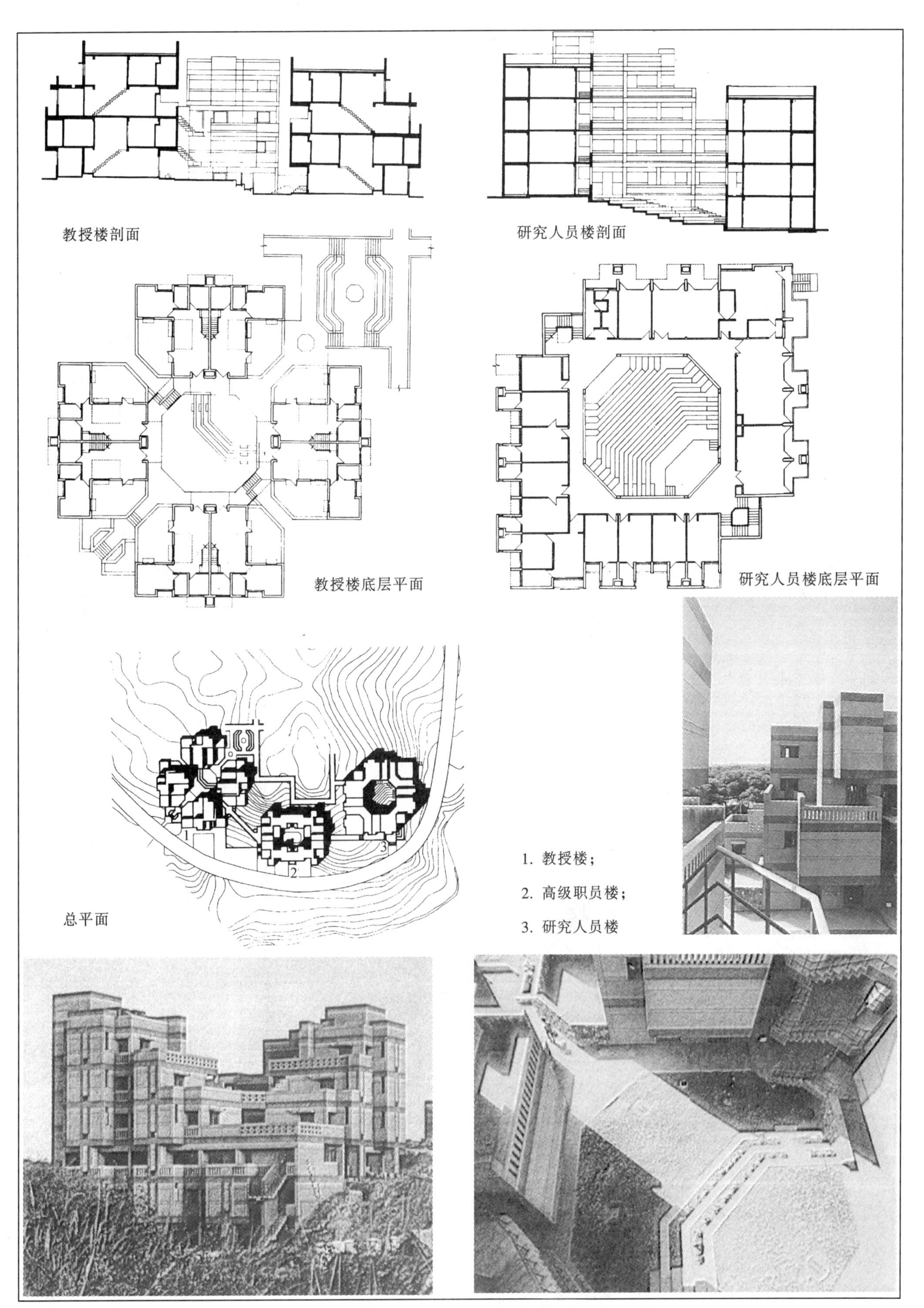

图 2－2－55　印度新德里国立免疫学研究所专家住宅

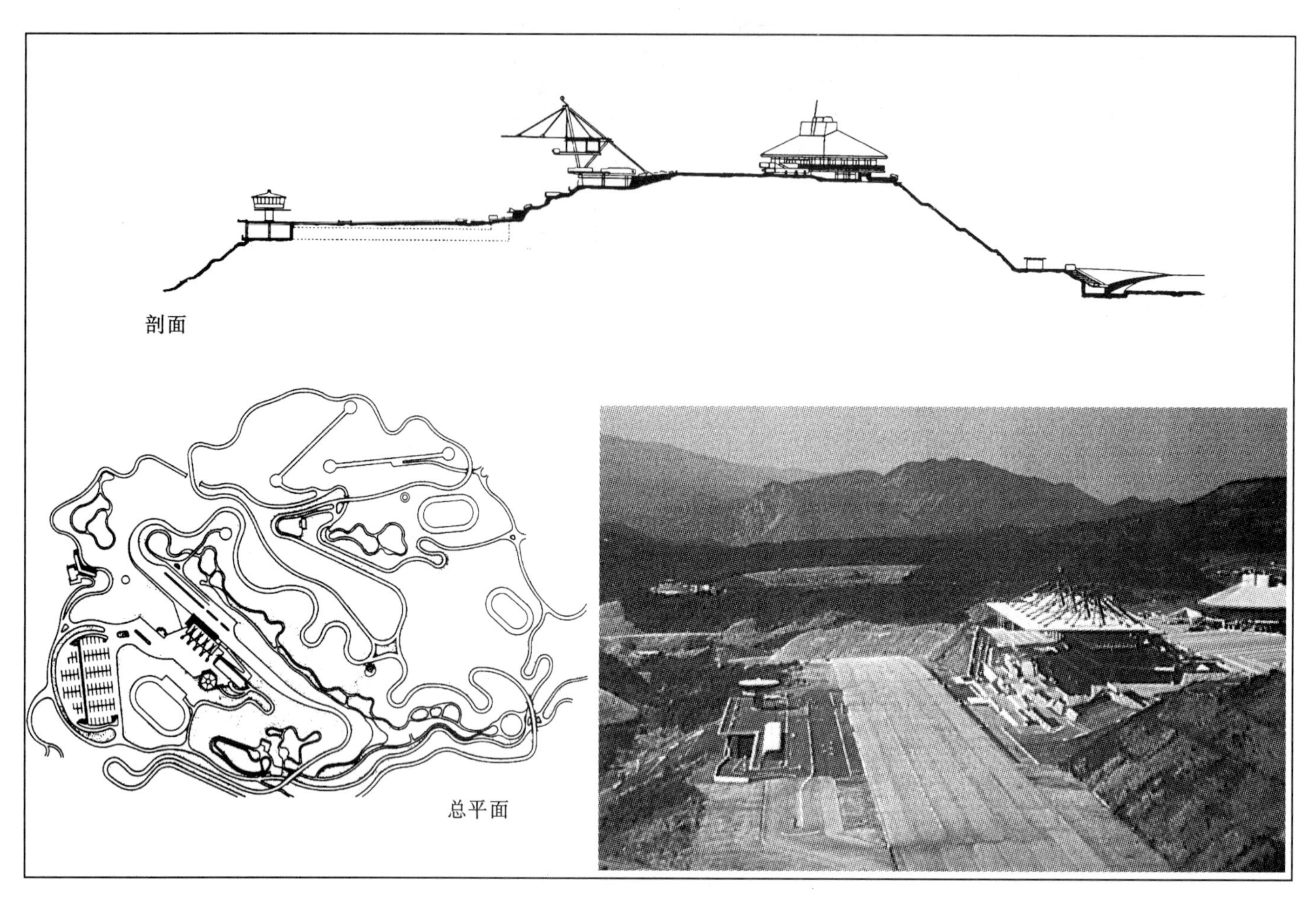

图 2-2-56　日本 Cycle 体育中心

山地建筑的空间形态　　**表 2-2-1**

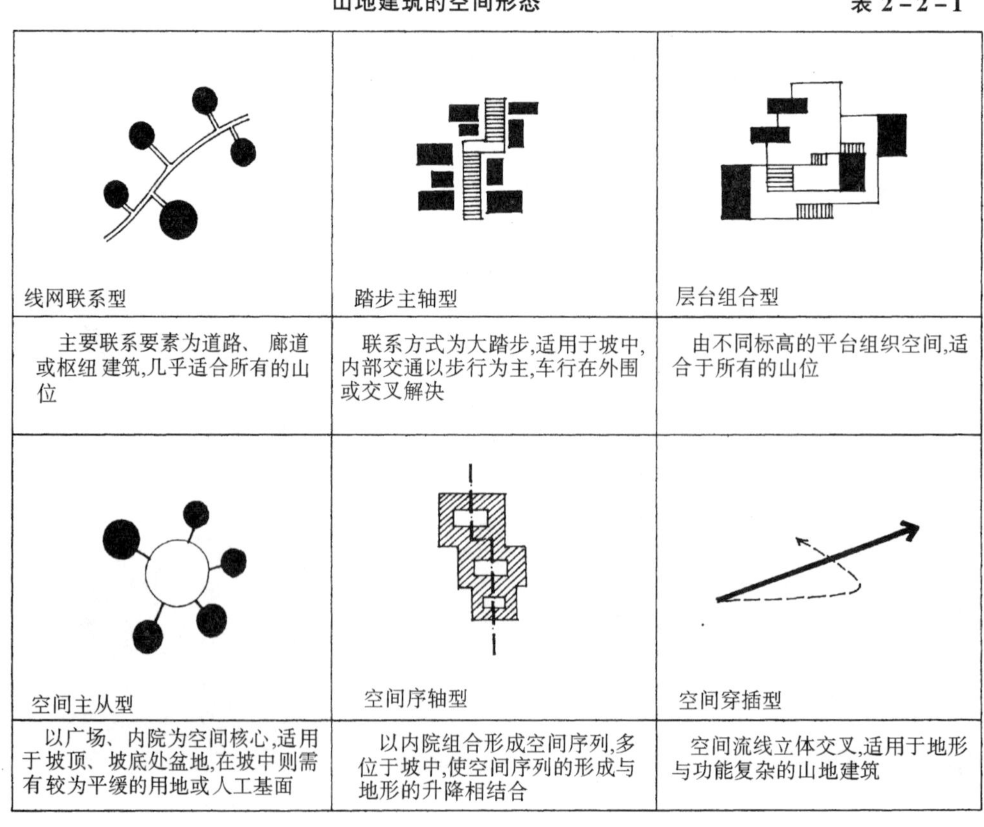

线网联系型	踏步主轴型	层台组合型
主要联系要素为道路、廊道或枢纽建筑,几乎适合所有的山位	联系方式为大踏步,适用于坡中,内部交通以步行为主,车行在外围或交叉解决	由不同标高的平台组织空间,适合于所有的山位
空间主从型	空间序轴型	空间穿插型
以广场、内院为空间核心,适用于坡顶、坡底处盆地,在坡中则需有较为平缓的用地或人工基面	以内院组合形成空间序列,多位于坡中,使空间序列的形成与地形的升降相结合	空间流线立体交叉,适用于地形与功能复杂的山地建筑

(一)线网联系型

线网型山地建筑,其主要特征就是山地建筑的空间骨架呈线型或线网交织型。这是最常见的山地群体建筑的组织形式,采用该类型的空间联系方式,建筑群的各个组成部分可相对独立,整体布局比较自由,对山地地形的适应能力较强,能使建筑隐在环境中,几乎适合所有的山位。对于各单体建筑而言,用以联结建筑或建筑各部分的空间骨架可以是道路,也可以是建筑连廊,它们通常都是建筑功能联系的主要动线。

无锡新疆石油工人太湖疗养院以车行道路和步行长廊连通各建筑,构成了网状联系的空间骨架(图 2-2-57)。

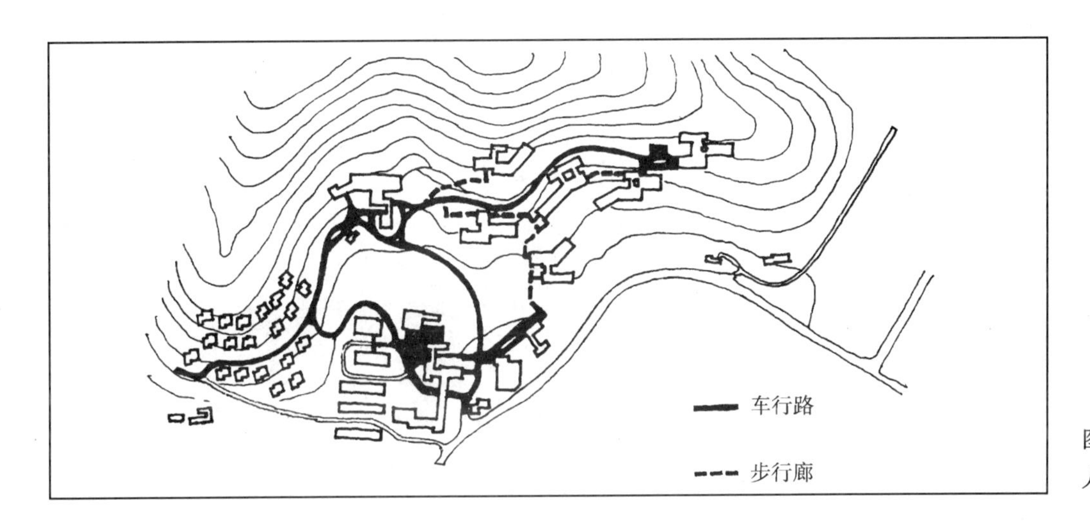

图 2-2-57　无锡新疆石油工人太湖疗养院的空间结构

(二)踏步主轴型

踏步主轴型是一种极具山地特征的空间形态。这类山地建筑以踏步为"脊梁"组织建筑的各个组成部分(或各单体建筑),垂直等高线的大踏步成为建筑的主干空间,建筑的各个部分分布于两侧的不同高度上,并通过平台与踏步相联接。踏步主轴型的山地建筑,通常适应于在山腰斜坡上建造,它们既能实现建筑空间的功能联系,又解决了山地地形的垂直高差联系。

踏步主轴型的空间形式可以被单体建筑采用,也可以在群体建筑中得到运用。

日本安藤忠雄设计的六甲集合住宅(II),是六甲住宅的二期工程,坐落在神户六甲山麓,随地形向上呈台阶状布置,室外台阶和斜向电梯共同构成了主轴空间,联接了各住宅单元(图 2-2-58、彩图 26)。

踏步主轴型的空间形态在群体建筑中得到运用的实例也屡见不鲜。例如,位于长江沿岸的四川西沱镇就是一个典型的例子,它以沿山势曲折而上的云梯式踏步为空间骨架,在上下高差达 160m 的山坡上,形成了整个乡镇,石砌大踏步总长达 2.5km,由二个大转折平台和 80 多个小缓冲平台组成,成为人们的休息、交往场所。大踏步两侧的各幢建筑位于不同的等高线上,或筑台为基,或吊脚为楼,或顺坡造屋,或逆坡空构,灵活多样,巧为利用自然条件,呈现出鳞次栉比、重重叠叠的和谐景观。踏步主轴型的

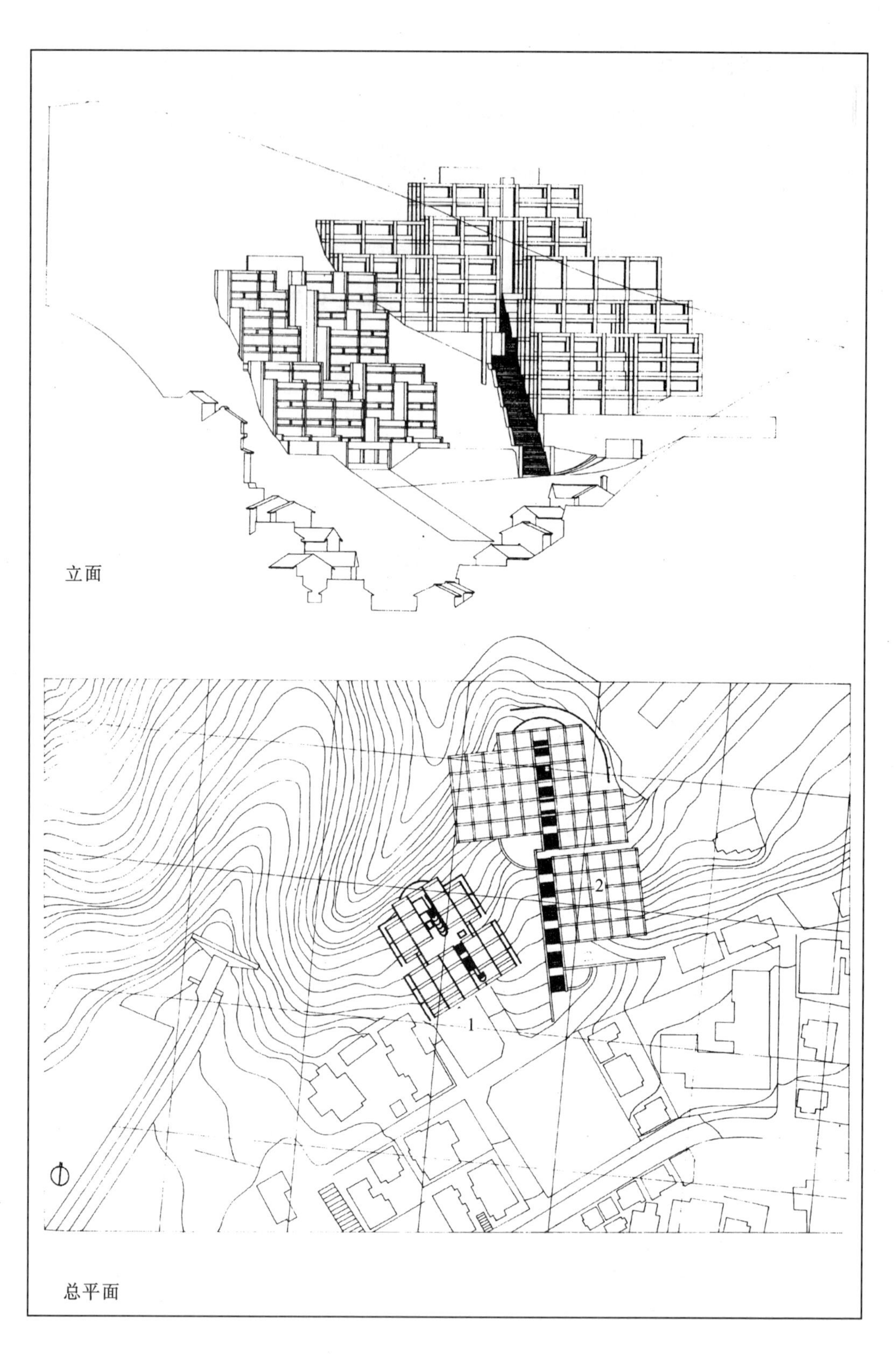

图 2－2－58　日本神户六甲集合住宅
1. 一期工程；
2. 二期工程

山地群体建筑在现代建筑中也常出现，我国四川攀枝花市中心的炳草岗大梯道商业街（图 2－2－59）位于金沙江北侧的坡地上，以全长约 256m 的大台阶为主干空间，既联接了两侧的许多商业建筑，又解决了从新华街到人民街之间约 27m 的高差。为了获得符合商业气氛的空间效果，大梯道还结合踏步组织平台，设置建筑小品，以吸引人们停留、休息。

踏步主轴型的山地建筑，其车行组织一般与大踏步系统分离。

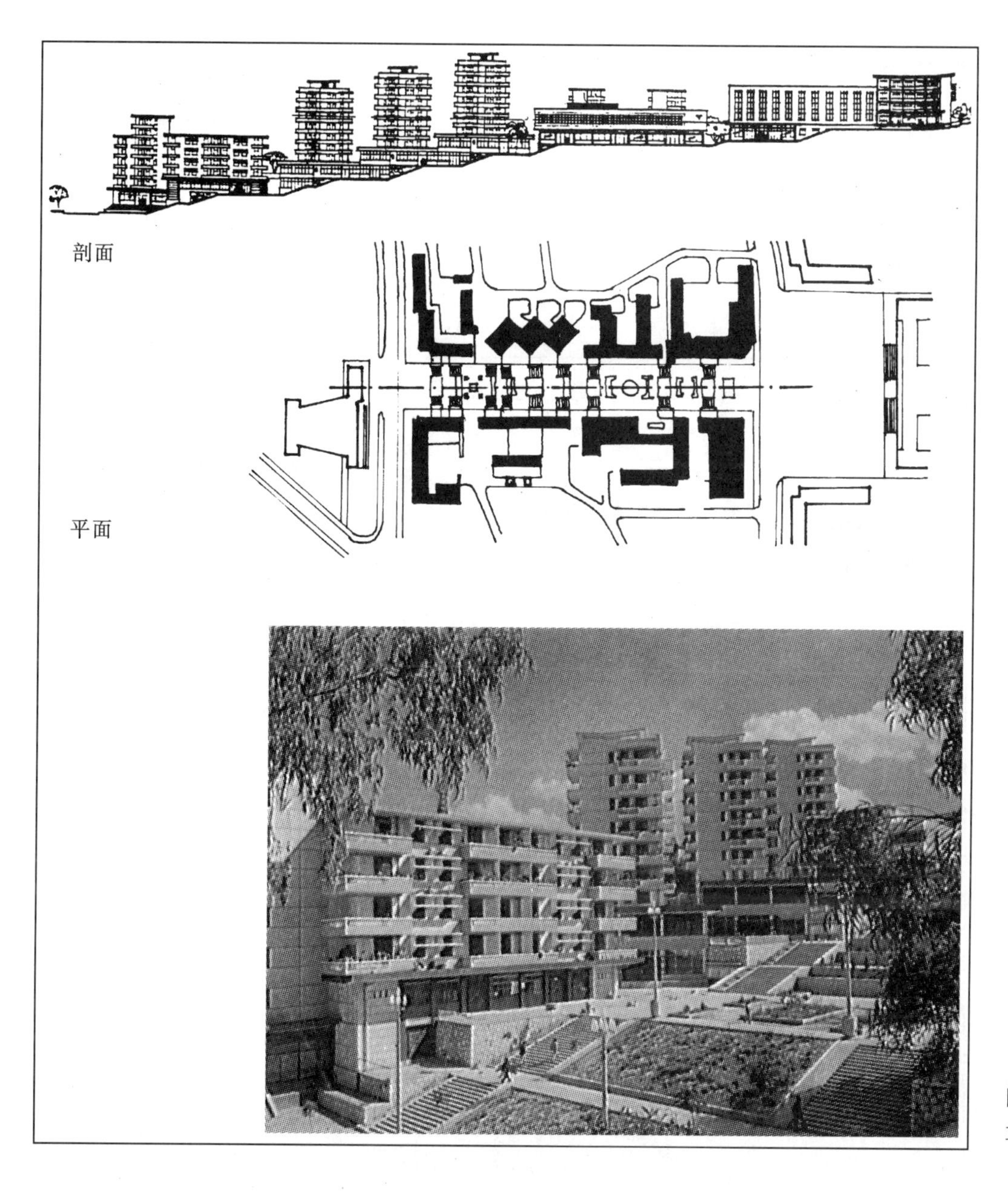

图 2-2-59　四川攀枝花市炳草岗大梯道商业街

(三)层台组合型

层台组合型是根据地形的高差和建筑功能的需要，建立若干个平台，通过踏步或坡道联系，组成高低变化的空间体系。层台组合型建筑或群体对起伏地形的适应性很强，特别适用于变化复杂的地形环境。

日本东京尤加里文化幼儿园(图 2-2-60(a)(b))，位于世田谷区的居住区内，基地北高南低倾斜，为了适应不规则基地，运用多层扇形平面组合，将 5、4、3 岁儿童的室内外活动空间，从高到低分别布置在各层平台上，在最低处安排运动场。各平台之间的高差运用不同宽度和形式的踏步，使空间组合活泼、有序。

理查得·迈耶设计的盖蒂中心(Getty Center)是大型建筑群层台组合型的例子(图 2-2-61、彩图 27)。中心建造在美国加州洛杉矶北部圣莫尼卡山脉南侧的一个小山丘上，总建筑面积 88000m²，占地 44.5hm²，建筑群包括博物馆、艺术教育所、艺术史和人文学研究所、餐饮服务中心、报告厅和盖蒂公司的信息中心、办公楼等。建筑群分别布置在七八个不同标高的平台上，核心建筑——博物馆位于最高的平台，处在入口主轴线上。平台形态各异，其高差的联系方式变化多样，或踏步或坡道，或宽或窄，或曲或直，或室外或室内，组成一幅完美的构图。

层台组合型建筑应将平台与建筑综合进行形态组织，切忌平台组织与建筑布局分离，各自为政。平台的组织应充分考虑构图的有序和优美，当根据原始地形组织平台，

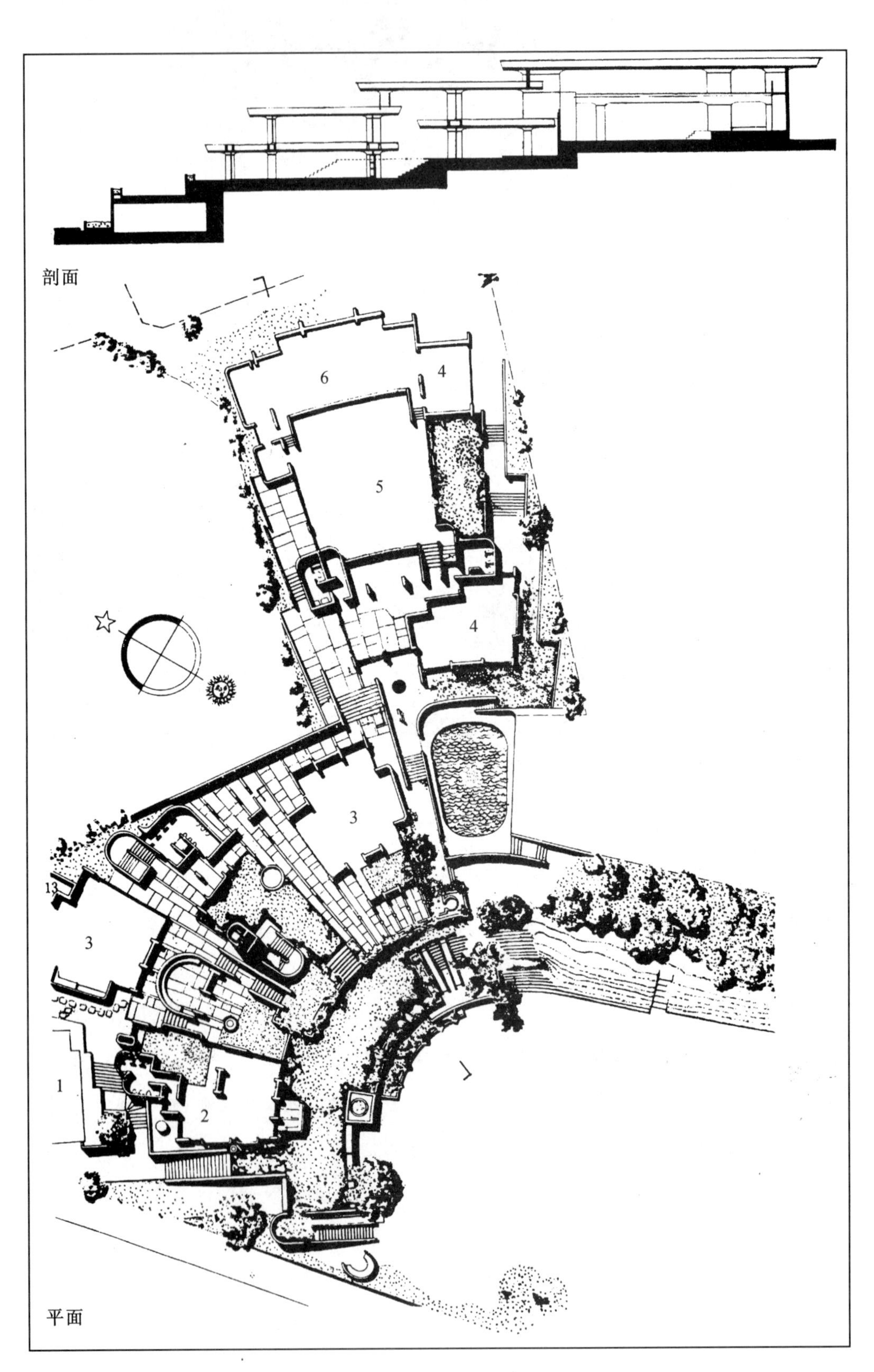

图 2-2-60(a) 日本东京尤加里文化幼儿园

1. 原有建筑；
2. 3岁儿童保育室；
3. 4岁儿童保育室；
4. 5岁儿童保育室；
5. 大活动室；
6. 舞台

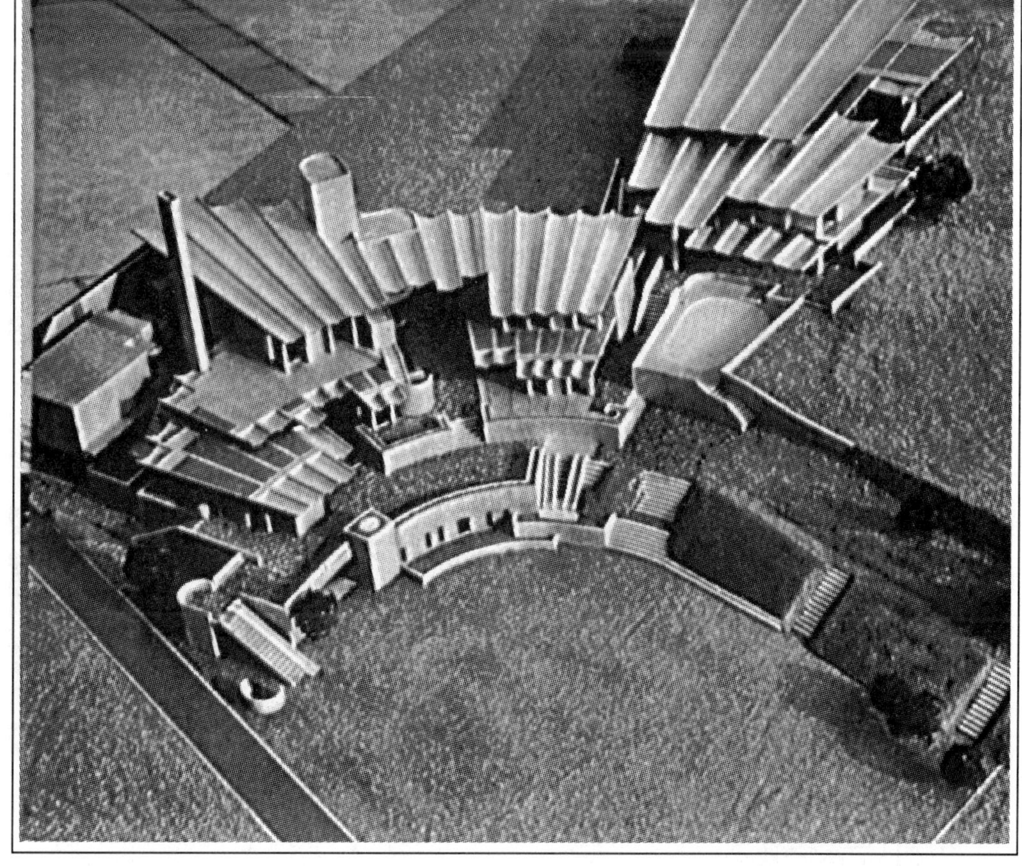

图 2-2-60(b) 日本东京尤加里文化幼儿园

不能获得完美的空间构图时，也可利用建筑参与组织，考虑空间构图，组织建筑屋顶作为平台。平台的联系方式是完善整体形态的重要组成，设计时应加倍重视。

图 2－2－61　美国洛杉矶盖蒂中心
1. 电车站；
2. 报告厅；
3. 艺术教育所；
4. 餐饮；
5. 博物馆；
6. 艺术与人文研究所；
7. 中心花园

(四)空间主从型

空间主从型建筑是以一个主体空间为核心，将建筑的其他部分环绕周围与之相联系。这种空间布局方式的山地建筑具有强烈的向心力与凝聚力，其整体形态主次分明，较易获得统一、整体的效果。一般来说，该类山地建筑位于山体的顶部或底部的盆地和山麓等山位的较多。

具有“山顶一只船，云中一把梭”美称的四川罗城古镇是典型的空间主从型建筑

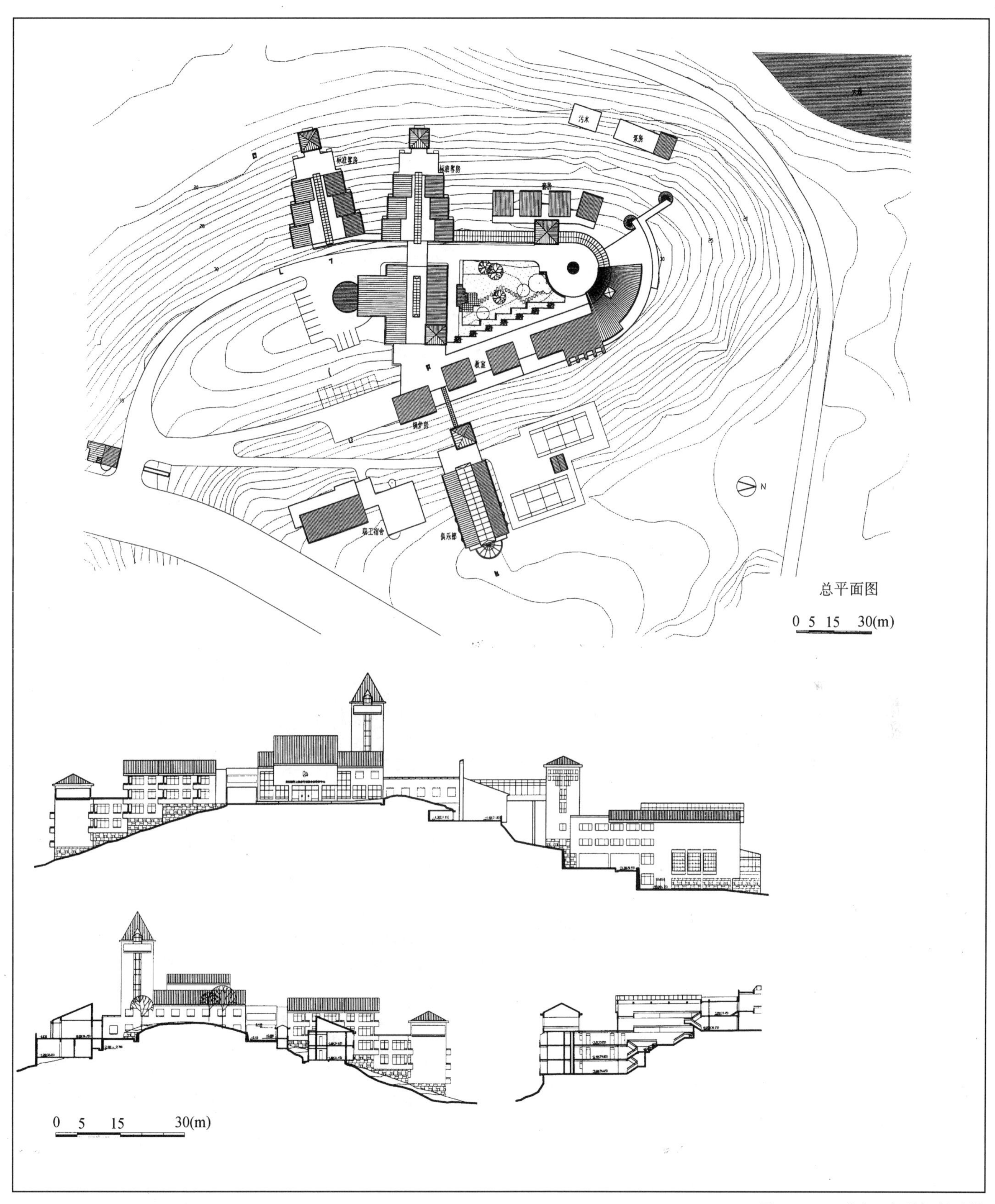

图2-2-62(a) 交通银行无锡会议培训中心

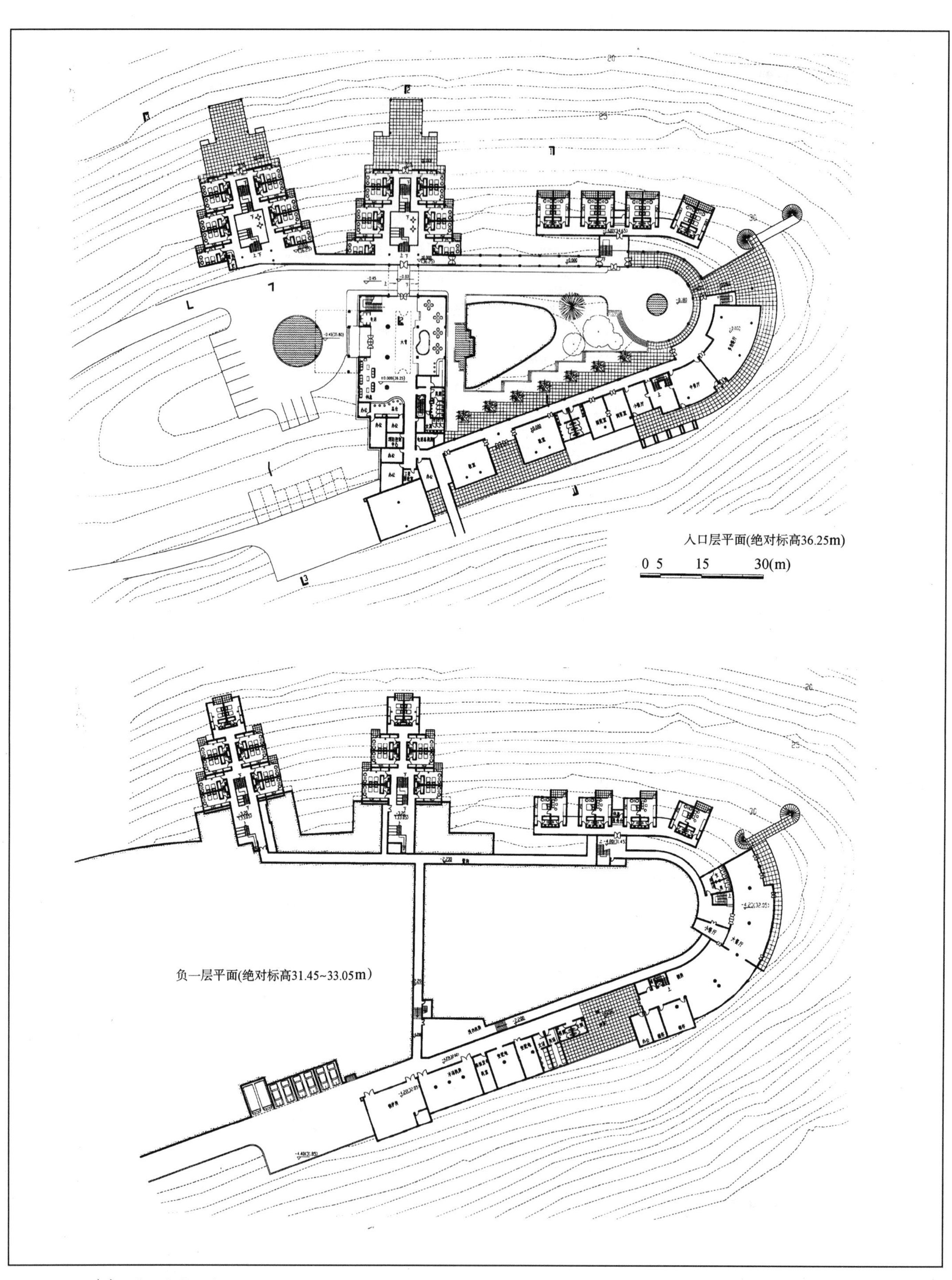

图 2-2-62(b) 交通银行无锡会议培训中心(一期工程)

群，它坐落于山脊上，整个村镇的单体建筑都围绕中心的船形街道而布置，街道长200多m，中部宽20m，建有戏台，两侧建筑设置檐廊，形成天然的观众厅，是人们购物、聚会、交往的佳境。

交通银行无锡会议培训中心是位于山顶上空间主从型建筑的例子（图2-2-62(a)、(b)，彩图29)。培训中心处在太湖东侧的半山岗上，东、西、北三向倾斜跌落，平均坡度为35%。建筑在山岗顶面安排一个内院，保留了原来地貌，形成了一个绿化庭院空间。围绕内院布置接待大厅、客房、教室、餐厅及辅助用房等。这些建筑用房向三面跌落。标准客房上一层下三层，呈锯齿形平面，并在西面开转角窗，保证了客房在南、北向的基础上仍能看到西向的太湖水面，以解决朝向与景观的矛盾。

而东京药科大学是空间主从型建筑位于山坡底部的实例(图2-2-63)。大学四周被山丘包围，处在盆地中。建筑群在盆地中心设置内院，四周布置教学用房。

空间主从型建筑的主空间可以是庭院式的虚空间，也可以是以建筑为中心的实空间，或是建筑与院子兼有的虚实结合空间，根据建筑的功能需要选择不同的形式。

意大利乌尔比诺(Urbino)大学城，学生宿舍区内的特里邓代学院(图2-2-64、彩图28)①，在山岗上布置公共活动楼、扇形讲堂及被其围合的半圆形广场，共同构成虚实结合的核心主空间；由核心向西伸展，布置了三幢台阶状的宿舍楼，并随山坡跌落。宿舍由八间带卫生间的卧室组成一个单元，每单元内还包含活动室、浴室、厨房以及一个宽敞的屋顶平台。公共活动楼有三层，底层布置文娱、酒吧、餐厅等，其一部分屋顶是半圆状广场(即入口广场)的地面，另外部分二、三层为剧场、大阅览室等。

沙里宁设计的美国夕照山公园建筑群（图2-2-65)，以山体顶部的市镇中心为核心空间，四周分簇布置不同的生活单元，结合地形顺坡跌落，也是空间主从型的例子。

法国圣密契尔山城（Mont S. Michel）是一座13世纪重修的古城堡，是以建筑为核

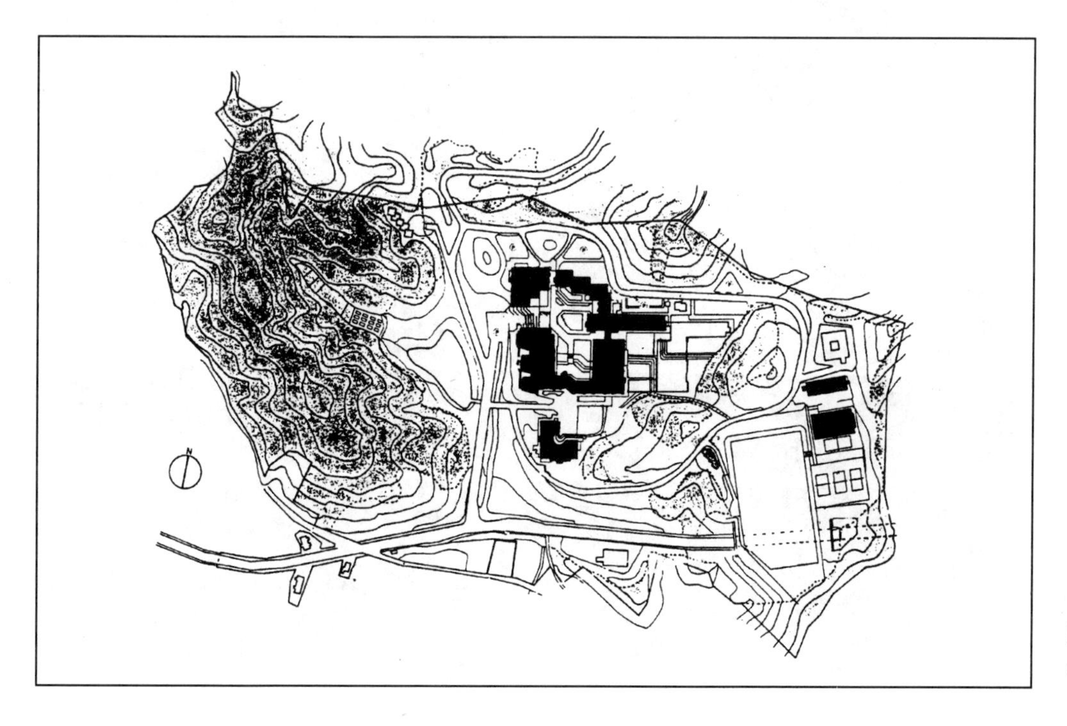

图2-2-63　东京药科大学总平面图

图 2－2－64　意大利乌尔比诺大学城学生宿舍区
1. 柯莱学院；
2. 特里邓代学院；
3. 维拉学院；
4. 阿奎罗奈学院；
5. 喀布契尼修道院

图 2－2－65　美国加州夕照山公园建筑群

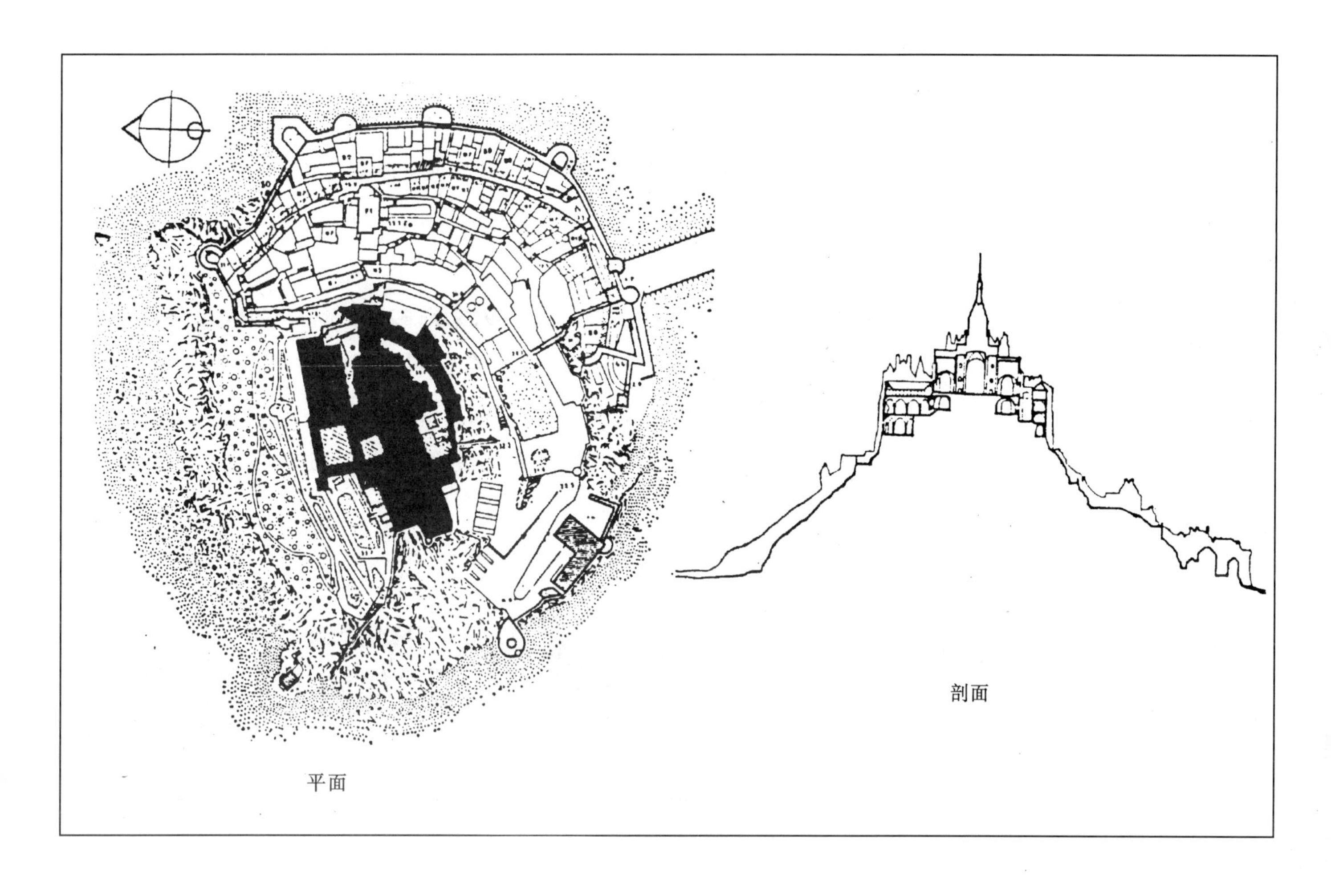

图 2-2-66　法国圣密契尔山城

心的空间主从型建筑群（图 2-2-66、彩图 30）。山顶的教堂是整个城堡建筑群的中心，其他建筑围绕它而建，形成了中心强烈的统一、和谐的山地建筑群。

（五）空间序轴型

空间序轴型山地建筑多位于山坡上，它们通常沿着坡面、垂直等高线组织若干个空间，用踏步等方式串联成序列，形成明显的空间序轴。这种类型的山地建筑，把建筑空间序列的组织和山地地形的升起或降落结合起来，易与环境融合，既符合山地的地形特征，又具有较高的空间感染力。

空间序轴型建筑在中国传统山地建筑中较为常见。往往是合院建筑在山地中的演变。四川资中县恒升当铺（图 2-2-67）是一个典型的实例。当铺由四个不同标高的合院组成，通过过厅、踏步将空间串联成序列，自然地匍伏在坡地上。

在复杂地形环境中，山地建筑的序轴往往是曲折的，如四川灌县的二王庙（图 2-3-25）。

在现代建筑中，呈空间序轴型的例子也屡有出现。例如澳门东亚大学（图 2-2-68），大学位于澳门凼仔岛北端，基地为东西延伸狭长的小山丘，占地 11hm²，教学楼建在山丘的脊上，坡度约为 23°～30°，运用中国传统三合院平面形式，从山顶向两侧层层架空、错位跌落，形成不同标高内院的序列，在合院交接处设置楼梯间，作为垂直枢纽。内院结合地形组织空间，开敞、通透（彩图 31），是师生交往、休息、研讨学问的场所，也是眺望海景、山景的佳处。

(六)空间穿插型

为了适应山地地形的起伏变化和不平整性，人们常将建筑空间，特别是交通流线(包含人、车流)空间进行立体穿插组织，形成空间穿插型的山地建筑。这种类型的建筑，通常较多地利用架空手法，不受地形变化的限制，有利于建筑内部复杂的功能组织和流线组织，对地形的适应能力也较强。

日本横浜桐荫学园女生部(图2-2-69、彩图32)位于一个斜坡上，是丹下健三1982年设计的。学园建筑各部分在不同的标高上，纵横相交，空间穿插。主体教学用房位于基地的高位，行政办公用房垂直于教学用房架空布置，一直伸向入口处。入口处布置电梯、大楼梯，服务于教师和学生进校的活动流线，车行道利用地形高差，从架空

图2-2-67　四川资中县恒升当铺

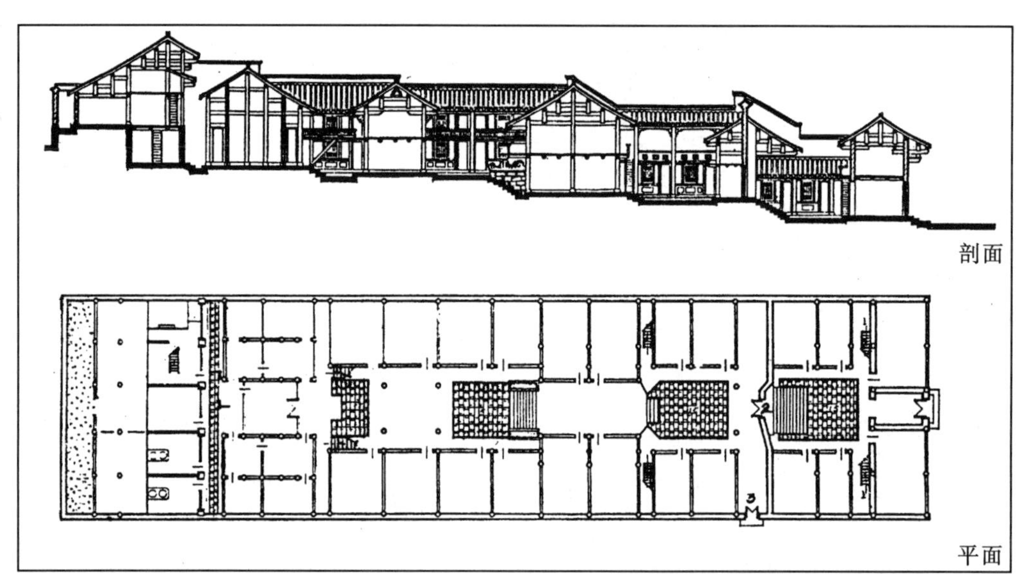

图2-2-68　澳门东亚大学总平面

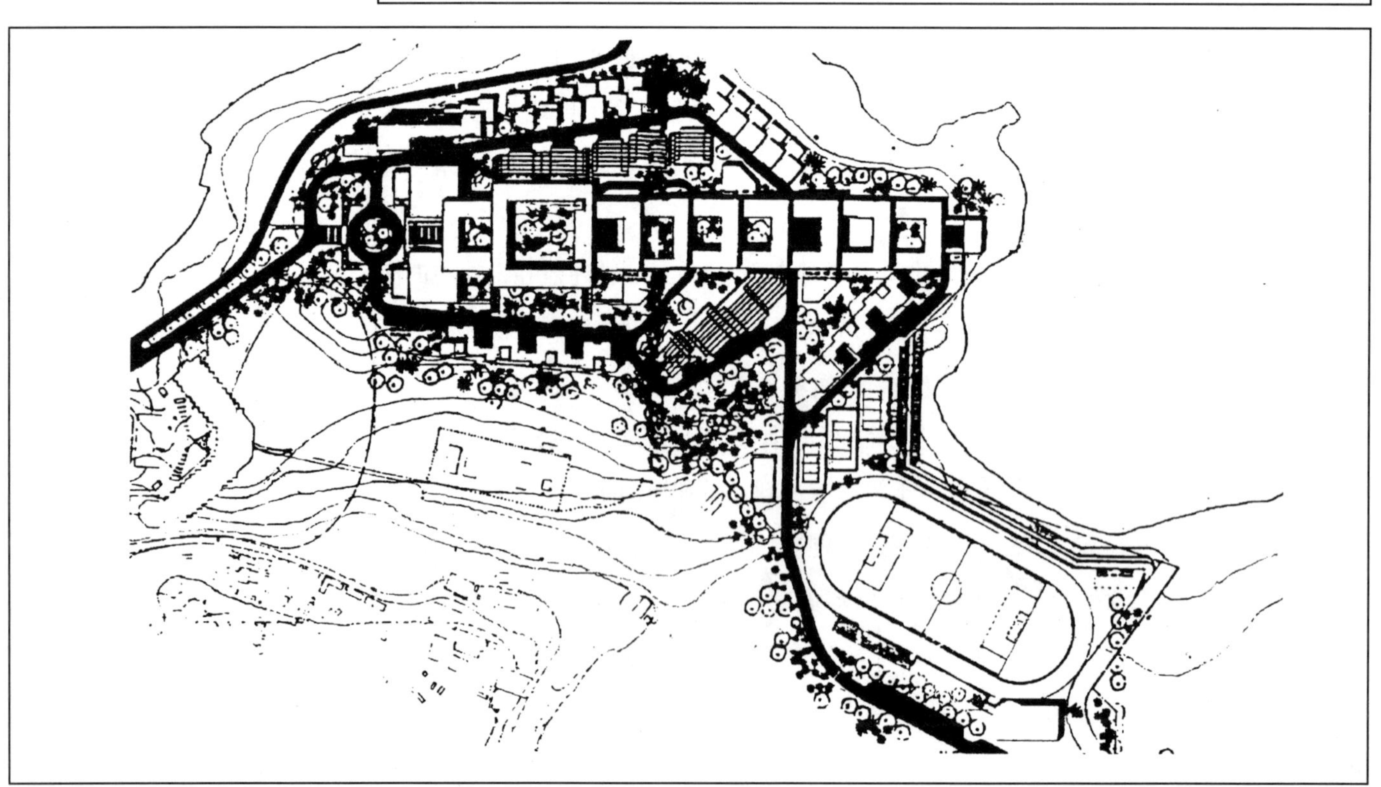

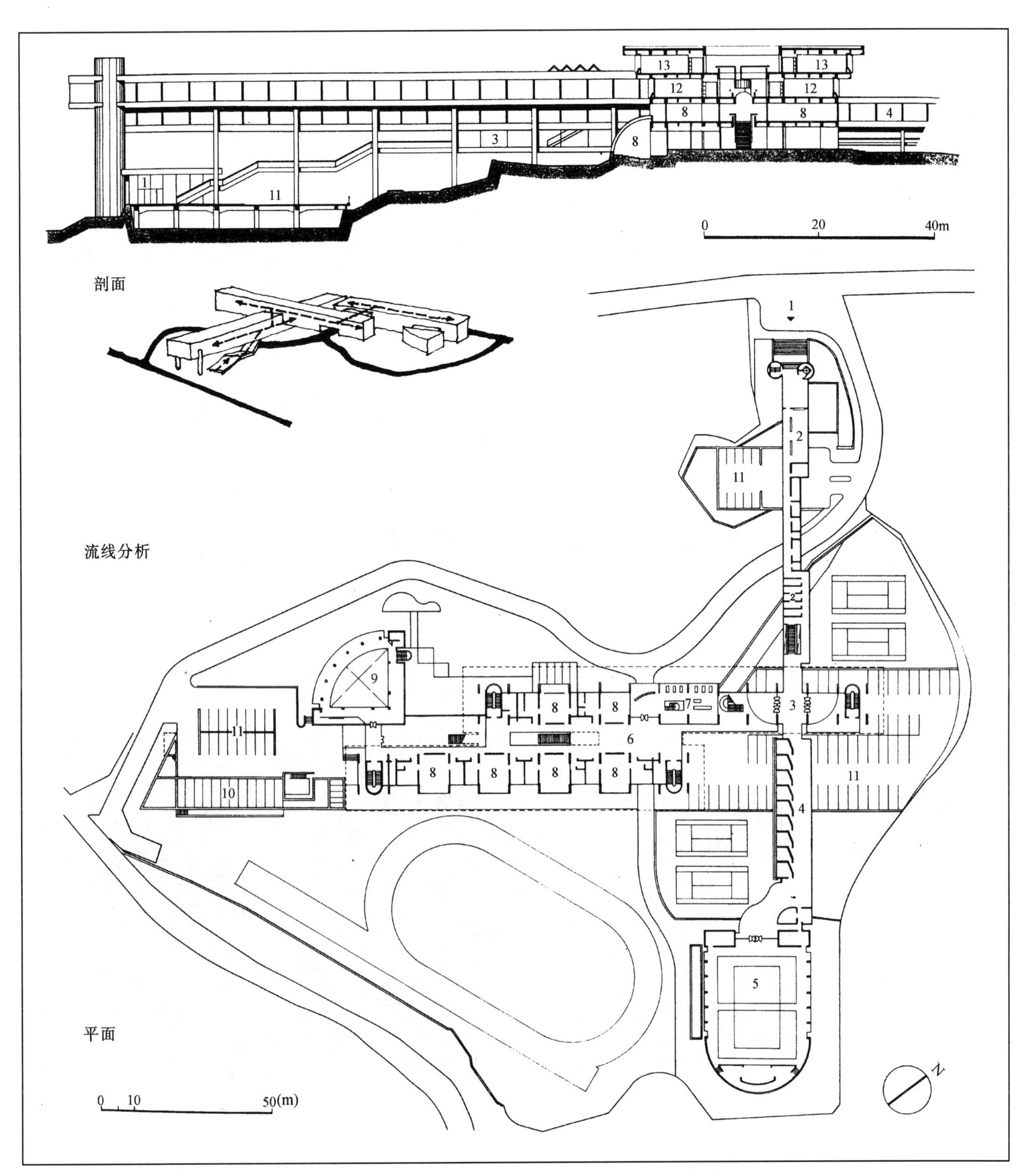

图 2-2-69(a)　日本横浜桐荫学园女生部

1. 主入口；　　8. 专用教室；
2. 行政办公；　　9. 餐厅；
3. 学生入口；　　10. 机房；
4. 廊；　　11. 停车；
5. 主体育馆；　　12. 教室；
6. 科学廊；　　13. 教室
7. 图书馆；

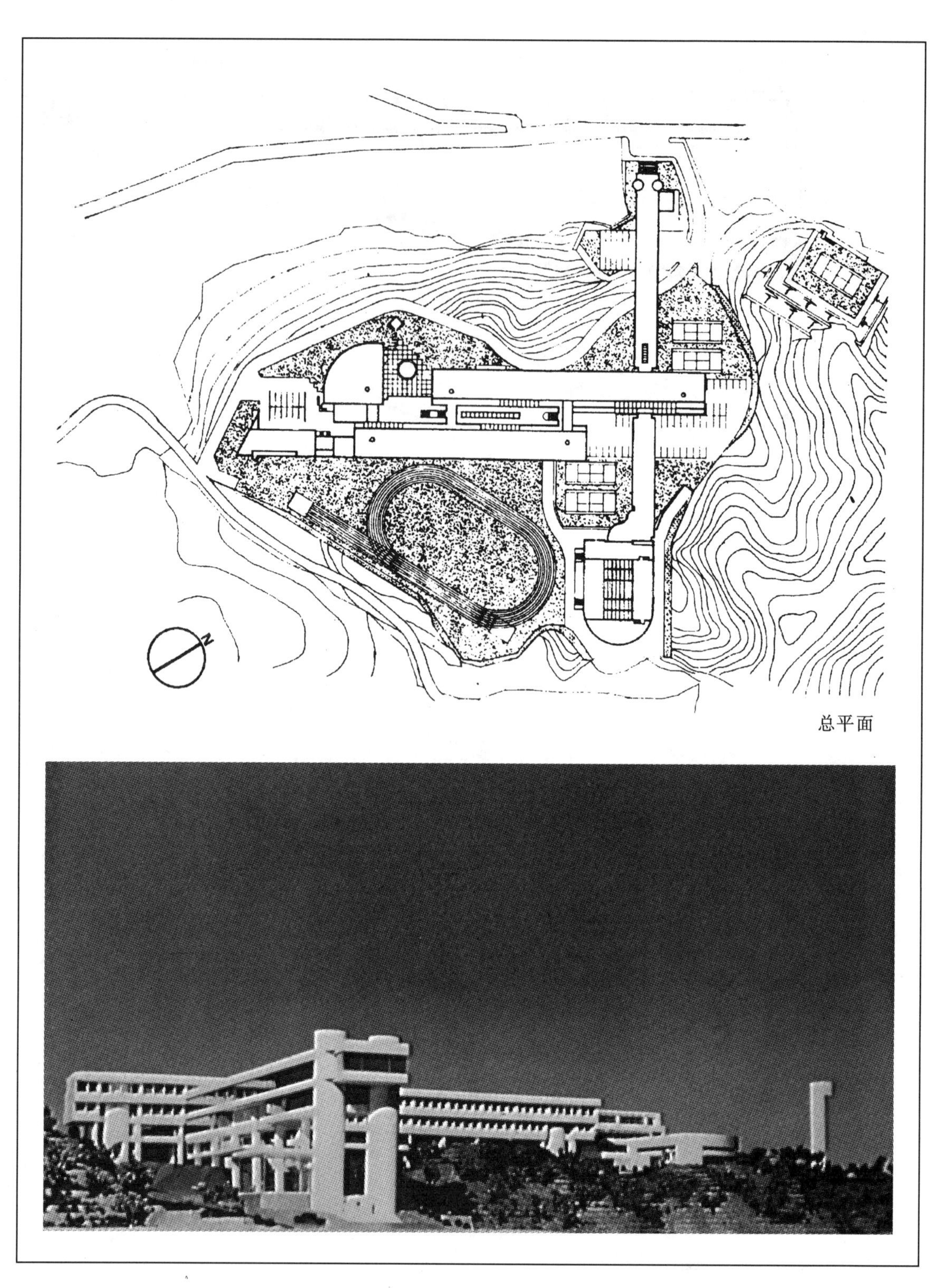

图 2-2-69(b) 日本横浜桐荫学园女生部

层大楼梯下面和教学楼下面穿越，使人、车的流线分离，保证了教学环境的安宁，同时使基地环境的自然地貌尽量多地得到保留。

第二章注释

① 引自《辞海》(1979年版,缩印本,上海辞书出版社)第813页“形态”条目。

② 在《辞海》(版本同上)第814页“形态发生”条目中有如下叙述:“形态发生:生物个体发育或再生过程中,机体及其器官的形态结构的形成过程。在生物学领域内已成为一门学科,……它不同于形态学、生理学和胚胎学,而是应用这些学科的知识……(以达到生物学上的目的)”。

③ 高亦兰(1994)。《建筑形态与文化研究》,《建筑师》第56期第2页。

第三章　山地建筑与景观

“景观”一词最早来源于自然地理学的研究。一般的概念是泛指地表自然景色。从景观(Landscape)一词的英文含义来看,景观又可解释为地表空间(Land)的景物、景象或风景(Scape)。

要全面理解景观,必须从认知的客体和主体两方面考虑,我们既要分析景观的实体要素,又要研究景观的意向要素。

景观的客观实体是构成景观的物质组成,它的形成受自然界与人类活动的影响,充分体现了自然界的能量转化和生态平衡规律。对于景观的客观实体,人们最初仅把它局限于人类视知觉所能感受的范围,如树林、水域、起伏地形、建筑、街道、开放空间等,而忽略了构成自然环境的其他要素。1962 年,雷切尔·卡森(Rachel Carson)在《寂静的春天》(Silent Spring)一书中描写了农药对生态环境和人类所造成的巨大危害,这震惊了全世界人们的心灵。由此出发,越来越多的学者开始把景观的客观实体与生态思想结合了起来,关注于自然界的各个物质环节,包括可视的和不可视的。1969 年,麦克哈格(Ian L. McHarg)发表的《设计结合自然》则是景观设计理论的里程碑,他在书中详细阐述了人与自然环境之间不可分割的依赖关系,提出景观设计需结合生态思想,对城市、乡村、海洋、陆地及植被、气候等均以生态原理加以研究。

景观的认知意象则是人类凭感官获得的一种心理意象,是客观实体在人们意识中的反映,是人类审美心理活动的结果。人类认知过程对于景观的形成是极其重要的。认知是指接受信息、储存信息时涉及的一切心理活动,如感知、回忆、思维、学习等等。不同的认知角度、不同的心理状态与社会背景都会造成认知意向的差异。传统意义上的专家学派关注于视知觉在景观认知中的作用,他们认为视觉要素(线、形、色、质)是形成景观美感的根本;心理学派则认为外界的刺激是多方面的,有形态的因素,也有许多非形态的因素,如声音、光线、天气等物理因子;认知学派以环境场论、信息接受理论为依据,强调人们对三维空间的感受;而经验学派却致力于对人的个性及其文化、历史背景、情趣意志进行研究,把景观认知与人类情感、社会文化结合在一起。从建筑学角度看,我们把景观的认知意象分为视觉意象、空间意象和情感意象等三个主要方面。

综上所述,景观的内容可归纳如下(图 2-3-1)。

一、山地景观的特点

山地,是一种具有鲜明特征的自然地带,其景观意义很早就被人类所认识。在我国古代,山水诗、山水游记、山水画的发展常盛不衰,“山水”成了风景、景观的代名词。孔子的“智者乐水、仁者乐山”也表明,作为人类审美对象的自然山水已经与人类情感

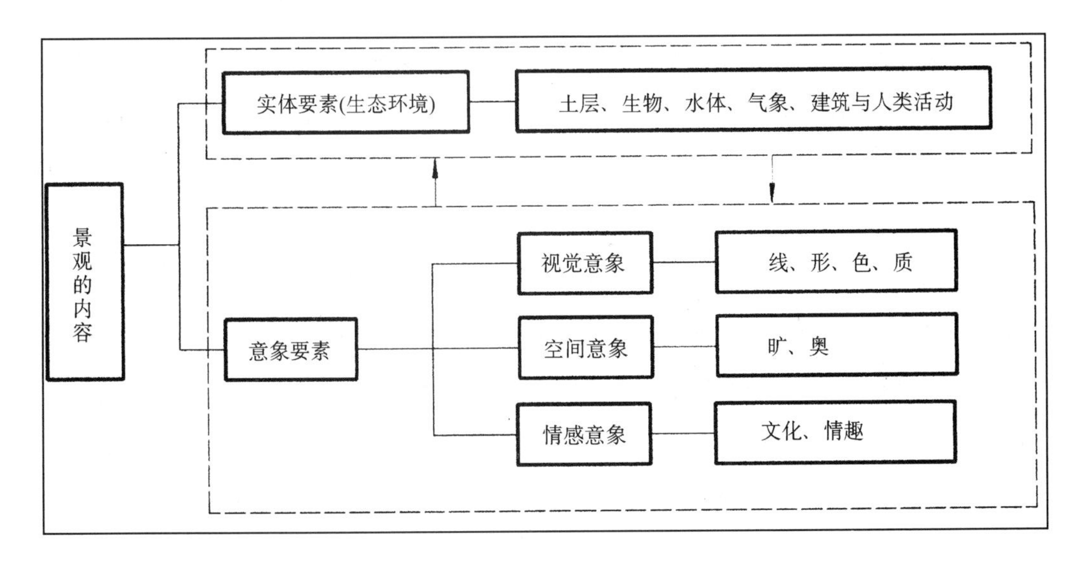

图 2-3-1　景观的内容

融为一体了。在西方,以休闲、度假为目的的建筑也多建于山地环境之中。例如,古罗马、中世纪的贵族们就喜爱在郊外的坡地上建别墅,阿尔伯蒂曾主张别墅应建在山坡的一定高度之上,体形开敞,以便于观景①。在近代,欧洲的许多旅游胜地就位于山地环境之中,如瑞士的阿尔卑斯山麓就是一个景色如画的度假中心。

山地场所的景观意义之所以会如此明显,原因是多方面的。首先,作为景观实体的山地环境,具有较大程度的原生性和独特性。因为,一方面,相对于平坦地区而言,山地区域受人类活动的影响较小,大部分地区的原生环境还没有被破坏;另一方面,山地地形、地肌的丰富变化也使山地景观具有独特的视觉特征。当然,由于地表坡度的变化,山地区域的生态环境是比较脆弱的,景观实体的保持还有赖于生态系统的整体稳定与谐调。其次,从景观意象的产生过程来看,人类对山地环境的知觉感受、情感交流已经积累了相当的基础,人们对山地的空间领悟、文化认识、感情体验已经形成了一定的认同感,使山地景观的认知过程与认知方法包容了丰富的内涵。

我们把山地景观的特点归结为原生性、独特性和脆弱性和认同性。

(一)环境原生性

原生性,是指自然界在没有受到人类干扰情况下而保持的一些特性。就目前状况而言,人们对山地区域的开发程度还远远落后于平原地区,因此山地还是一个具有较多原生性的环境区域。资料显示,在地理的垂直方向上,世界人口分布的总趋势是人口密度随着海拔的提高而减少。例如,世界人口的 56% 集中于海拔 200m 以下的地区,其中大洋洲和欧洲更分别达到 73% 和 69%,而生活在 2000m 以上的人口只占 1.5%①。在我国,含山地面积较多的省份人口密度都在每平方公里 200 人以下,如江西、山西、四川、广西、贵州等。而平原地区省份的人口密度一般都在每平方公里 400 人以上,如江苏、浙江等③。

当然,对于山地景观来说,“原生性”的含义并不完全等同于其在生物学中的概念。在这里,我们认为,具有景观意义的“原生性”是个稍为宽泛的概念,它并不完全排斥人类的存在。因为,只要人类的聚居活动不与自然环境发生冲突,山地区域的生态环境没有被破坏,山地景观的客观实体就仍能保持平稳发展,景观的原生性将持续存在。

山地景观的原生性主要表现在以下几个方面:

1. 生态系统的原生性

在山地区域中,对山地生态系统起影响作用的主要是植被、水体、土壤、动物、气候及地质变动等。其中,气候和地质变动是外界对生态系统的作用,而植被、水体(包括地表水和地下水)、土壤、动物是生态系统的组成。在一定的外界影响因素作用下,由上述诸元素组成的生态系统是一个相对闭合的循环体系。各个元素之间都互为因果,通过"废料——原料"的方式进行流通循环,使生态链中每一部分的废料成为下一环节的原料,形成首尾相接、无废无污、高效和谐的良性循环系统。

例如,在瑞士,由积雪形成的冰川占据了阿尔卑斯山的许多山峰。冰川一方面为山地区域补充了水源,另一方面又通过对地表的侵蚀,形成了富有营养的土壤④。有了水分和肥沃的土壤,阿尔卑斯山的山坡和谷地就长满了种类丰富的树木和青草。而这些植物既养活了牧民们的牛羊,又起到了守住土壤的作用。因为植物的根系吸收和保持了大量的水分,减缓了水的向下流动力,减少了山洪产生的可能性。

具有原生性的山地生态系统一般都表现出明显的地域特性。即在不同的山地地段中,形成景观客体的生态系统存在着差异。谷地、低地常是汇水区域,土壤肥力较好,因此其植被林相多为高大的乔木;山顶、山脊等处受风化和侵蚀严重,土壤肥力一般较差,其植被就多为利于阻止土壤侵蚀、流失的低矮灌木;近水、潮湿、温暖的沟谷地区植物种类繁多;而干旱、寒冷的山坡则植物稀少,多为针叶林和灌木丛等。

山地生态系统的原生性还表现在其对自然环境的修复能力上。在自然界中,地质情况的突变往往会对山地环境造成毁灭性的破坏,但是,良好的生态系统常常能通过自身的能力对环境进行修复。例如,位于东印度群岛的克拉卡托山在1883年爆发了火山,炙热的火山灰覆盖了整个山丘。但是,由于气候适宜、水分充足,仅仅过了三年之后,一位荷兰植物学家就已经在一层薄薄的新生土壤中发现了草和蕨类植物。十年之后,椰子树又恢复了葱绿。到了1930年,它又回到了原先的状态——一片难以通过的缠绕纠结、郁郁葱葱的热带森林⑤。

2. 视觉客体的原生性

山地,是自然力的产物,因此其视觉形象也表现出明显的自然韵味。如,在冰川作用影响下的我国西部山区,山体高大,多深邃的峡谷、尖削的峰峦、陡峭的岩坡;在以黄土地貌为主的黄土高原,多黄土塬、梁、峁,地势平缓,但常有切削极深的沟壑;在我国的东北地区,冬季漫长,水体流动缓慢,山体湿气很重,山坡多被植被覆盖,悬崖、石岩较少;而在我国西北部的戈壁地区,到处是光秃秃的山峰与山脊,只有小草和小灌木生长在岩石裂缝中。

作为视觉客体的山地实质环境在物质组成上包括山体(岩石与土壤)、水体、植物、

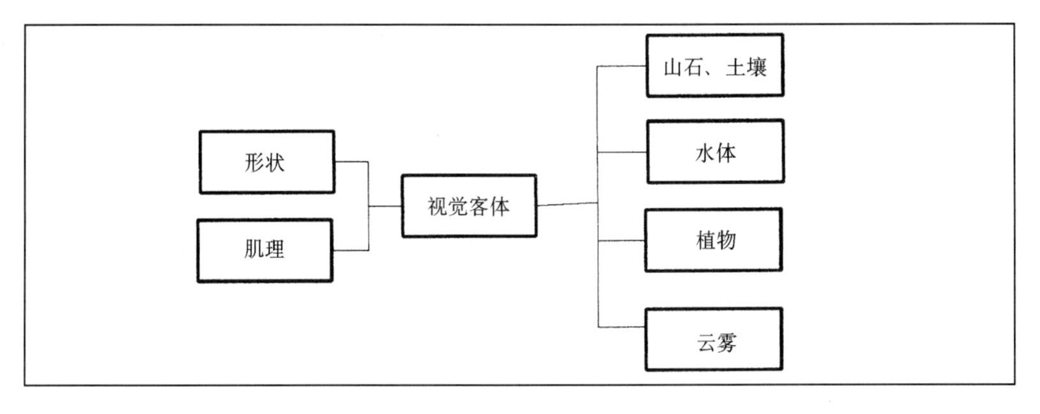

图 2-3-2　山地环境视觉客体的组成

云雾等，在形态上包括形状与肌理组织两个要素（图 2-3-2）。

把物质组成与形态要素相结合就构成了山地景观的视觉元素（表 2-3-1）。山地环境的视觉原生性，是通过这些视觉元素得以体现的。

山地景观的视觉元素　　**表 2-3-1**

物质组成	形　状	肌　理
山石、土壤	地形	岩石种类
水体	水流形状、路线	水流速度（溪流、瀑布）
植物	植被形状	植被种类
云雾	范围大小	浓淡、出现频率

·山体（岩石、土壤）

岩石、土壤所构成的山体是山地视觉景观的基本骨架。其形状变化构成了山地地形的起伏，其肌理变化则反映出山地地表的地质组成。一般说来，高山地段多为峻峭的山峰、锯齿形山岭和切割很深的山谷，中山、低山通常具有圆形、弧形的山峰和轮廓柔和的山岭[6]（图 2-3-3）。

从岩石的地质组成来看，大致有以下几类，它们的肌理各有特点：

a. 花岗岩

花岗岩粒粗、硬度大，其表面凹凸度因构造状态和风化程度而异，具有造型质朴、雄伟的特点。它们“有的壁立千仞，有的纤纤而立，栩栩如人物、走兽”[7]，出现于我国的泰山、黄山、华山、三清山等地（图 2-3-4）。

b. 石灰岩

岩石质地细腻，硬度较花岗石低，易与水和二氧化碳共同溶蚀，形成喀斯特地貌。这类岩石的形象挺拔秀丽，与古朴、浑厚的花岗岩造型成鲜明的对比。我国的桂林风景区、肇庆七星岩、九寨沟风景区等处有这种岩石（图 2-3-5）。

c. 砂岩

岩石硬度低，有横向层理，砂砾分层清晰可见。其中，绛红色的砂岩则构成了丹霞地貌。丹霞地貌易出现在陡崖、险谷等处，我国的武夷山、青城山等地有此种岩石（图 2-3-6）。

d. 其他

还有许多其他类型的岩石构成了富有特征的地表肌理。如庐山等地的砂页岩、雁荡山的流纹岩、武夷山的石英砂岩等，它们在各地出现的频率较小，还不足以各自独立成为一个大类。

土壤是构成山体视觉景观的又一主要成分。根据土壤所含矿物质的不同，土壤的颜色有丰富的变化，可以表现为红色、黄色、灰色或深棕色，具有独特的地域特征。

高山地段多为峻峭的山峰、锯齿形山岭和切割很深的山谷

中山、低山通常具有圆形、弧形的山峰和轮廓柔和的山岭

图 2-3-3 山体形状——山地视觉景观的基本骨架

·水体

山地环境里的水体在视觉景观中有着突出的地位。水的存在能与周围环境形成对比，其形状的蜿蜒曲折衬托出山地环境的远近层次，其流动的缓、急表现出四周的幽静度，其明亮而透明的水面则突出了周围植被、山石的厚重。除了对比，水面还能使山地环境增加和谐，因为通过水面的反映，天空、树木、山石可以融为一体，和谐相处。

根据形状的变化，山地环境中的水体包括湖泊、河流、小溪等；根据流量、落差的大

花岗岩垂直节理(华山)

花岗岩块状岩峰(黄山)

图 2－3－4　花岗岩山体

小,水体又可分为山涧、瀑布等。如武夷山流香涧,陡崖夹峙,水流量不大,跌落高度一般,所以称其为“涧”,而山西的壶口瀑布则气势磅礴,湍急而宽大的水流跌落达十数米,所以称其为“瀑”。

·植物

植被是山地视觉景观的主要内容。随着地域、气候的不同,植物的生长形态各不相同,具有明显的地方性,因为所有的植物对土壤水分、热和冷以及土壤养分等环境条件都有一个忍受限度,植物覆盖物的结构和外形同基本环境控制因素有一致性[8]。

植被的形状、尺度对山地景观具有明显的视觉影响力。有时,山顶植被的轮廓线

图 2-3-5　石灰岩山体

图 2-3-6　砂岩山体

就代表了山体的轮廓线，是整个山顶景观的背景。

植被的颜色、质地则反映了植被的种类及生长情况。因为季节的不同与植被种类的不同会使植被的肌理充满了地域色彩，反映出生存环境的自然生境，如山林、草地或沙漠等。

·云雾

山顶环境中规律性重复出现的云雾也常是视觉景观的原生性特征之一。由于雾粒的光散射性，云雾中空间能见度差，周围景物时隐时现，人们常能获得极具魅力的视觉享受。在我国，黄山、九华山、峨嵋山、泰山、天台山等一些海拔较高的峰峦顶部常出现云海的景象；在庐山牯岭，还常有大片云雾流过岭脊泻入谷中，形成瀑布云[9]。

（二）视景独特性

山地景观区别于非山地景观最明显的特征在于地形的起伏。地形的高低变化赋予了山地景观极具独特性的意味。与平坦地区不同，在山地区域，地表的隆起使地表的物质构成造成了视觉景观的主要组成部分，景观的背景轮廓也多由山体的丰富轮廓线构成，植被也会因地形变化而显得高低错落。此外，地形的高差还大大丰富了人们的视觉感受，人们可以仰视、鸟瞰或远眺，视角和视域的变化程度非常大，这是人们在平原地区的自然环境中所难以体验的。

·视觉轮廓的层次性

山体轮廓线构成了景观的背景层次，其作用相当于一幅画的基调，它对于人们观景时的心理感受影响很大。在山地，由于地形的高低起伏，山地景观的轮廓线变化多端，峰峦层次给人们带来了独特的心理感受。如峨嵋山、庐山等地峰峦连绵，轮廓线柔和、舒缓，给人以秀丽之感；而恒山、华山、黄山等则高起高落、峰体峭拔，给人以雄奇、惊险之感，会使人们产生一定的心理紧张度。

·植被肌理的复杂性

生长于山地环境中的植物，因地形的突兀变化，常需经受额外的狂风、严寒或干旱，这就使山地植被在群体和个体上都具有一定的独特性。在相对较平坦的谷地及向阳面，群体植物较易存活，植物的种类也较齐全；而在陡峭的山岩中，能耐住严寒、风雪的多为少数针叶类树木或灌木，它们或盘根虬枝于悬崖峭壁，或倒挂横卧于危岩。最明显的例子是黄山的松树。

·视角、视域的多变性

在山地环境中，因为地形的坡起，人们获得广阔视野和多变视角的可能性大大增加了。这主要有两方面的原因：其一，由于山体斜面的存在，建筑物对山体地表的屏蔽大大减小了，人们经常可以看到建筑后面的山体或其他建筑，而在平地环境中，人们的视域通常会被周围建筑所限制（图 2－3－7）；其二，由于山体高度的依托，人们的视点位置通常较高，其水平视角和竖向视角都会有较为丰富的变化（图 2－3－8）。例如，在坡顶，人们可以极目远眺，其视角为全向性的，在水平方向和竖向方向均能取得极为开阔的视域；在坡中，人们既可以俯视，又可以仰视。

（三）生态脆弱性

在前面的叙述中，我们知道山地生态系统受到植被、水体、土壤、动物、气候及地质变化等因素的影响。其中任何一个因素的变化均能对其他因素构成影响，并进而改变整个区域的生态环境，使景观客体产生变动。而当某个因素的变动情况超出了生态系统的自身修复能力以后，生态环境的恶化就不可避免了。

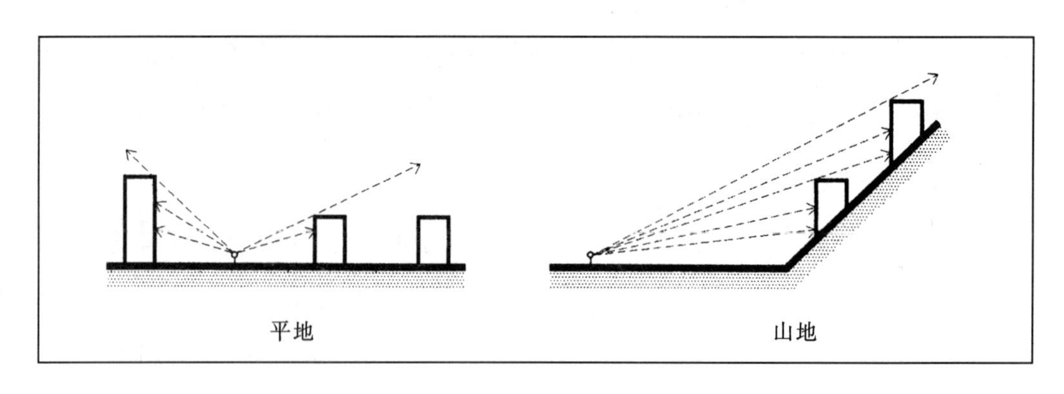

图 2－3－7　山体斜面减少了建筑物的相互遮挡

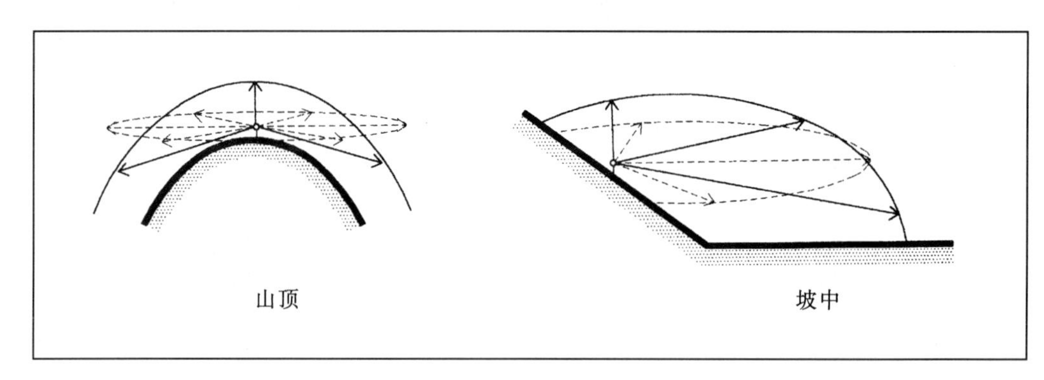

图 2－3－8　山地上的水平和竖向视野
——竖向视野
……水平视野

在山地，地形的坡起使土壤和水分的流动势能大大增强了，任何自然或人为因素对环境的改变都会使山地生态系统失去平衡，产生灾害性后果。例如，当连续的暴雨侵袭了某个山地区域以后，该地区的地表水含量就可能会超过土壤的容水量，使水压过大，产生大量的径流，从而引发地层崩陷或坍塌；或者，当人们的伐木、开山达到了一定的程度以后，山体地表会因植被的损失而形成裸露，这就会使山体地表的稳定性受到严重的威胁，并随时引发灾害性的变化。

因此，山地景观又具有较大的生态脆弱性。

（四）情感认同性

景观认知的实现，离不开景观客体，也离不开人类的主体认知活动。千百年来，人们之所以会把自然山水作为景观的重要内容，是因为它凝聚了人们的情感，构成了相当程度的心理认同，体现了人类文化的积淀。

对于山地景观的情感认同，不同的文化背景会有不同的心理体验。在中国，“天人合一”、“君子比德”及“遵法自然”的思想使人们对山地景观产生了“比德”情结；寄情山水、崇尚隐逸的士大夫习气又为知识分子带来了“隐逸”情结；而神仙思想的附会和宗教文化的发展又赋予了人们“宗教”情结。

·“比德”情结

产生于春秋、战国时期的儒家学说推崇“智者乐水、仁者乐山”，把山水景观当作人类道德品质的反映，表明了自然界的景观形象和人类的高尚情操具有“共通”的特性，人类社会的伦理观念应该象高山一样高尚、质朴。

“比德”情结的理想景观应该是高大、自然、开朗的山体形势。

· **“隐逸”情结**

寄情山水、崇尚隐逸是魏晋南北朝士大夫们所推崇的思想作风，他们逃避政治、鄙视追名逐利，追求精神的独立和自由。由于南北朝时期的“隐逸”文人多有极高的文化素养（如竹林七贤），代表了当时文化层次的尖端，因此，他们对后代的知识阶层影响很大，在文人画家之中形成了返璞归真、游山玩水的热潮。

例如，中国古代的杰出书法家、诗人王羲之就常在越中会稽的青山绿水之中邀友饮宴、吟诗写字；“少小适俗韵、性本爱丘山”的陶渊明41岁弃官归隐，村居庐山脚下，过着“采菊东篱下，悠然见南山”的闲适生活；山水旅游家谢灵运也在《山居赋》里写道：“昔仲长愿者，流水高山；应璩作书、邙阜洛川”，意为人在山川之中，既可以像仲长统那样归隐自然，又可以像应璩那样尽情赏玩山水，表达了其对隐逸山水的陶醉。

符合“隐逸”情结的山地景观多强调环境的幽静、灵秀、别有情致。

· **“宗教”情结**

以神仙思想和神话传说为基础的各种宗教都不约而同地把山地作为求仙得道的神圣场所。道教认为奇山异水是教徒得以登仙的捷径，他们还因山之隐蔽、雄伟选择在山中炼丹、修道。如《西岳华山志》中有：“凡古之士，合作神药，必入名山福地，不止小山之中，何则？小山无正神，谨按山经云，可以精恩合作神药者，华山、泰山、霍山、恒山、嵩山，有正神在其中……其药必成”；而佛教则把自然山水当成了现世的净土，僧人可以在山水之间感受宁静无求的虚空境界，以至于形成了“天下名山僧占多”的现象。

由“宗教”情结出发的审美观多要求山地景观的态势符合风水思想，即以“四灵兽”式为准则，以求获得大自然的庇护与恩宠。

二、山地建筑与景观

在前一小节的叙述中，我们有意避开了对山地人为环境的讨论，着重研究了山地自然景观的特点。然而，完整意义上的山地景观应该包括自然景观与人为环境，其中最主要的人为环境即为山地建筑。因此，本小节将专门对山地建筑的景观意义展开探讨。

山地建筑与山地景观的关系，是个既简单而又复杂的问题。由观念篇的论述，我们知道，尊重自然、遵守生态规律是使山地建筑与山地景观谐调发展的根本，这是个明确而简单的原则。然而，我们研究景观，又离不开一定的美学标准和文化背景，并且，现代社会需求与现代工程手段又常要求我们对山地自然环境作较大的改动，因此，如何在具体问题的处理上体现科学的自然观与合理的生态观，是我们面临的复杂问题。

（一）山地建筑——山地景观的组成部分

山地建筑，作为人类在山地区域活动的一种物质存在，具有明显的景观意义。如，赖特的“落水别墅”结合环境，宛如长于自然山石之中；颐和园万寿山上的佛香阁建筑群端庄秀丽，统领全园；西藏的布达拉宫雄踞山顶，威严庄重；背山面水的湘西小镇则参差错落、蜿蜒有致，如一幅中国画的山水长卷……然而，由山地建筑而形成的人为景观毕竟不能代表山地景观的全部意义。对于山地景观而言，山地建筑只是形成山地景观的一个有机组成部分。

首先，山地建筑作为构成山地景观的一种客观实体，是山地生态系统的成员。在山地生态系统的制约与调控下，山地建筑的形成与生存需遵循山地生态系统的运行规律。因此山地建筑与构成山地自然景观的诸要素（如地形、水体、植被、土壤、气候等）之间的关系是相互依存、相互制约的。如果山地建筑的扩张超越了生态系统承受能力（系统阈值），山地自然要素遭受损坏，自然景观损失殆尽，那么山地建筑本身的存在也将受到威胁，山地建筑的景观意义便成为泡影。

其次，从景观的认知意象方面来看，山地建筑意义的实现，离不开山体的依托。因为，一方面，在山地环境中，山地建筑（或群体）的基地范围一般都有高低起伏，建于其上的建筑在形体及轮廓线上常产生相应的变化，反映了山体的大致趋势，这在景观上就体现了山地建筑对山体表面的“依”；另一方面，在山地区域，高大的山体常常成为山地建筑的背景，层次的变化与轮廓线的趣味常常对山地建筑起到了衬托的作用，这就在景观上形成了对山地建筑的“托”。

第三，对山地自然景观而言，山地建筑的景观意义还存在着较大的局限性。在自然力作用下，山地自然景观一般具有较大的尺度，其整体气势与涉及范围往往是人为环境所不能比拟的。由自然要素组成的自然景观往往有较强的独特性，其空间的旷、奥与肌理的丰富性也是山地建筑所无法体现的。

由以上的分析，我们知道，山地建筑与山地自然环境是不可分割的有机整体，人为景观是对山地自然景观的补充与点缀。山地自然景观是山地景观的基础，山地建筑是山地景观的有机组成部分。

（二）景观与观景

在山地环境中，山地建筑具有双重的角色。一方面，它点缀或强化了山地自然景观，其本身成了山地景观的组成部分；另一方面，山地建筑作为人们在山地区域中的驻留地，常常为人们提供了较佳的观景条件，是人们的观景点。因此，理想的山地建筑必须兼具景观和观景的意义。例如，山城重庆鹅岭的两江楼地处市中区枇杷山公园的山脊，是城市自然轮廓线上的制高点，它既点缀了山地轮廓线，又是人们登高俯瞰山城的好地方；又如杭州西泠印社是一座位于孤山之巅的山顶庭园，园中建筑各抱地势、互为取景，形成了参差错落的景观格局，而位于南端的“四照阁”则临崖而筑，可供人们凭栏俯视西湖，享受开阔的视景。

（三）建筑布局与山地景观

山地建筑位于山地环境中，其布局方式对山地景观具有重要的意义。传统的中国山地建筑在东方哲学和宗教思想的影响下，多追求“小、散、隐”，以达到归于自然的境界。例如，庄子的道家学说提倡“人们应醉心于自然的美，而不必看重由建筑而带来的感受，它们只不过是一种生活上的实际需要而已。”[10] 因此，所谓“深山藏古寺”，其主要意境在于“藏”，这样可使建筑隐匿在自然的环境中，获得“虽由人作，宛自天开”的效果，达到“羚羊挂角，无迹可求”的艺术水准。从中国传统审美思想出发的山地建筑在自然山林中常常表现出一种谦逊的态度。不少大规模的建筑群为了力求分散、隐蔽，往往扩大用地范围、限制建筑体量，顺应地形的起伏，以求与自然环境的契合。如四川灌县的二王庙、青城山的古常道观等，布局分散，不僵硬地强调规整的中轴线，配合地形、灵活安排。

当然，中国传统山地建筑多提倡“小、散、隐”的布局方式，在某种程度上还受制于其特定的物质技术条件。由于古代经济水平的有限与技术能力的低下，人们在山地建设中受地形的制约较大，只能因势利导地以若干单栋建筑进行组合；另一方面，相对于西方的石结构传统建筑，中国传统的木结构体系建筑有一个致命的弱点，即“防火”的问题。历史上，绵延三百余里的阿房宫和四十丈高的永宁寺，被火灾毁于一旦的惨重教训使人们不敢再将大规模的木结构建筑集中布置，不敢再将建筑物造得又高又大。

在现代山地建筑设计中，很多建筑师也遵循“小、散、隐”原则，将建筑“化整为零”，提出“建筑体量宜小不宜大、建筑层数宜低不宜高、建筑布局宜疏不宜密”，使山地建筑融于自然山体环境之中。

“小、散、隐”的布局方式是使建筑融于环境中的有效手法，但是，这种方法也存在着一定的局限性，并不是山地建筑布局的唯一方式。

因为，随着社会经济的发展，人类山地活动的增多，人们对山地建筑的需求量日益增多，尤其在一些具有较高景观价值的地区，出于旅游需要的山地建筑发展极快。例如，在瑞士阿尔卑斯山的附近，旅游旅馆多达数千家，加上简易客栈、宿营地、饭馆、咖啡馆等设施，可接纳游客近二百万人[11]。显然，面对建筑需求量的增大，分散布置会浪费风景区内宝贵的土地资源，减少绿化覆盖面积。即使用了“散”的手法也达不到“隐”的效果。同时，化整为零的布局方式必然会使建筑占据大量的土地资源，减少了山地风景区的自然植被，而这又是我们所极不愿意看到的事情。因为，相对于一定的自然环境范围，分散的建筑所带来的也是分散的自然环境，相对集中的建筑往往能留下集中的自然地带。

此外，要发展现代山地建筑，我们就必须面对现代的生活方式和技术水平。我们知道，现代建筑的功能与技术要求已经日趋复杂，即使在山地区域，人们也会对建筑的规模有一定的要求，以保证建筑具有起码的功能设置和配套设备，为人们的生活、工作、交往等活动提供合理、有效的物质空间。而一味地追求分散式布局会使建筑的各种设备、工程系统效率降低，增多了给排水、电力、暖通等设备管线的铺设长度，加大了室外道路、通廊、室外管沟的工程量，提高了投资。

因此，在一定条件下，面对大规模的山地建设，集中式布局的山地建筑在使用、经济、技术和生态方面都具有明显的优点，我们应该努力研究这种布局的建筑与山地自然环境取得协调的方法，例如共构手法等，以获得美好的山地景观。

三、山地建筑的景观设计

完整意义的景观包括两个方面的内容——实体要素与意象要素。作为山地景观的实体要素之一，山地建筑首先应该融入山地生态系统之中，在景观生态方面寻求对策；从山地景观的认知意象出发，我们应对山地建筑的视觉意象、空间意象与情感意象等诸问题进行深入研究。

（一）景观生态设计

按照生态学的理论，组成山地景观的实体物质系统是一个相互作用、相互制约、具有反馈联系的生态系统。该系统既有一般生态系统所具备的生产能力及修复能力，又因山地环境的特殊性，会有较强的脆弱性、敏感性，容易失去平衡。因此，要创造具有景观意义的山地建筑，必须对山地建筑的生态合理性有足够的重视。

在前一章的叙述中，我们讨论了山地建筑形态的生态特性，并由此对山地建筑的接地形态作了详细研究。对于山地建筑的景观生态设计，我们主要应注重土地利用的科学性，充分考虑山地建筑与山地地形、植被、水体（地表水、地下水）、土壤等环境要素的依存关系，减少对上述诸要素的影响。

为了从保持山地环境的原有地形与植被，我们应使山地建筑的布局紧凑、集中，尽量减少建筑所占的地表面积，尽可能多地保留自然地带；或者可使山地建筑隐入地下，以维护地表环境的原生性。

香港大学高级职员宿舍区（彩图 33），位于薄扶林区沙宣径山坡上，面临东博寮海峡，设计充分保护山林倾斜地貌，建筑孕育在自然环境中。日本东京代官山集合住宅街区第三期（图 2-3-9）由 D 栋和 E 栋组成，二幢之间组织了一个院子，保留原来的一块凸起的地形和大树，使自然留在城市，形成幽雅的生态景观。

为了保持山地环境的正常水循环，我们一方面应尽量保存山地环境中的自然水体，使之继续承担控制水文、调节小气候的作用；另一方面，我们要尽量减小人工硬地的铺设范围，保存天然地表，增加地面材料的透水性和蓄水性，减少地表径流。

此外，根据各山地环境的不同情况，我们还可采取一定的工程手段，进行人工绿化，改进水文组织，以加强水土保持的效果，维护生态环境的稳定。

（二）景观视觉设计

景观视觉是由视觉主体（人）对视觉客体（景观的客观实体）产生的一种认知意象，是人们对景观实体的视觉感受。我们研究景观视觉，主要是研究山地景观的视觉形式，寻求具有一定普遍性的美感特征。在山地环境中，由于地形的坡起，山地地表的三维特征异常明显，山地建筑常与山地自然景观同时进入人们的视线，构成了丰富的视

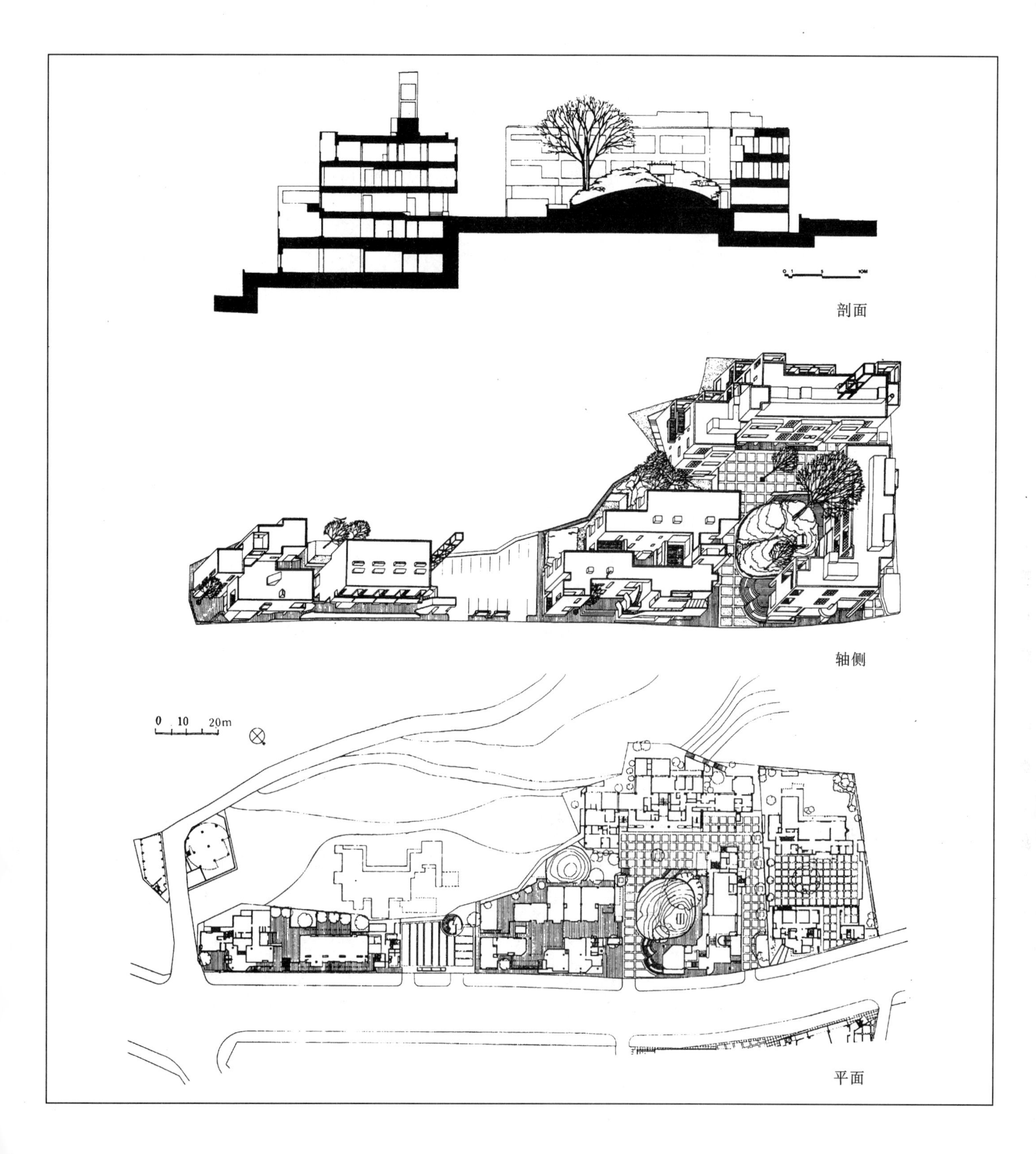

图 2-3-9　日本东京代官山集合住宅街区第三期

觉界面；同时，地形的变化也常使观景者的视点、视角发生变化，这也造成了景观视觉的多变性与复杂性。

1. 视觉界面的优化

视觉界面，在这里指的是景观实体的轮廓。视觉对象对观察者的刺激是多方面的，包括形状、色彩、肌理、细部和轮廓等。图形知觉研究表明，不同质的两部分，其边界信息量最大。为此，视觉对象的轮廓线往往给人的刺激最大。在山地建筑环境中，视觉对象既包含建筑，还有山体，它们都可以天为背景形成轮廓，也可相互作为背景，形成轮廓。在景观设计时必须深入地研究这些轮廓的关系，使视觉界面优化。

(1)图底关系

在山地环境中，当建筑位于山体中部或下部，而且山体的尺度远远超过建筑时，形成了建筑形体以山体为背景。这样，我们可以把建筑形态与具有相对独立性的自然山体形态看成“图—底”关系的界面形式，它们的叠合构成了视觉界面的整体形状。恰当地处理建筑与山体的“图—底”关系，是建筑与山地环境和谐相处、获得高质量景观视觉的基础。

对于山地建筑与山体形态“图—底”关系的处理通常从二方面考虑：一是在视觉面积的控制上寻求山体形态与建筑的谐调；二是调整建筑轮廓与山体轮廓的关系，使它们相互配合，共同构成完整统一的景观。

·视觉面积控制

对待山地建筑与山体自然环境这一对具有“图—底”关系的视觉客体，我们应该注意保持其视觉关系的均衡与稳定，避免双方在面积分布上的接近或对等，使人们的视觉重心游离不定，产生紊乱的视觉感受。一般来说，当山体尺度压倒建筑，作为“图”的建筑面积小于作为“底”的山体面积时，其“图—底”关系较易取得谐调。而当“图”与“底”的面积接近时，其视觉景观较难处理(图 2-3-10)。

·轮廓线的协调

各视觉客体的交接部位是吸引人们视线的敏感位置。要处理好山地建筑与山地环境的“图—底”关系，山体轮廓线与建筑轮廓线形态的谐调非常重要。

为了减少建筑形体与山地环境的冲突，人们多以山体自然地形的趋势作为建筑轮廓的出发点，运用调和的手法，使建筑轮廓线与山体趋势相似，让建筑与山体相互呼应、浑然一体。如图 2-3-11 所示：a 图，方形建筑建在形状浑厚、起落突兀的山上(如黄土高原)，建筑与环境和谐；b 图，同样方形建筑建在清秀、平缓的山上就嫌欠协调；c 图，同样清秀、平缓的山体上建造轮廓丰富的建筑，又显得和谐统一。

阿尔卑斯山下的某旅游综合体(图 2-3-12)以自然伸展的平面结合山地地形，并根据作为背景的山体形态，在强调水平发展的同时，运用局部垂直的建筑体形，组成完整的构图，与富于变化的山地环境取得了统一。

(2)共构天际线

当山地建筑位于山顶，山脊或山岗时，建筑与山体不再是图—底关系，山体不是建

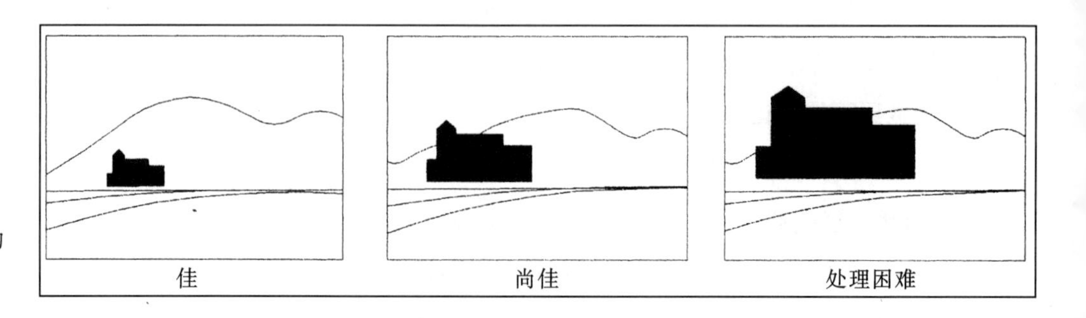

图 2-3-10 “图—底”面积的比较

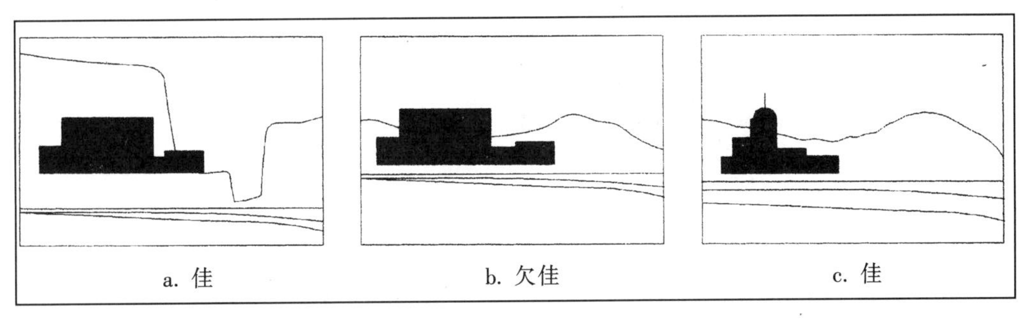

图 2－3－11　建筑与山体轮廓线的关系

图 2－3－12　阿尔卑斯山下的某旅游综合体

筑的背景，而是与建筑共同组成图像，共同构成明显的天际线。共构天际线给人的刺激特别强烈，山地建筑设计时，应倍加注意。

共构天际线时，建筑的轮廓首先要与山体轮廓的趋势一致，以达到相得益彰的效果。美国旧金山市是个起伏地形的城市，70 年代初制定了总体城市设计，为了保护自然地形特征，对于山头的建设，要求建筑总体天际线与山体一致（图 2－3－13），应避免天际线与山体轮廓相悖。

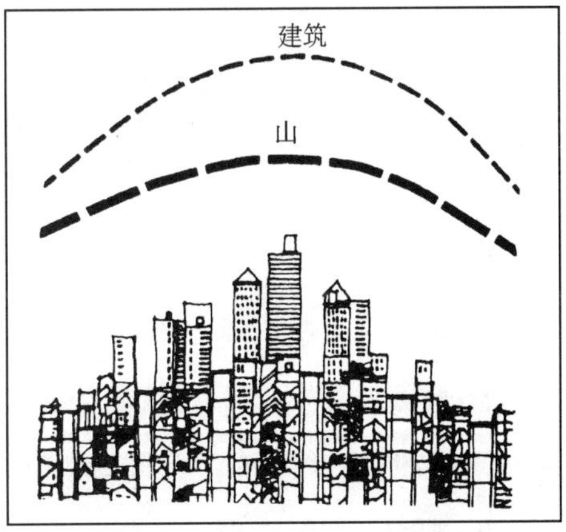

交通银行无锡会议培训中心是建筑与山体共构天际线的一个实例（图 2－2－62、图 2－3－14、彩图 29）。建筑坐落在小山岗上，原有山岗轮廓线平缓、线型简朴，设计者将建筑高低错落，并设置水箱塔楼，使起伏形成高潮。共构天际线丰富了原有山体的轮廓线，活跃了自然环境。

建筑

山

图 2－3－13　美国旧金山城市设计天际线要求

欧洲古城堡（图 2－3－15）建在小山丘上，其体量与垂直向上的线条强化了山体的趋势，建筑与山体共构天际线气势雄伟。我国拉萨的布达拉宫与山体共组的天际线也属此例。这类建筑将山体的趋势引导、加强，称导势手法。

位于支脉下坡山脊上的建筑，其共构的天际线没有位于山顶的强烈。但是，由于人

图 2-3-14 交通银行无锡会议培训中心——共构天际线

图 2-3-15 欧洲古城堡——共构天际线

们视点的变换，在某些角度同样会有明显的共构效果。如无锡太湖饭店（图 2-3-16），坐东朝西面对太湖，建筑从小山头向西沿山脊跌落延伸，谦虚地顺坡依山，共构天际线融合在自然环境中。彩图 34 也是共构天际线的例子。

2. 视点变化的考虑

在山地环境中，地形的高低起伏会使人们的观景点与观景角度有较多的变化。当视点处于较高的位置时，人们多采取俯视的视角，这样可以观察较大范围内的景物，获得清晰、明确的鸟瞰效果；而当视点相对较低时，人们常会采取仰视的视角，把高处的山体轮廓收入眼底，这样，不同高低的山峰、不同位置的山体相叠加会形成丰富的层次

图 2-3-16　无锡太湖饭店——共构天际线

感。为此，对于山地建筑，我们既要研究其鸟瞰效果，又要考虑仰视景观，同时还得注意利用高差组景，以丰富景观的层次感。

在通常情况下，人们只能看到建筑的垂直外表面，也就是人们常说的建筑立面。因此，建筑师们往往对立面的设计非常重视。而在山地环境中，由于基地的坡起，人们在高处就能看到低处建筑的屋顶及群体形态，获得具有鸟瞰图效果的俯视景观。这就要求我们对于山地建筑的第五立面——屋顶面及总体形态作更多的考虑，以保证鸟瞰效果的完善。运用坡顶能增加第五立面的立体性，而建筑的平面轮廓在俯视时，一目了然，更应认真推敲。福建武夷山庄（图 2-3-17、彩图 36）是一个充分考虑俯视效果的建筑，山庄位于武夷山大王峰东麓，无论是平面构图还是屋顶组织都经仔细推敲，建筑随地形起伏高低错落，运用闽北乡土建筑风格——不同形式的斜坡顶、出挑垂篷柱檐口、白墙、暴露的木构，生动地穿插在自然环境中。瑞士奥赛里纳台阶式住宅群（图 2-3-18），结合地形和基地形状，将建筑群的平面轮廓自由伸展，丰富变化，俯视景观优美，克服了一般台阶式住宅平面轮廓平直单调的状况。

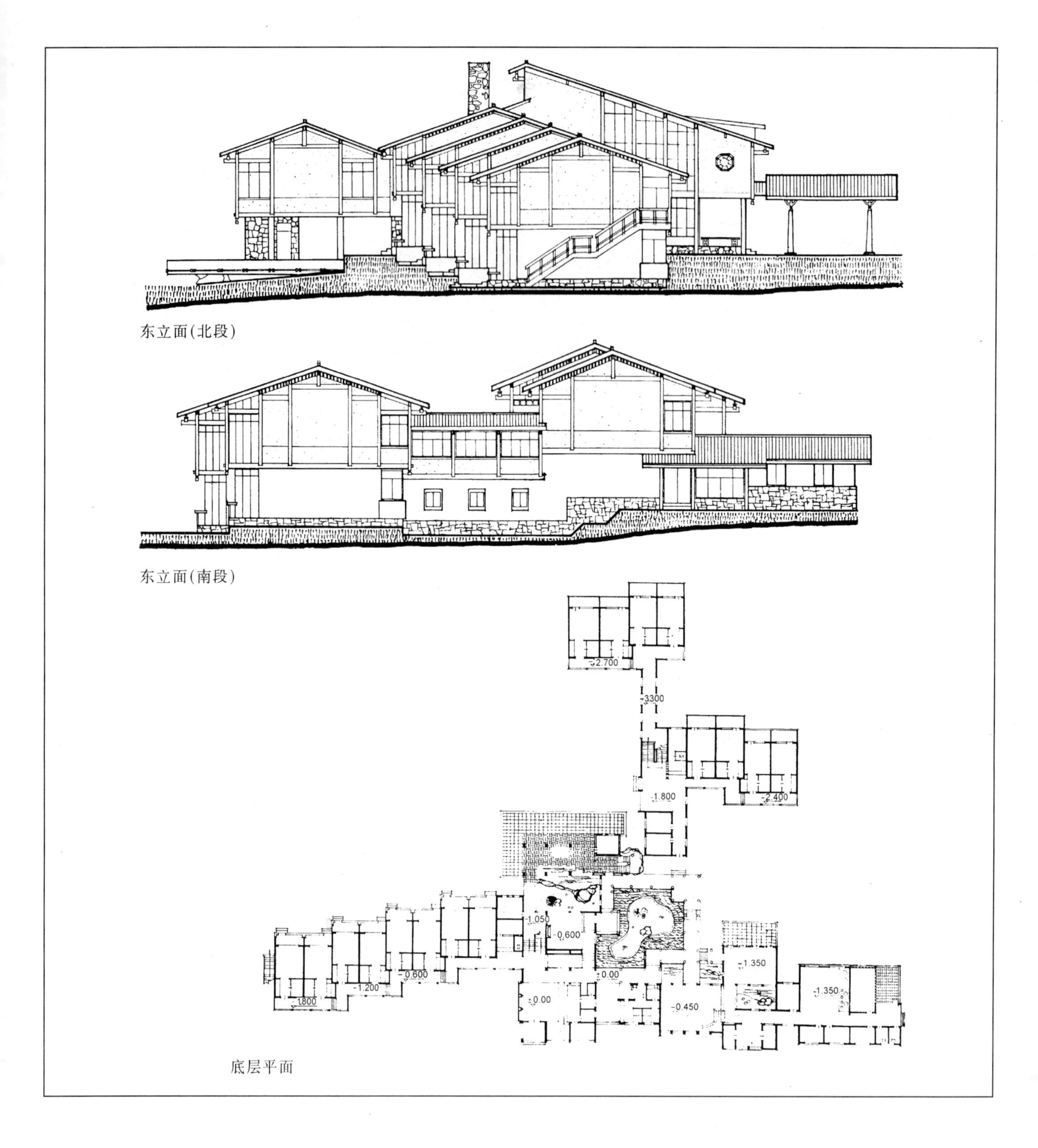

图 2-3-17　福建武夷山庄

当山地建筑位于高位，观察者可能位于低位空间，建筑应注意其仰视效果，建筑的悬挑、架空底面必须加以考虑。

3. 肌理协调

肌理是构成山地景观视觉的重要因素，它与形状相结合就组成了完整的视觉形态。在山地环境中，山地自然地表肌理的类型很多，有：以各种树木为主的植被肌理，植被稀疏的石砾肌理，由断层所呈现的各种岩石肌理等。如能使山地建筑的人造环境融

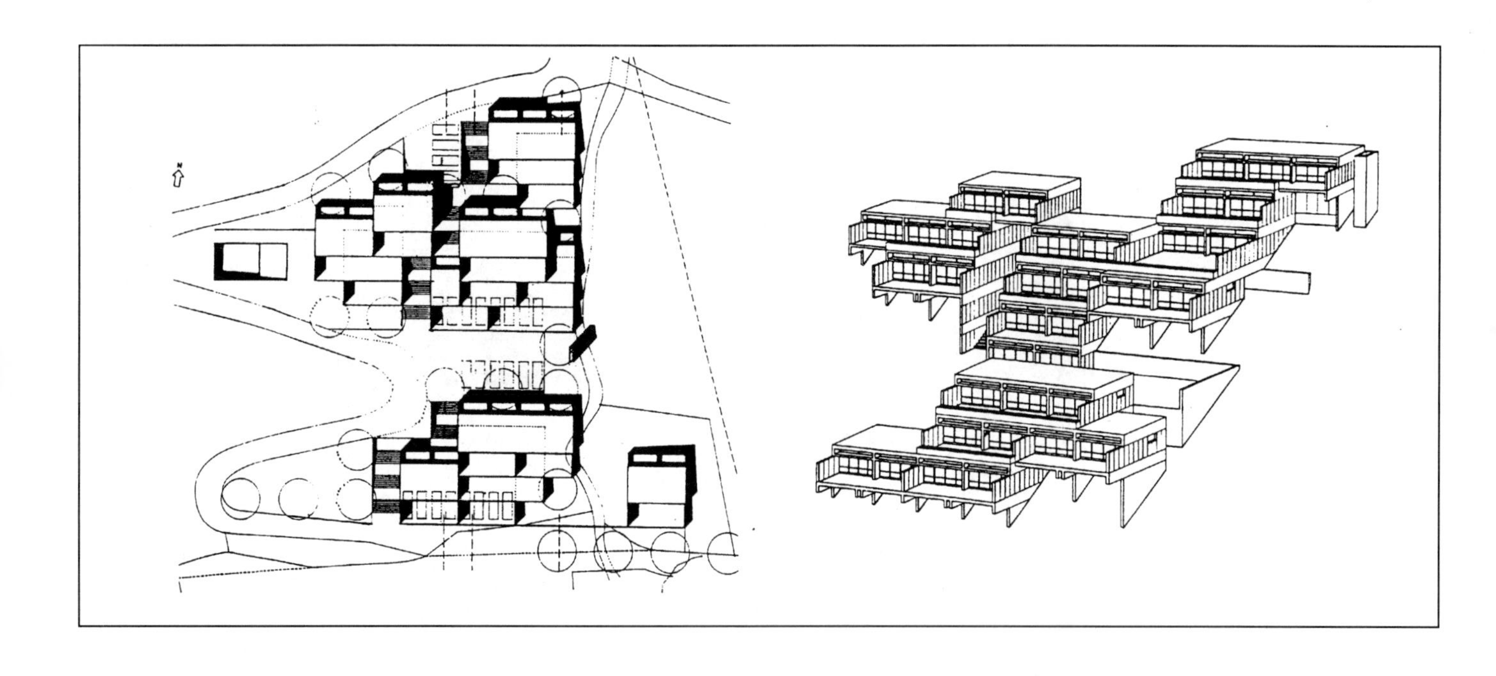

图 2－3－18 瑞士奥赛里纳台阶式住宅群

洽地组织到自然肌理中，就有可能产生较为理想的视觉景观。

·建筑与树木植被肌理协调

植被是山地景物的重要因素，具有很强的自然韵味，与山地建筑的人工味有较强的对比。因此建筑应注意与山地植被的穿插与渗透，使建筑被植被所包容。当然，在特殊的情况下，我们可以通过一些形体处理手法，以软化建筑的人工味，寻求与树木的谐调。例如香港布力径某住宅（彩图 37），处在密林中的山地，住宅的形体设计成树枝状。建筑由钢筋混凝土管柱支承，浮在绿色的树丛之上，纤细的垂直线条具有明显的象征性，以达到与环境的同构。

泰国宾达鲁岩度假村（彩图 38），位于泰国苏梅岛的西南角，依山面海，由 44 个高级酒店客房和 42 个小型住宅单元组成，采用传统泰式村落布局，小住宅单元随山坡布置，穿插在茂密的热带树林中。建筑运用木结构、泰式屋顶，使一个个深色的尖顶与树木交融，建筑与植被肌理协调和谐，呈现出一片田园山林的风貌。

·建筑与石砾肌理协调

岩石是山体主要的构成物，露头岩能为山体增加景观，人们往往将岩石作为山地环境的象征。建筑形体与露岩结合使建筑融合于环境。也门的很多山村（彩图 39）是建筑群与山岩融合的佳好实例，石砌建筑高低错落，拱券小窗坚实浑厚，屋似山岩从大地生。也门萨那市郊的卡索尔·哈克尔宫是建在山岩上的独幢建筑（彩图 40），建筑沿岩石逐级升高建造，岩屋融为一体，相得益彰。

就地取材是建筑融于山地环境的另一手法。特别是运用石材建房、筑基、铺瓦，使建筑自然地与山地产生认同感。我国川西老卡寨羌族碉房民居（图 2－3－19），也门石块建筑（图 2－3－20）、以色列某集合住宅（图 2－3－21）和贵州山区住宅（彩图 41）均是用当地盛产的石块砌墙筑台与环境融合；北京西部深山中的川底下村（彩图 42）是具有 500 年历史的古山村，村民们巧妙地运用石材筑台、护坡，有如悬崖上自然生长的

图 2-3-19　川西老卡寨羌族碉房民居

图 2-3-20　也门石块建筑

石堡，山村的石材色质感单一，但砌筑粗放不拘一格，形成了特有的质朴、粗犷的景观。

另外，人们还运用现代技术，充分利用混凝土的塑性特征，塑造粗糙的墙面和不规则形体，与山体肌理呼应，例如图2-3-22，整个建筑群似山岩，旅游者犹如以山洞而居。

·建筑与断层岩石肌理协调

山体运动常常出现各种形态的断层，形成各具特色的悬崖峭壁。不同的地质构造、裸露岩层呈现出丰富的肌理特征。在这种环境中，山地建筑要与环境谐调，需注意建筑趋势与岩石肌理的结合。例如，我国山西浑源的悬空寺就是以山岩肌理的倾斜势态为建筑的出发点，运用建筑组群逐渐上升的布置形式，使建筑表现出与岩石层理相同的势态，达到了与山体肌理相谐调的效果(图2-3-23)。

图2-3-21 以色列某集合住宅

图2-3-22 a. 法国某海滨度假村 b. 叙利亚德拉省石砌建筑

a

b

图 2-3-23　与断层肌理相谐调的悬空寺

(三)景观空间设计

同建筑环境一样，自然界的景观也具有空间的意义。人们在观景的过程中，会根据不同的客体环境，形成多样的空间感受，即空间意象，这是景观的认知意象诸要素中的重要组成部分。

1. 景观空间的特性

景观具有空间性的描述，最早见于我国唐代文学家柳宗元的作品中："游之适，大率有二：旷如也，奥如也，如斯而已……"，[12] 文学家将山水游赏的感受分为"旷"与"奥"两类。1979 年，冯纪忠教授从风景评价规划的角度，又阐述了这一概念，首次提出以"旷、奥"作为风景空间序列的设想。

景观空间的性质取决于其围合程度，即空间的限定性。两种极端的表现形式分别就是"开敞"与"闭合"。开敞的空间就是"开阔的、平坦的、表面质地简洁统一的场面"，也就是"旷"的空间；闭合的空间是"由天穹、山体、林木等各种不同质地的界面所限定的围合场面"[13]，也就是"奥"的空间。所有的景观空间都处于一定程度的"旷"与"奥"相融合的状态中，呈现出多变的特性。

对于山地景观空间而言，不同的山体部位往往会具有不同的空间属性。在山顶、山脊部位，视线开阔，至少在中景范围内没有视觉障碍物，景观空间呈全向性的特点；在山腹、山崖、山麓等部位，人们的观景视线为半开敞性，只能向一个方向或几个方向延伸，景观空间为单向性或多向性；而在山谷、盆地等处，四面环绕的山体构成了封闭性的景观，人们身处其中会有被隔离的感受，因此，其景观空间有封闭性的特点。

2. 建筑与自然景观空间的关系

山地建筑作为人们山地活动的栖居地，具有一定的实际功能需要，因此，其空间格局的形成往往有一定的独立性与实用性；然而，山地建筑的存在又离不开山地环境的依托与限制，建筑所处的山体地段往往决定了建筑的外部空间特征，并进而对建筑内部空间及其序列组合产生影响，所以，山地建筑也受到山地自然景观空间的制约与影响。

很显然，山地建筑与自然景观空间的理想关系是：建筑在满足其使用功能的前提下，服从山地自然景观的总体特征，并成为山地自然景观空间的延续。

山地建筑空间成为自然景观空间的延续，也就是自然景观向建筑空间渗透。这既有生态意义，又有景观价值，对于景观建筑更显得重要。习习山庄是空间设计追求与自然结合的实例(图2－3－24)。山庄位于浙江建德灵栖风景区，是天然溶洞——清风洞的洞口建筑，洞口处在半山腰，而山庄入口位于较低部位，通过山庄的开敞长廊和单坡顶覆盖的通向洞口的踏步空间，将旅客引向溶洞。敞廊内保留山石、树木、藤蔓，与周围山地环境融于一体，使拾级而上的旅游者置身于大自然的环抱中。

3. 山地景观空间的塑造

山地景观空间是由山地自然景观与山地建筑共同组成的，因此，要塑造统一、完整的景观空间，需要把注意力集中于谐调山地自然景观与山地建筑空间的关系上。

(1)营造空间序列

人们在山地环境中的观景活动是对一系列变化的空间逐一感受的过程。而这些空间的不同组合结合高差的变化形成序列，会使观景者带来不同的心理体验，强化人们的空间感受。

要使景观空间序列获得完美的效果，就得把握好空间序列的秩序感与变化感。没有空间的变化，我们只能得到乏味、平淡的心理感受，不能调动人们的情绪变化；而缺少了秩序，就很难给人形成一种整体的感受，使诸空间的组合缺乏高潮，失去主题。因此，秩序是对空间序列的控制，而变化则是对空间序列的丰富。

山地建筑景观空间序列的营造，其最大的特征是与空间高差变化紧密联系，这也是区别于平地上的空间序列。四川灌县二王庙是多向序轴的空间序列型建筑群（图2－3－25、图2－3－26、图2－3－27）。二王庙位于青城山上一块坐北朝南的坡地上，面对岷江，基地高差达48m，有三个入口，在不同位置联向主轴，主轴序列为：东(西)山门——照壁——乐楼——灌兰亭——灵官楼——大照壁平台——戏楼——李冰殿——二郎殿——圣母殿。序列中的空间由踏步联系，依地形转折、升高，运用仰视的视觉特征增强空间的庄严气氛，室内和室外空间，通透和封闭空间，交替组织，使序列在严谨中求得活泼。

踏步是山地建筑群消化高差的必要手段，可以安排在室外，也可以布置在室内，对空间的变化起到十分积极的作用。

以自然空间为主的空间序列，多利用山地自然环境在形状、明暗、旷奥上的变化，渲染气氛，以对各空间单元的差异性感受来提高人们的心理兴奋度。位于我国佛教胜地峨嵋山中的伏虎寺是一个运用了以上手法的例子（图2－3－28）。伏虎寺的入口是

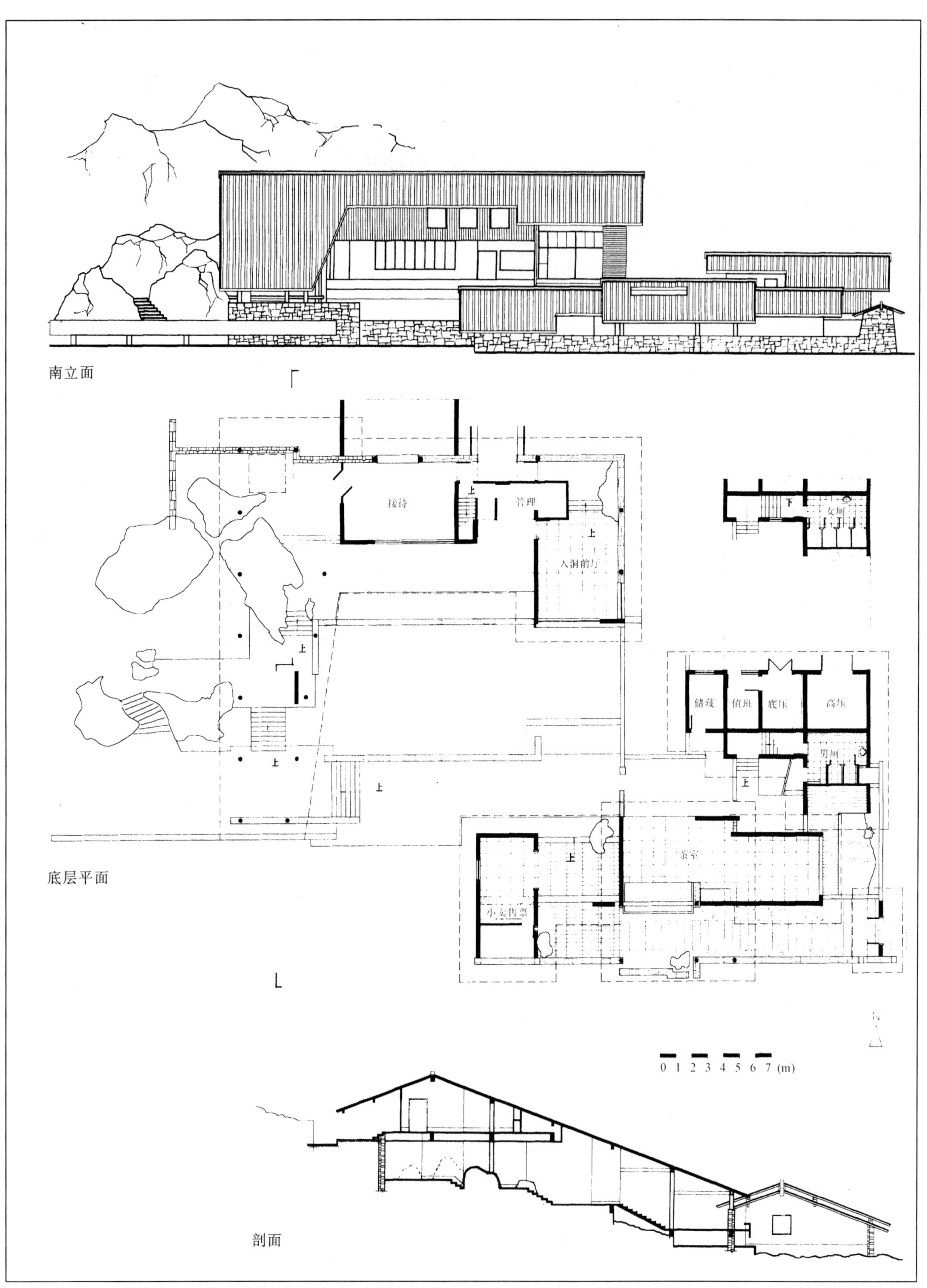

图 2－3－24　浙江建德习习山庄

一个被当作山门的牌楼，进了山门，是长约一里的香道，该香道随山势地形而延伸，过虎溪三桥、路坊、牌楼，极尽“曲径通幽”之能事，渲染了气氛。过了牌楼，山路被笼罩在浓密的山林中，呈现出幽暗的气氛。等山路出了密林，环境豁然开朗，人们眼前就出现了院落重叠的伏虎寺主体建筑，此时，整个建筑群的空间序列达到了高潮。

由于各空间序列的目的不同，人们在山地环境中的观景活动也具有不同的高潮。有时，建筑空间只是为人们提供了观景点，真正的主角是山地自然环境；有时，自然环境空间只是人们进入建筑空间的前奏或过渡，对建筑空间起着衬托的作用。

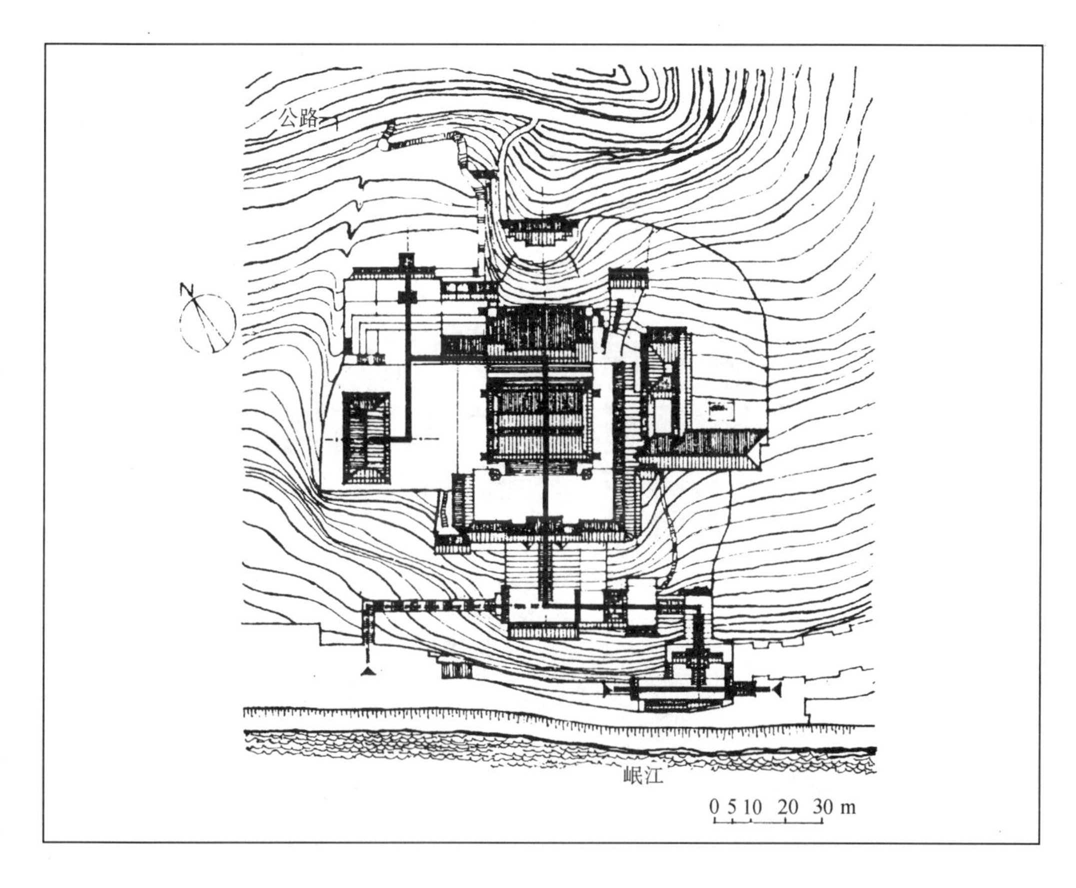

图 2-3-25 四川灌县二王庙的空间序轴

(2)选择空间界面

空间界面决定了空间的形状、质感、开合，对于空间性质的确定是至关重要的。山地景观空间的界面可包括自然界面和人工界面。自然界面通常是由山石、水体、植被等构成的；人工界面包括平台、立柱、长廊、实墙、屋顶等，它们决定了建筑空间的特征。

山地建筑景观空间的性格、气氛形成与界面选择息息相关，根据功能的需要可以是全自然界面，也可以是全人为界面，人为和自然界面结合更能创造丰富多彩的景观空间。

(四)景观情感设计

由山地景观的“情感认同性”我们知道，人们对景观会产生某种层度的心理认同，即活动情感体验，而这种情感的积累与传播，又能对我们的观景活动产生特殊影响。

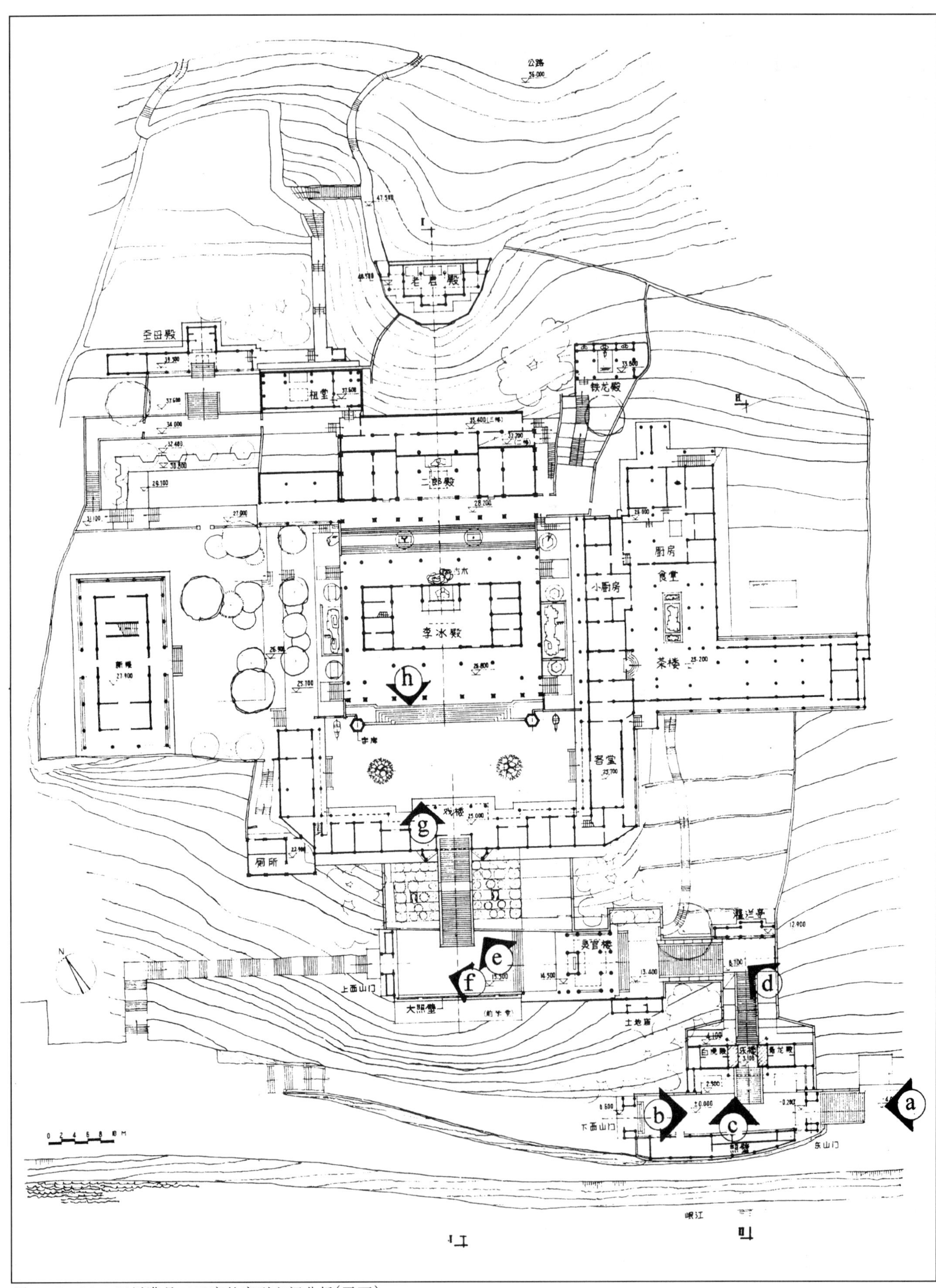

图2-3-26　四川灌县二王庙的序列空间分析(平面)

图 2-3-27　四川灌县二王庙的序列空间分析(空间景观)

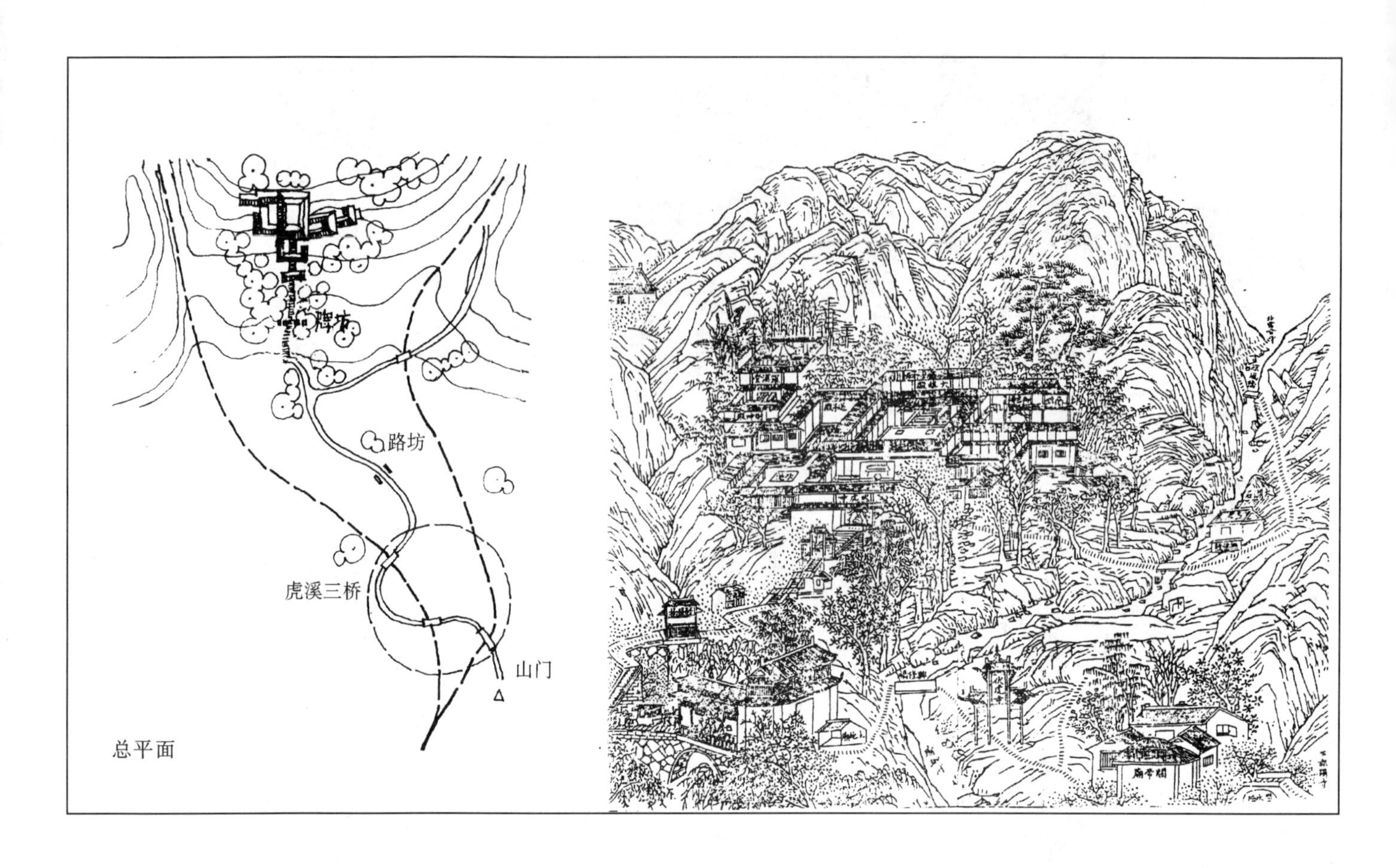

图 2-3-28　峨嵋山伏虎寺

要在山地建筑的景观设计中把握“情感”的意义，我们需要引入对景观意境的研究。意境是人们在观景活动中所产生的一种意象与境界，它的存在离不开文化范畴和景观客体，是人们对景观客体的深刻理解与联想。由于意境与文化范畴的密切关系，我们知道，景观情感在很大程度上有赖于文化的积淀，文化背景是人类情感的底蕴，景观情感是文化背景的显露。

因此，山地建筑对于“景观情感”的表现，离不开设计者对文化背景的深刻理解。对于各种不同的景观意境——宗教性、纪念性或隐逸性等，采取不同的实体布局与处理，以使建筑的象征意义与所应达到的“境界”相符。例如，为了表现宗教的神圣、威严，可以采取类似布达拉宫的手法，以庞大的体量、高耸的地理位置来突出其景观地位；为了体现山居别墅的悠闲与趣味，可以像流水别墅一样，把建筑与溪流、山石结合在一起，使其充满自然之趣。

第三章注释

① 王俊东(1994),《别墅建筑研究》(同济大学硕士学位论文)第 11 页。

② 潘纪一(1984),《人口生态学》第 182 页。

③ 同上,第 192 ~ 193 页。

④ [美]洛鲁斯·J·米尔恩、玛杰里·米尔恩(1982),《山》(中译本)第 12 页 (科学出版社、时代出版社,生活自然文库特辑版):冰川对山地地表的侵蚀过程大致如下:“积雪渗进岩石裂缝, 结冰后体积膨胀,岩石开始崩解,破裂成大块大块的石头, 水和大气层中的种种气体和岩石中的矿物发生化学反应,形成新矿物。这些物质以大大小小颗粒的形式被雨水或河水从高处冲往低处。在流动的过程中,大颗粒又被破碎和磨蚀成越来越小的颗粒,最后变成砂粒和淤泥, 这就是促进大多数植物生长的介质。”

⑤ 同上,第 62 页。

⑥ 郑沂(1987),《山地风景区的建筑空间组织》,《建筑师》第 28 期,第 53 ~ 54 页。

⑦ 周延(1991),《山地风景区大中型建筑集中布局探讨》第 18 页(同济大学硕士学位论文)。

⑧ [美] A· N·斯特拉勒、A·H·斯特拉勒, 《自然地理学原理》(中译本)第 161 页, 人民教育出版社(1981)。

⑨ 孔少凯(1982),《风景空间设计初探》第 52 页(同济大学硕士学位论文)。

⑩ 周延(1991),《山地风景区大中型建筑集中布局探讨》第 10 页(同济大学硕士学位论文)。

⑪ 郑光复(1984),《风景区的美学问题》,《建筑师》第 19 期,第 62 页。

⑫ 引自《永洲龙兴寺东丘记》,柳宗元。

⑬ 刘滨谊(1990),《风景景观工程体系化》第 91 页,同济大学博士学位论文。

第四章　山地建筑与交通

交通是帮助人们实现相互联系的基本物质手段之一，它构成了建筑及建筑群体之间的外部联系，是使建筑具有可使用性的必要保障。有了可靠的交通，人们才能将各幢建筑组成一个有机联系的统一体，并使之融入人类的社会生活之中。而交通的不便利，将使人们的建筑活动面临极大的制约，使人类的生存空间受到压制。

交通的形成有赖于各种不同的交通工具及其各自所需的物质保障，如汽车与道路、火车与铁轨、缆车与索道……并且，在大多数情况下，交通手段的选择是与一定的人类物质财富和自然资源（如土地）相匹配，因此，在山地环境中选择适当的交通手段是极其重要的。此外，人们还要求交通具有便捷、舒适和美观的特征，于是，我们对交通的效率与景观问题必须同时给予关注。

在山地环境中，特殊的地理条件既给山地交通的发展带来了很大的困难，也为山地交通带来了独特的个性。山地交通往往具有两方面作业：满足功能联系和完善室外空间。

在山地环境中，交通的首要作用是帮助人们在各山地建筑之间建立联系，它可以表现为道路、台阶、坡道、电梯、缆车等不同的形式，以满足人们不同运动方式（如车行、步行等）的需要。

从功能需求出发，山地交通必须满足人流、货流的有序进出、停车场地的妥善安排、消防通道的畅通等；对于建筑群体的组织来说，山地交通必须根据流量的大小、需求速度的快慢，设置不同级别的道路或选择不同的交通方式。

然而，由于山地环境的制约，山地交通的组织要比平地交通困难得多。首先，因为地形的坡起，人们实现竖向联系的需求和频率大大增加了，这无论是对车行交通还是步行交通，都增添了不利的因素，为了达到爬坡的目的，车行路往往会因地形的曲折、车辆爬坡能力的限制，而增加线路的长度，使山地车行交通的效率大打折扣；步行路则会包含许多台阶或坡道，消耗了人们更多的体力和时间。其次，起伏的地形、局促有限的平地，还常常使较高等级道路及停车场的设置缺乏用地，车辆会车、回车缺少足够的空间。

同时，交通并不只是山地空间联系的通道，在某种条件下，它还能结合功能空间而存在。如交往、聚会、观演等。在这种情况下，交通空间与山地建筑已经融为一体，是具有一定物质功能和精神功能的空间场所，具有含混、多重的空间含义。例如意大利的西班牙大台阶，它既是联结西班牙广场和三一广场之间的交通空间，又是市民休闲、交往的公共活动空间；查尔斯·柯里亚（印度）设计的印度国立免疫学研究所专家住宅，其室外中庭充分利用了高差，既是人们的交通空间，又是一个浑然天成的室外表演场。一般而言，以完善室外空间为特征的交通空间多为人们的步行交通系统。

一、山地交通的特点

在山地区域，人们所面临的最突出问题是地形的变化。由于地形的起伏，各建筑单体或群体之间的位置在高差上常会发生变化，因此，山地交通的空间轨迹呈现出明显的三维特征；由于地形的起伏，人们在实现交通活动的过程中常会感受到因地表凹凸而形成的丰富视景，于是，山地交通又具有独特的景观特征；由于地形的起伏，常规的交通方式（车行、步行）常会受到限制，一些适合山地环境的特殊交通工具（如缆车、索道等）应运而生，所以，山地交通还体现了交通方式的多样性。

（一）立体化

与平地交通不同，要实现山地空间之间的交通联系，除了要考虑它们的水平位移以外，还需特别考虑它们在竖直方向的位移，使山地交通呈现出立体化的特点。交通的立体化，会使我们在经济、技术等方面遭遇比平面交通大得多的障碍，对土地资源的消耗与破坏也更剧烈，但是，也会为山地交通带来平面交通所无法比拟的便利。例如，在重庆，峰岭沟谷的山城地形为开拓不同形式的立体交通体系提供了得天独厚的条件，在江河两岸可以架设载人索道，在峰峦之间可以建造分流高桥，在山地斜坡可以使用缆车。这种“立交”体系的优势和潜力，平地城市是无可比拟的[①]。对于山地建筑来说，立体化的交通，将为建筑组群的功能及形态组织提供丰富的选择可能，使建筑的复杂流线可以得到很好的立体分流组织。

（二）景观化

在山地环境中，由于交通的三维特征，人们在途中获得的视景比在平地显著，而且不断发生变化。随着道路的升降、曲折，人们的视点高低、视角俯仰、视域开合都会产生丰富的变化，这会为人们带来富有情趣的景观感受，使人们的感觉置身于风景之中，而不像在平地，任何景物都只是在人们身旁一闪而过，体会不到强烈的旷奥感受。

（三）多样化

山地地形的凹凸起伏，为常规交通制造了障碍，人们不得不运用多样化的交通方式，如坡道、架空道、隧道、索道、缆车等。如意大利的热亚那，它既拥有一条沿等高线铺设的环山干道，又设有900m长的齿轨铁路、两条缆索铁路及四台升降式交通工具；在瑞士，阿尔卑斯山周围的风景区内的登山交通就更多种多样，其中有专用爬山火车线路（五十余条），有缆车线路（四百余条）及滑雪电动缆车吊梯（一千四百余条）[②]。

二、山地车行交通

根据现代社会的物质水平，山地车行交通是联结山地建筑及其群体的主要方法。

当然，在某些情况下，车行道只需通到建筑群体中的入口，其余的交通联系由步行系统和其他交通工具解决。由于山地地形的起伏多变，山地车行系统在纵坡设置、道路布线、截面处理及停车场地的设置等方面均有其特殊之处。

(一)纵坡设置

在山地环境中，车行交通经常面对的是爬坡，因此，我们应首先对山地车行道路的纵坡设计有所了解。

山地道路的纵坡不宜太大，坡段也不宜太长。因为，汽车行驶在陡坡上时，其发动机牵引力消耗增加、车速降低，若陡坡过长，还会使水箱中的水沸腾、气阻，致使机件过快磨损，驾驶条件恶化；同样，当汽车沿陡坡下行时，由于频频使用制动器减速，也会使汽车驾驶性能减退，严重时会使刹车部件因过热而产生失灵，引发交通事故。

山地道路的纵坡设置取决于道路的功能，同时与汽车的车种、车速有关。按照有关道路工程的教科书，山地公路的最大纵坡应小于9%（表2－4－1）[③]，而且，根据不同坡度还应有适当的限制坡长（表2－4－2）[④]。当然，根据经验，对于建筑小区或群体内部的车行路，由于设计车速较低，其最大纵坡可以放大至10%，特殊情况下，甚至达13%。如果道路同时容纳汽车和自行车时，我们还需考虑自行车的升坡能力。国内有关城市的调查资料分析，适于自行车行驶的纵坡宜在2.5%以下[⑤]，对于小区内的自行车道，其最大纵坡可放大至3.5%。

公路最大纵坡(引自《道路工程》) **表2－4－1**

公路等级	汽车专用公路								一级公路					
	高速公路				一		二		二		三		四	
地形	平原微丘	重丘	山岭		平原微丘	山岭重丘	平原微丘	山岭重丘	平原微丘	山岭重丘	平原微丘	山岭重丘	平原微丘	山岭重丘
最大纵坡(%)	3	4	5	5	4	6	5	7	5	7	6	8	6	9

公路陡坡限制坡长(引自《道路工程》) **表2－4－2**

纵坡度(%)	限制坡长(m)
>5～6	800
>6～7	500
>7～8	300
>8～9	200

(二)道路布线

在山地区域，车行道路的布线通常是复杂的问题。既要使不同标高的建筑或建筑组群实现功能联系，又要满足车行交通的爬坡、转弯等技术指标，人们很难自由地选择道路线型。在通常的情况下，道路的布线只能顺应地形，沿等高线蜿蜒曲折。而在平地常见的直线型道路在山地会碰到很多困难，因为，这需要运用隧道、开山、架空或架桥等手段，增加工程量，增加投资。

山地道路的布线应该因地制宜，充分考虑与地形、建筑的结合。

1. 布线与地形的结合

在山地环境中，道路线型的选择首先要取决于地形。从生态观出发，我们一方面要使山地道路适应爬坡的要求；另一方面要尽量减少对原有地形的改变，使道路布线与山地景观谐调。

英国学者 J. McCluskey 曾说过[⑥]："良好的道路布线应利用自然地形，路线应与原有的地形融合而不是去触犯它（图 2－4－1）。"显然，尽量使道路沿等高线布置在大多数情况下是明智的选择，因为，通过调节道路与等高线之间的夹角，我们可以把纵坡控制在一个适当的范围内，并避免了因道路横穿等高线而产生的生硬边坡（图 2－4－2）。沿等高线设置道路一般有以下几种线型：如果建筑布局及场地允许的话，道路可以均匀坡度地上爬或绕山上爬，这时一般不会出现急转弯；坡度不大时也可以均匀蛇形上爬（彩图 43）；但在有些情况下，如坡度较大而场地又较小时，需设置回头线，当然，回头曲线必须满足转弯半径及加宽要求并且可能劈山较多（图 2－4－3）。

当然，主张道路布线与地形结合，并不意味着我们只能设置沿等高线爬升的道路。在某些特殊的情况下，如原有山坡过于陡峭、道路绕线太长，采用架空道路或隧道的型式往往更为有利，能缩短线路，并减少对地表的破坏（图 2－4－4、彩图 44、彩图 45）。

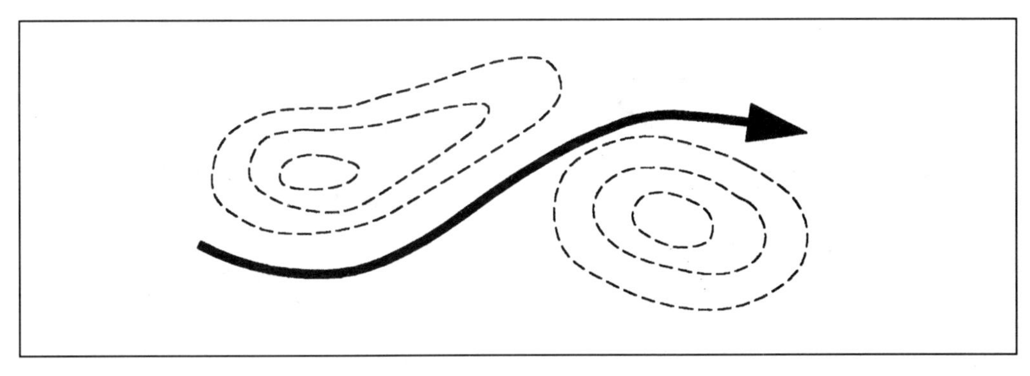

图 2－4－1　道路布线结合地形

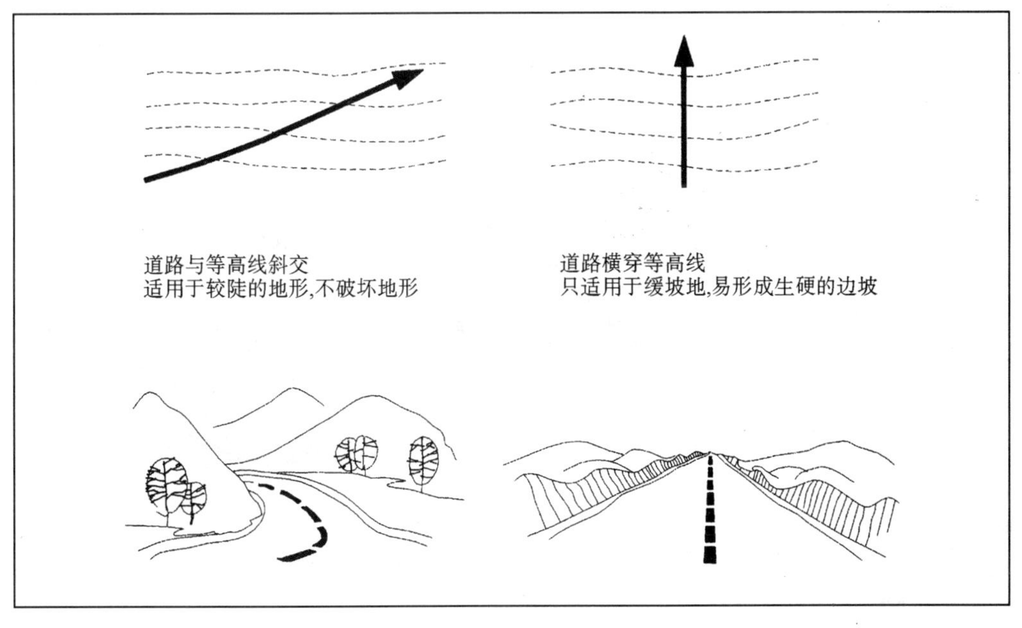

图 2－4－2　道路与等高线的关系

日本西宫市东山台五、六号街住宅(图 2-4-5、彩图 46),尽量减少车行道,利用架空的步行道,将建筑与车行道联系,甚至穿越另一建筑,以增加绿地,保护生态。

2. 布线与建筑的结合

除了地形因素以外,山地道路的布线还需考虑与建筑布局的结合。

在山地建筑的群体布局中,道路线型往往是建筑排列的骨架,它的形成对于建筑的功能组合、空间布局影响较大。一般说来,道路系统的线型包括棋盘式网格状、环状、心型放射状、枝状、立交等。其中,就联系方便程度来看,网格状、环状、放射状等形式较为有利,但是由于地形高差的制约,它们的应用范围比较有限,不如枝状和立交线型更能适应山地环境。当然,根据建筑功能的需要,以上各种形式的道路线型可以

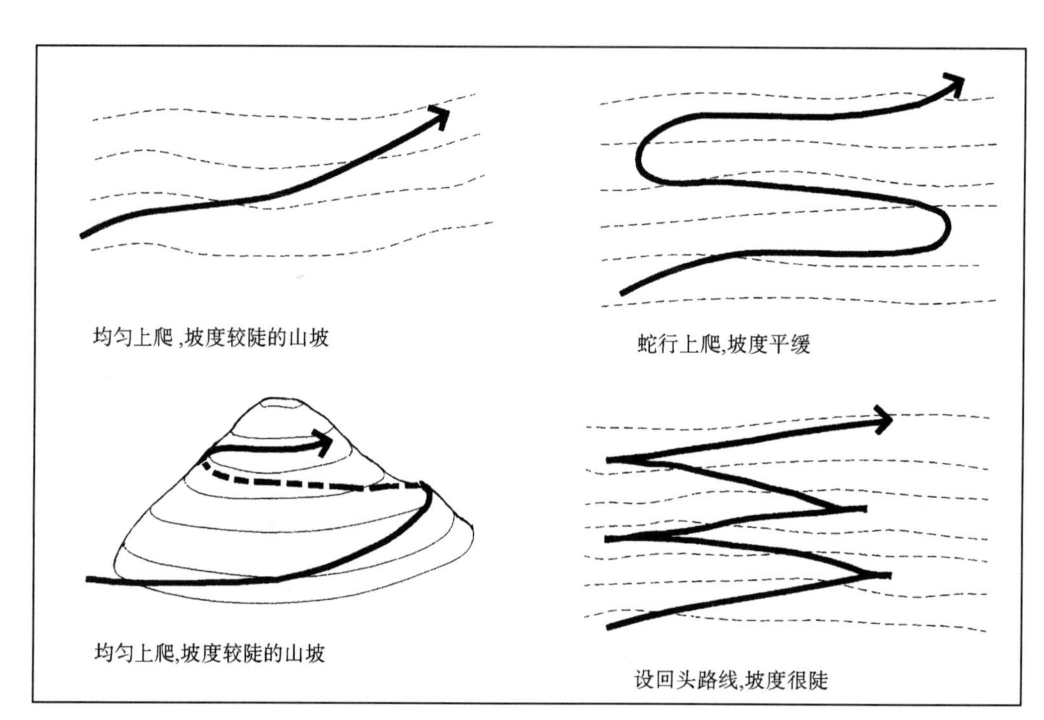

图 2-4-3　道路与山体坡度

图 2-4-4　架空和隧道的布线方式

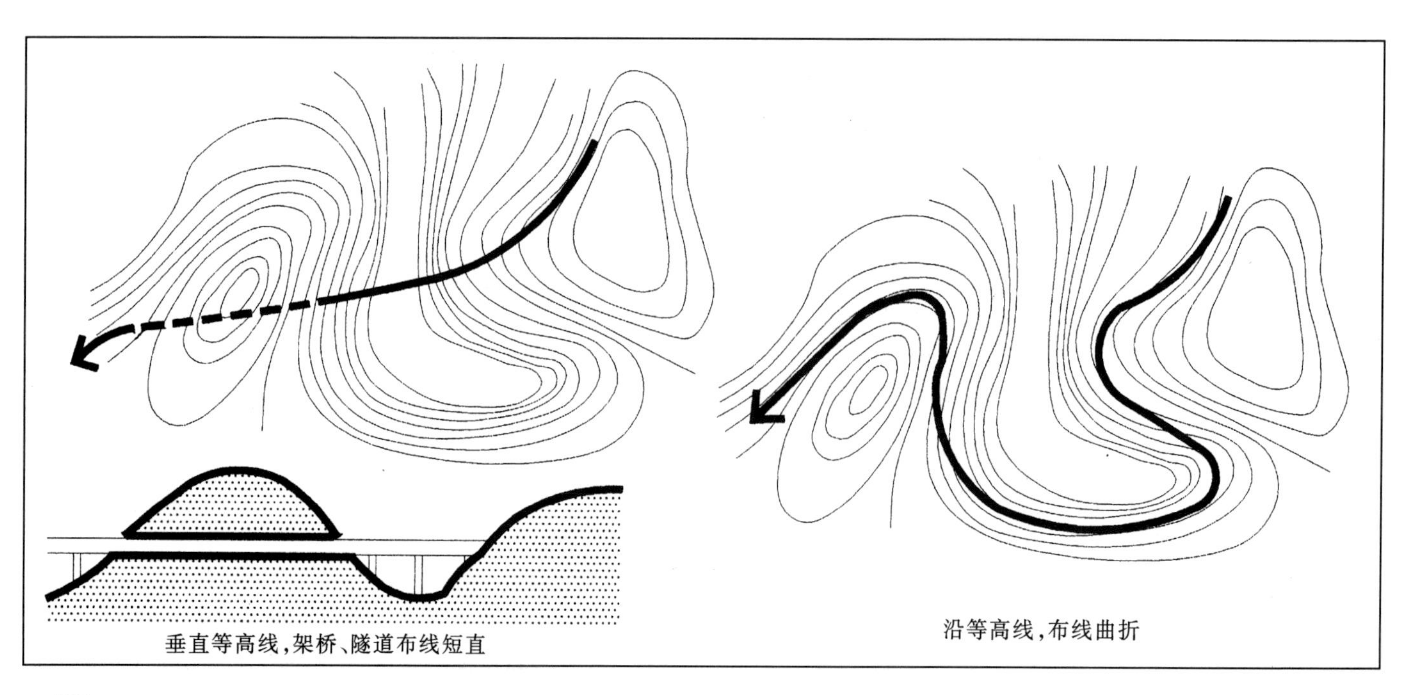

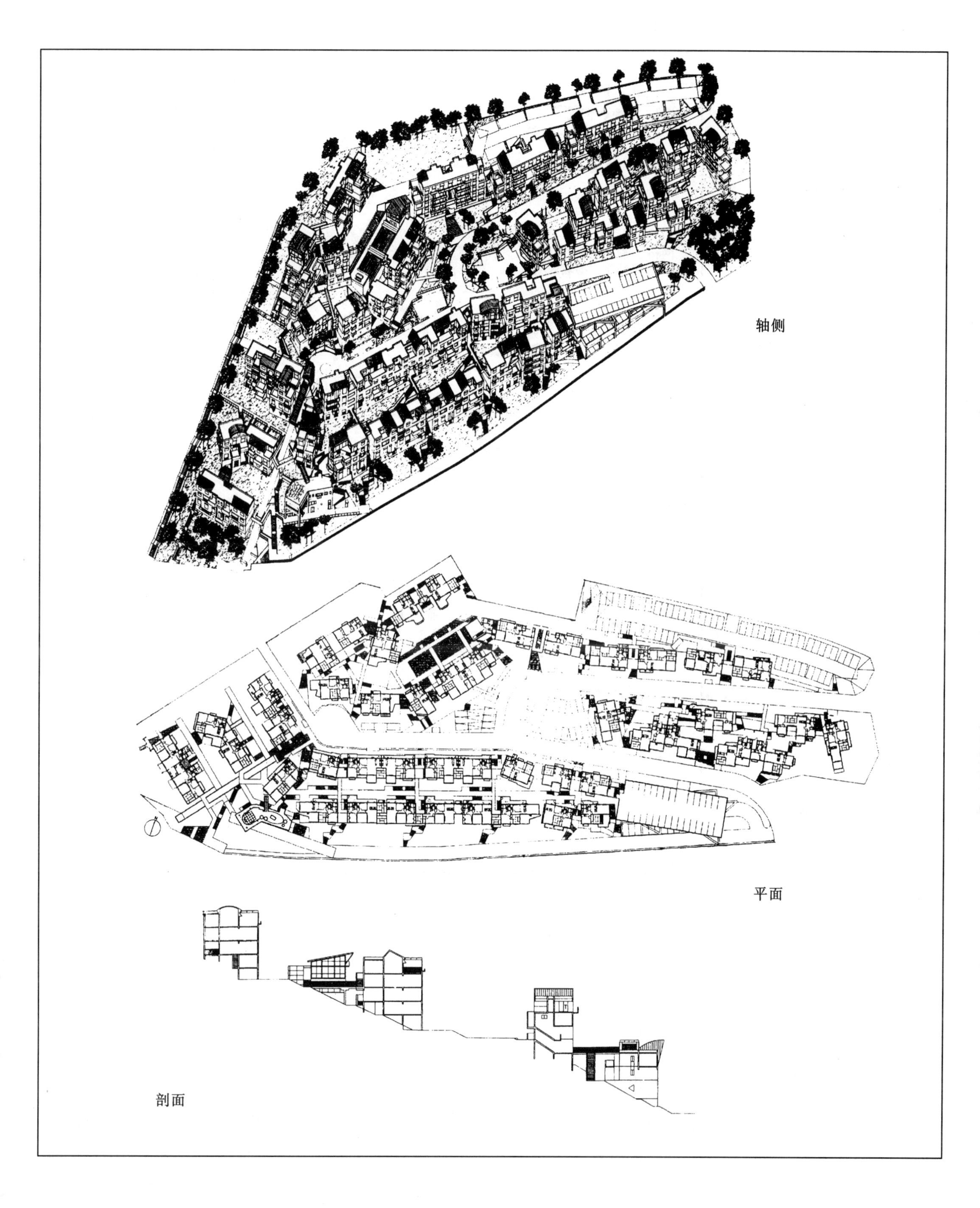

被混合运用(图 2－4－6)。例如,我国合肥琥珀山庄的道路骨架,结合地形高差,采用"8"字形立交,既有机地串联了小区内的各个组团,又避免了过境交通干线对小区的干扰(图 2－4－7)⑦;又如,在香港置富花园内,小区的干线道路与过境的城市道路一起

图 2－4－5　日本西宫市东山台五、六号街住宅

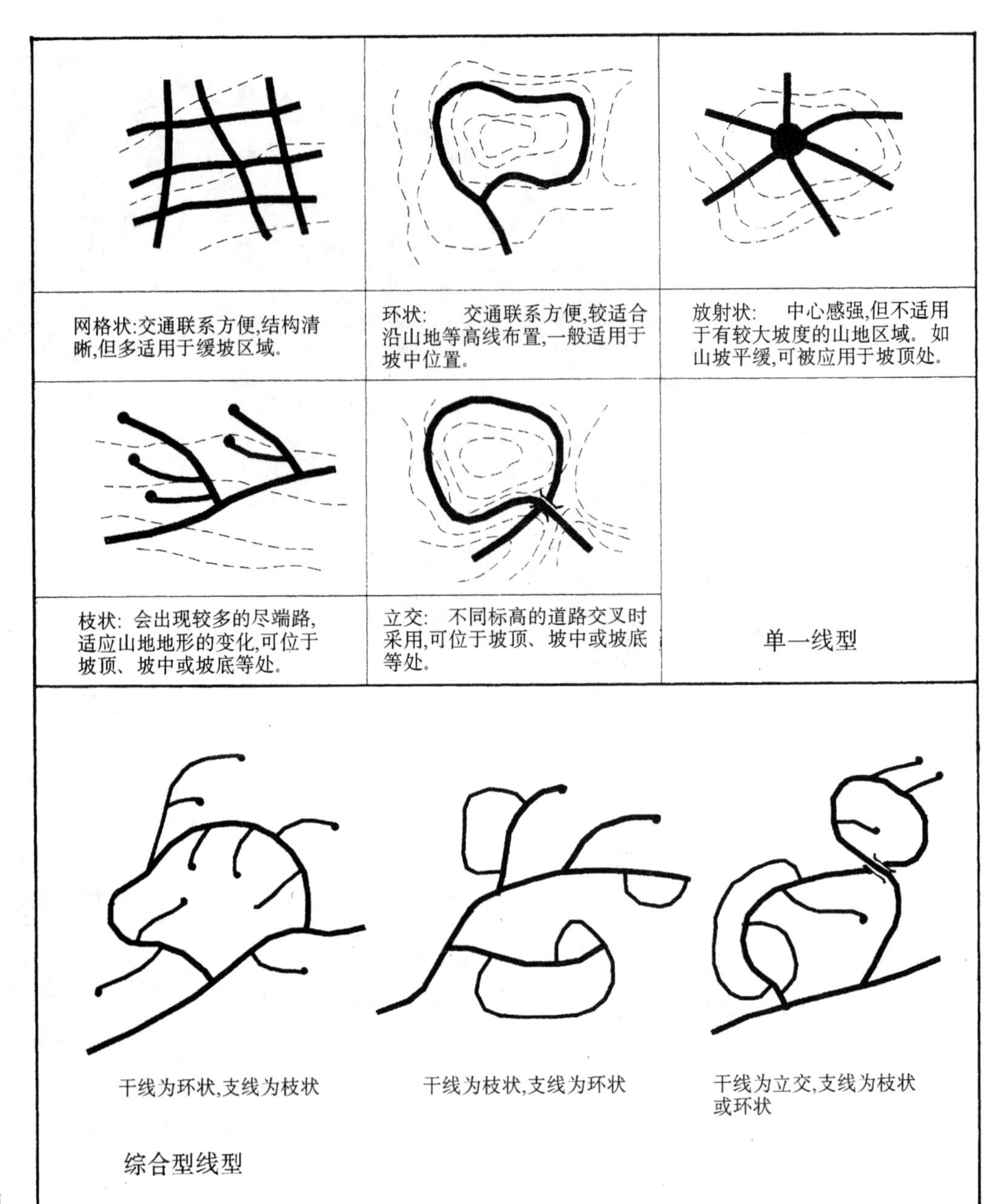

图 2-4-6 山地道路线型

形成了一个大环,其内部支线则或为枝状、或为环状,联接了各幢单体建筑,适应地形的变化和建筑群体布局的需要(图 2-4-8)。

道路布线还需与建筑形体组织和布局状况、出入口位置的选择相结合。比较常见的情况是,道路与建筑物相邻,道路的一侧或两侧布置建筑;而当山体坡度较大、建筑形体与山体等高线垂直时,道路有时会穿越建筑,因为山地道路大部分是与山体等高线平行或斜交的。当然,由于山地建筑具有"不定基面"的特征,有时,一个建筑会有不止一个的出入口,因此与其相联的道路可能也会不止一条,且是位于不同水平标高的,这对于满足建筑的功能分区、人车分流或增加层数等,都是有利的措施。

结合坡地将道路与建筑有机结合是很多建筑师的追求,例如在福州常青乐园的设计中[8],道路网的布置及其标高设置就充分考虑了与建筑的结合。常青乐园(图 2-4-9、彩图 47)位于福州西郊的山坡地上,是供老人居住、疗养的场所。为了减少老人的爬

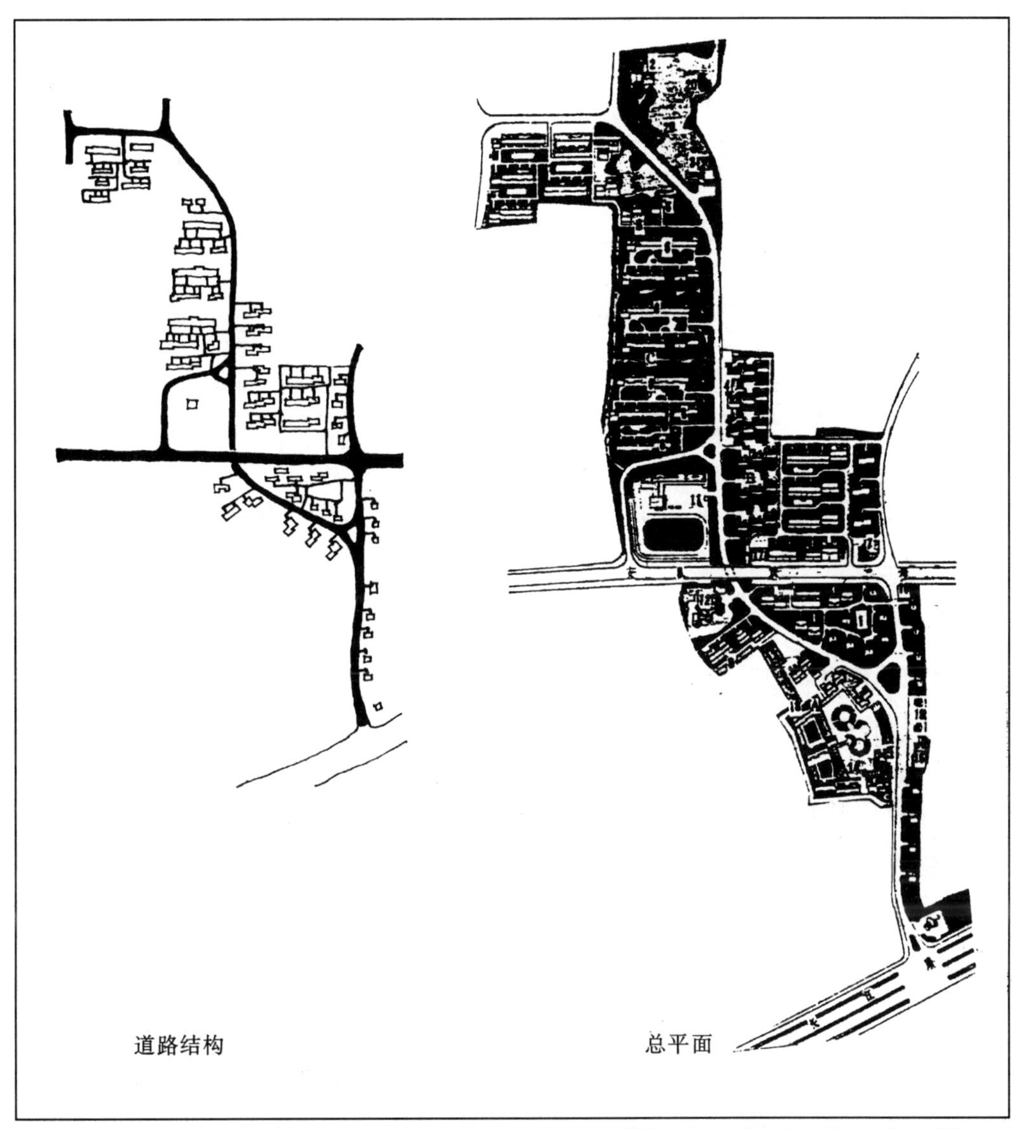

图 2-4-7　合肥琥珀山庄

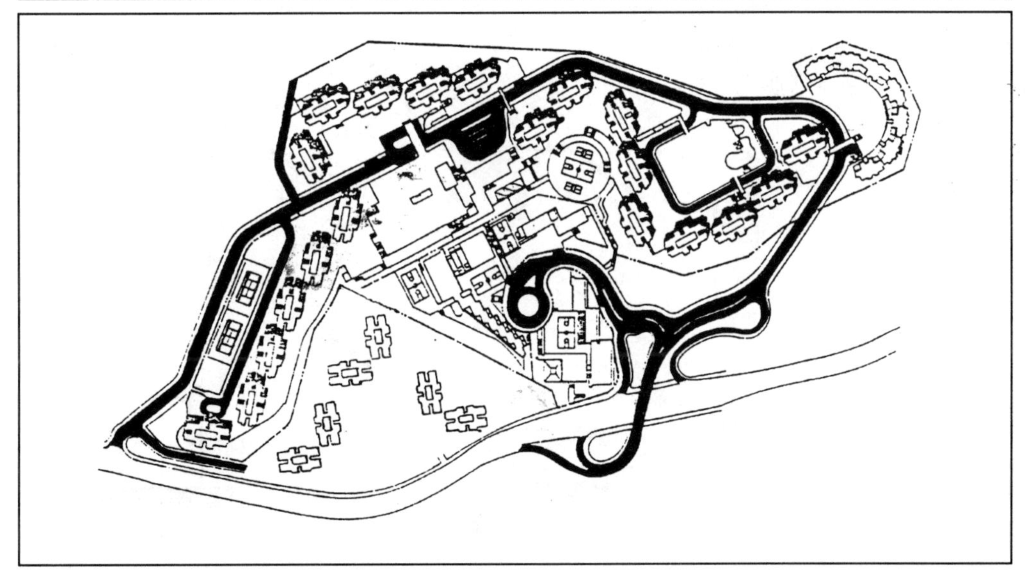

图 2-4-8　香港置富花园道路系统

高，所有老人住宅的设计，均保证爬楼不超过一层。在南坡上，道路、住宅均平行等高线，并合理地控制道路间距与高差，使两侧的建筑面对道路最多为上一层、下一层，这样，在两条道路之间的建筑虽然高达五层，但老人爬高仅有一层；在西北坡上，住宅垂

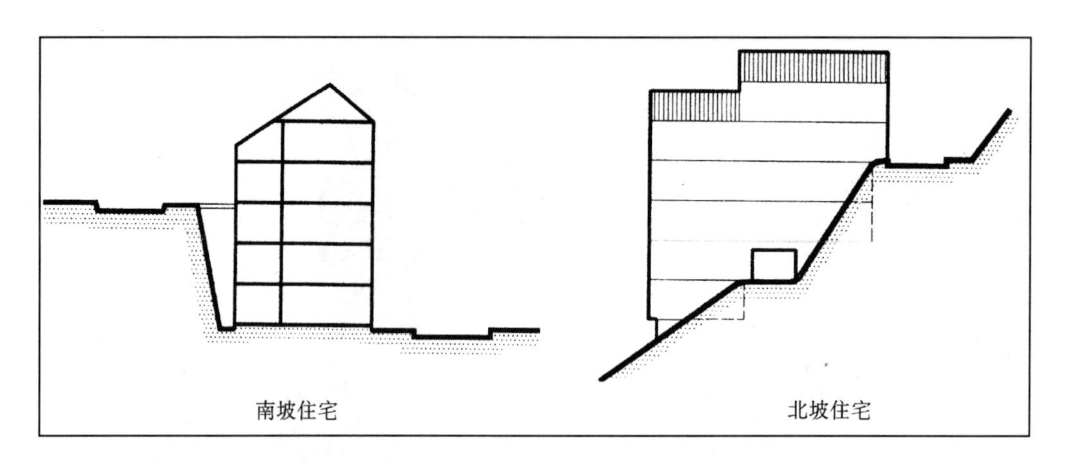

图 2-4-9　福州常青乐园(设计)道路与建筑关系

直等高线,两条道路通过建筑,其中一条路穿越建筑,同样使从不同道路进入住宅的老人仅爬高一层。

建筑群的道路布线设计,通常是在建筑设计之前进行,然后将建筑单体填入。也可根据建筑单体设计的要求,同时考虑地形特征,综合组织路网结构,以达到建筑群总体空间布局的合理性。

(三)道路截面

在通常情况下,山地车行道路的截面有路堤、路堑和半挖半填式等几种方式,在某些情况下还可以局部采用架空、悬挑或隧道等方式(图 2-4-10)。在实际工程中,后几种方式对经济及技术的要求较高,没有前三种方式简便易行,但是它们较能适应陡峭的地形,而且能增加趣味特色。

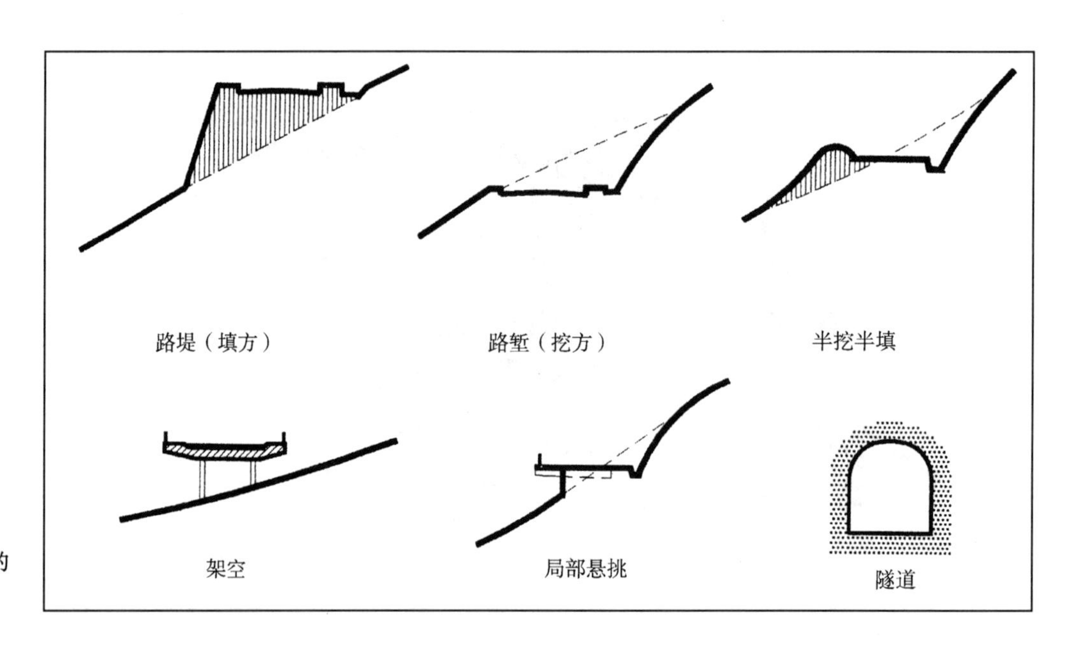

图 2-4-10　山地车行道路的截面形式

不论挖方式或填方式道路,都需注意其侧坡的稳定。为有效地防止冲刷、保持一定的排水坡度,对道路侧坡进行恰当的处理是必要的。里特(Ritter)在其《公路工程学》

(Highway Engineer)一书中指出，在美国，对于深度和高度为10英尺左右(约3m)的挖方和填方，其侧坡大约应为1/4，当挖方或填方不超过6英尺时，推荐的最陡侧坡为1/6[9]。

此外，我们还需注意道路截面形式与建筑的结合。为了减少车行交通对建筑物或步行交通的影响，还可以利用地形高差来形成适当的分隔、增加绿化，以减少噪声和车辆尾气的污染，改善步行空间和建筑空间的环境质量(图2-4-11)。

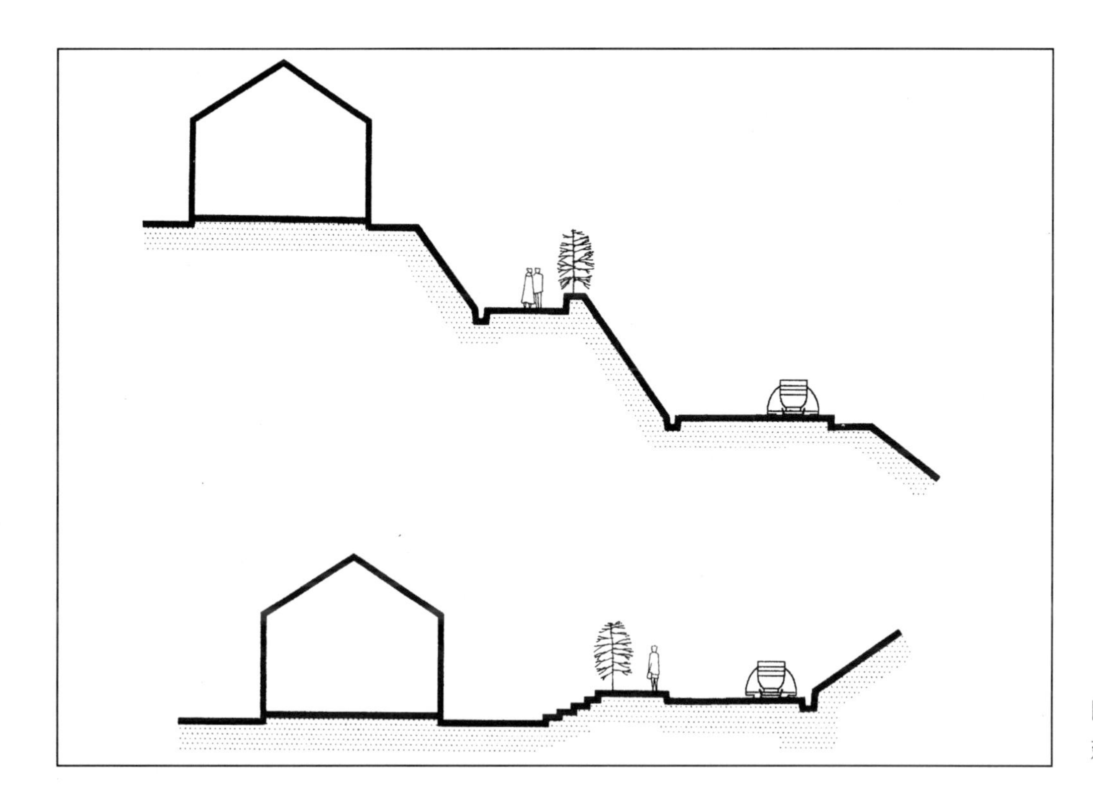

图2-4-11　山地车行道路与建筑、步行路的分隔

道路截面有城市型和郊区型二种。城市型道路在车行道两侧或一侧布置人行道，郊区型道路在车行道二侧布置路肩，以保护车道。

道路截面设计时，应考虑排水问题(图2-4-12)。通常要在道路截面靠山坡部位设置排水沟，以防止山上水流冲跨道路。排水沟的断面尺寸应根据水量大小计算确定，宽度不宜太小，以利于清理垃圾；同时在一定距离横跨车行道布置排水管，或统一进行有组织排水。

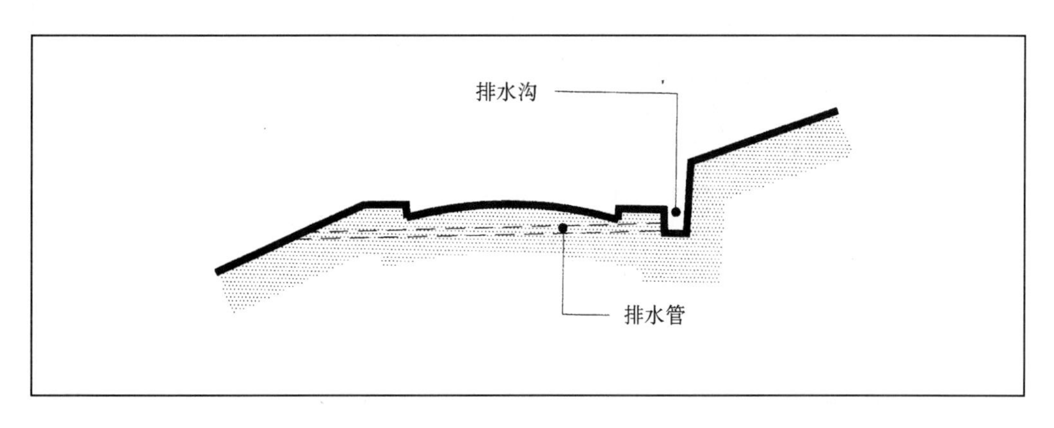

图2-4-12　道路排水沟

(四)停车场地的设置

随着车行交通的发展、车辆数目的增长，停车场地的设置是山地建筑所面临的重大问题。由于平坦用地的缺乏，山地停车场面临着可使用面积不足的困难；同时，作为山地环境中的人为空间，山地停车场还需考虑与山地自然景观的结合，以尽量避免其与山地原有环境的不谐调。

山地停车，最常用的方式是利用建筑的勒脚层，或放大勒脚层成平台，在其下停车(彩图48)。大型的建筑群往往结合基面的建立，在其下设置停车场(库)，例如美国夕照山公园城市中心设计方案将停车场安排在市镇中心广场和建筑的下面(图2-4-13)。

停车场设置与环境协调是山地停车场设计的另一个重要问题。在总体设计时，应尽量与地形结合。如日本爱知县某纪念馆(图2-4-14)，在路边停车，并利用小山丘设计圆形停车场，与环境融合。香港科技大学的停车库(彩图49)位于大学入口广场的东侧，随地形跌落设置多层停车库，结合倾斜的道路相应组织各层的车辆出入口，显得十分自然。

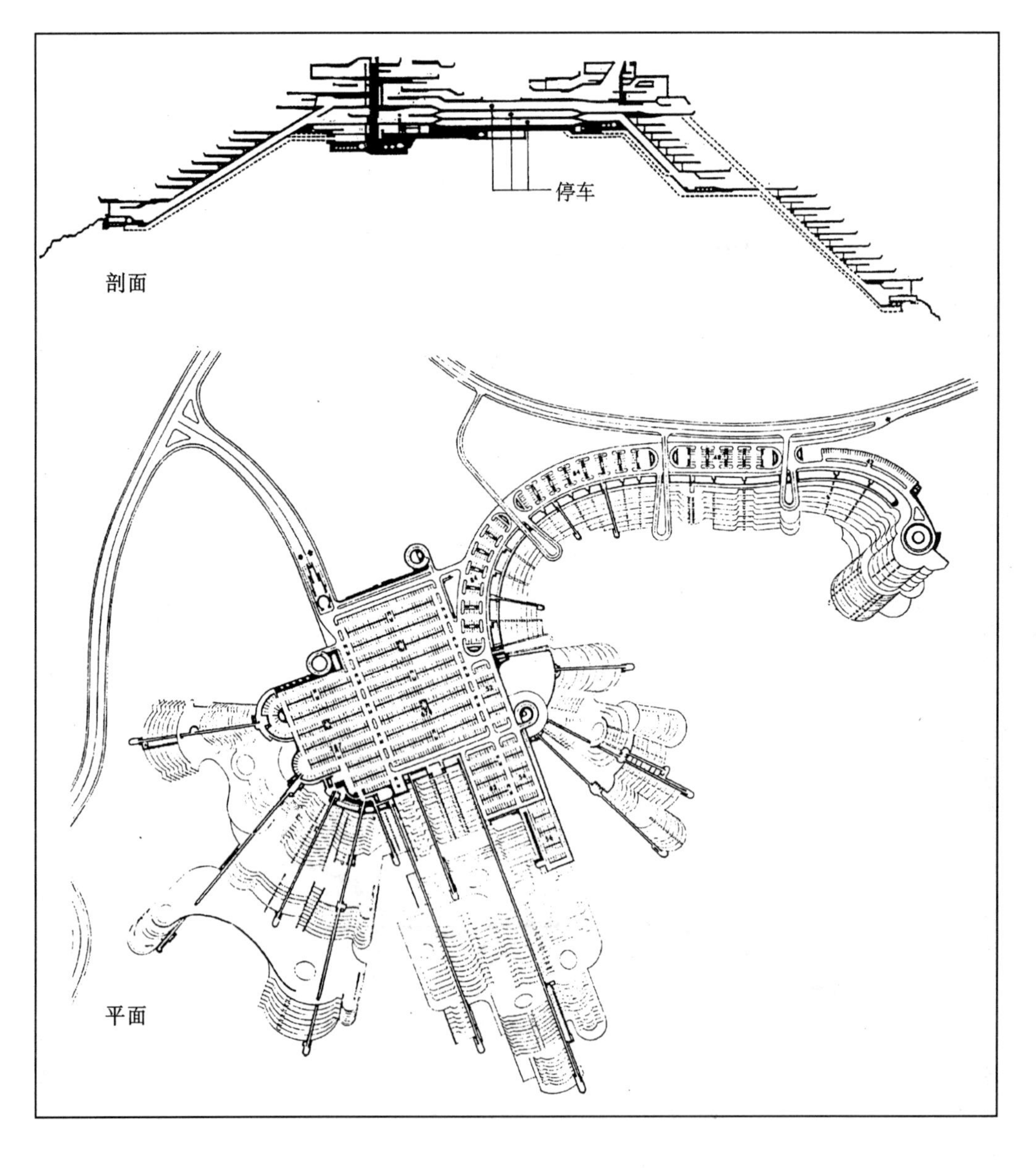

图2-4-13 美国夕照山公园城市中心停车场组织

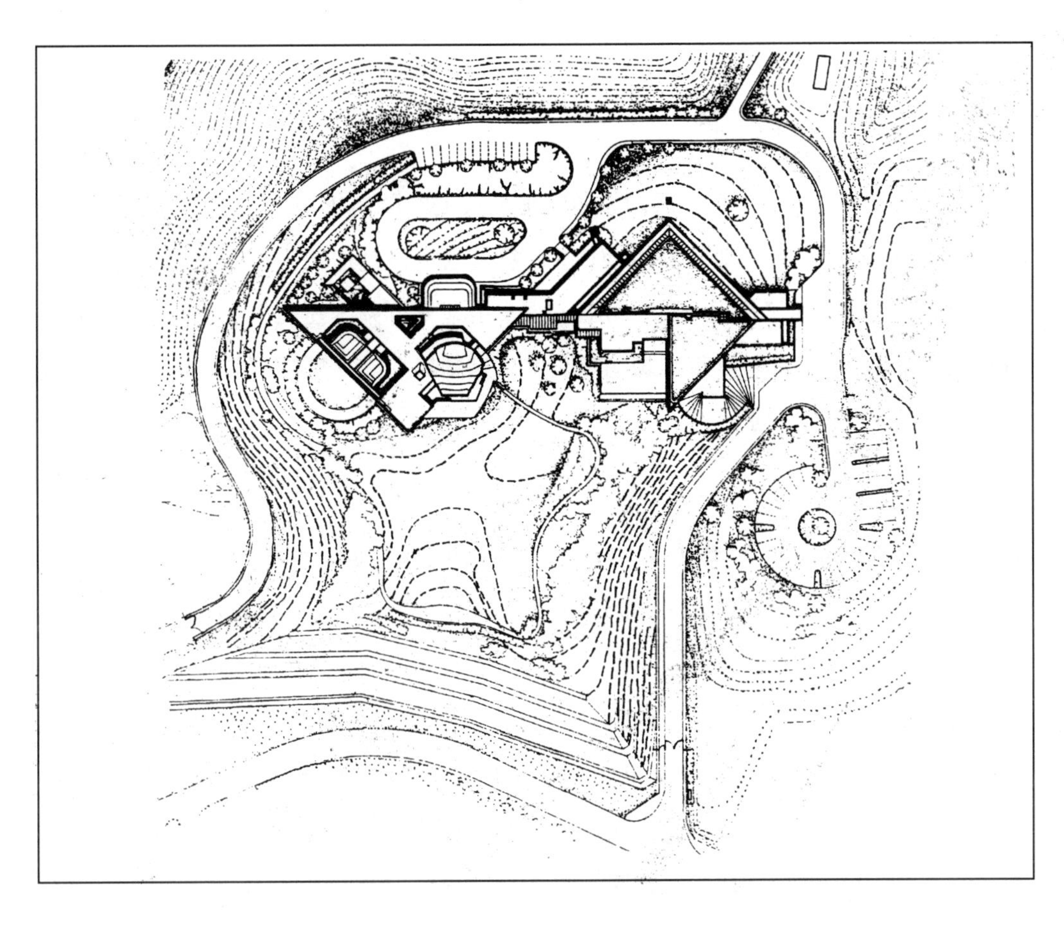

图 2－4－14　日本爱知县某纪念馆平面

在山地环境中，应尽量少做大面积的集中的由人工硬地组成的停车场地。为了维护山地景观的谐调，减弱人工环境与山地原有环境的冲突，可适当保留停车场周围的一些自然植被和地形起伏，以山体自然地形或植被形成对停车场的视觉遮挡，或者索性结合基地挡土墙形成室内车库，并在其上部覆土、培育植被，成为山体的延续（图 2－4－15）。

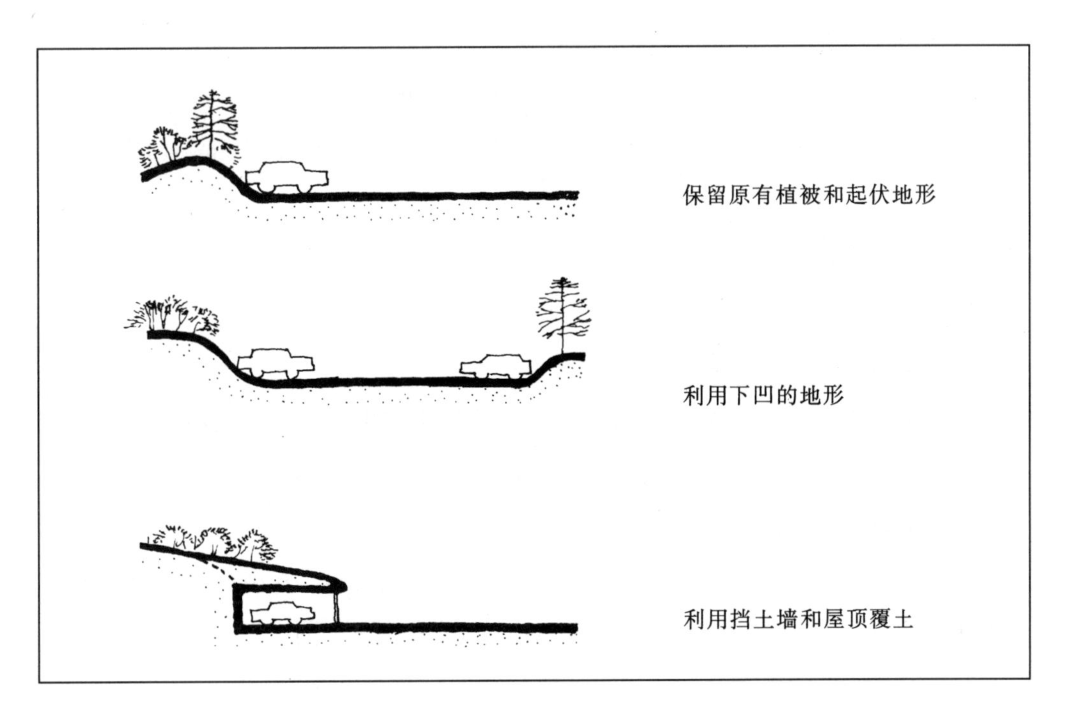

图 2－4－15　减少停车场地对自然环境的影响

三、山地步行交通

同车行交通相比，步行交通的布置受地形坡度的限制较小，其形式也较自由。在步行交通中，人是交通活动的主体，因此，步行交通的设计应从人的行为能力及心理感受两方面去考虑；除了满足交通的功能以外，山地步行系统还是山地建筑室外空间的有机组成部分，它常常与步行广场、庭院、室外运动场地等相联接；同时，山地步行交通还应与建筑形态、建筑景观结合。

（一）基本要求

对于人的运动可能性，莱文（K·Lewin）曾提出了"霍道逻辑空间"（Hodological Space）这一概念[10]，他认为人们"可能运动的空间"是对"短距离"、"安全性"、"最小工作量"、"最大经验量"等加以综合的"希望选择的路线"，而不只是简单的直线路径。山地交通虽然无法具有平地交通的"短距离"、"最小工作量"等优点，但是其环境景观的多变会引起人们的情绪变化，强化人们的心理感受，使人们获得"最大经验量"，变地形的不利因素为有利因素。

从人的行为能力出发，我们应注意山地步行系统的功能合理性和安全性。对于室外踏步来说，其尺度应比建筑室内楼梯更平坦、舒适，一般应为 130mm × 350mm，最好不超过 150mm × 300mm[11]，并需设置栏杆扶手，以保证行人安全。从人的体力方面考虑，应适当控制踏步级数并设置休息平台。坡道的坡度一般应控制在 1/12 以内，并且地面铺材需选用防滑材料。

从人的心理感受出发，我们应在步行系统的细部处理上注意保持山地特征，以视线联系的多样性、地貌地物的参与性来获得丰富的景观变化，激发人们对环境的兴趣，减弱因地形多变而带来的疲劳感。

（二）踏步

踏步是山地步行交通的主要形式，山地的起伏、高差通过踏步来沟通。山地建筑环境能通过踏步创造丰富的空间和景观。在踏步的组织、设计时，既要适应山地的坡度，又要考虑结合自然环境。

·适应坡度，选择各种踏步形式（图 2－4－16）

踏步根据地形坡度的变化选择不同的形式。

·结合自然环境组织踏步

踏步结合树木、花坛、跌水、岩石等自然要素组织空间，形成丰富的环境，使步行空间充满自然情趣，增强人与自然的亲和力（图 2－4－17、图 2－4－18）。

·踏步与坡道结合

随着社会的进步，尊重所有人的权利，已成为社会的共识。在山地，与平地一样要考虑适合伤残人的无障碍设计。为此，坡地上的踏步往往需要同时注意设置坡道（彩

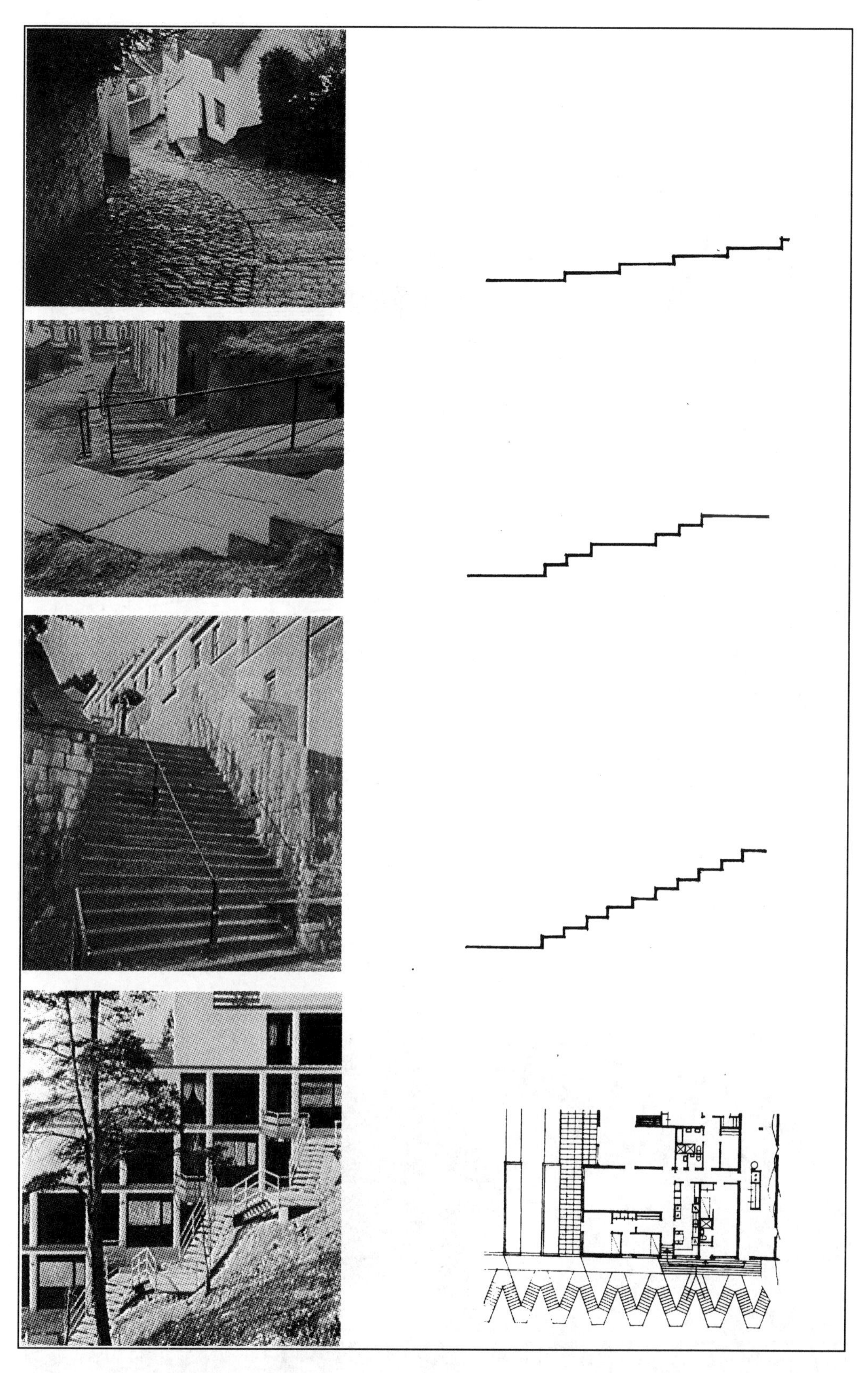

图 2-4-16　踏步形式与山地坡度

图50)。香港大学图书馆前的大踏步(图 2-4-19),在一侧布置了为伤残人服务的坡道,并结合坡道的平台安排休息坐凳,提供师生们歇脚、交往的场所。

(三)联系建筑空间

山地建筑空间的步行系统,通常运用踏步、坡道、人行天桥和电梯等手段进行综合

b. 澳门东亚大学的中央庭院

c. 日本某住宅区步行空间

a. 日本神奈川县某旅馆的入口空间

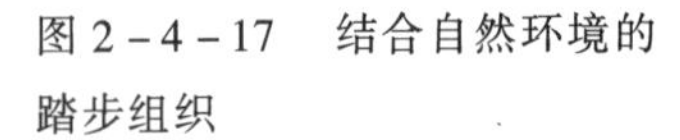

图 2-4-17　结合自然环境的踏步组织

图 2-4-18　香港香港公园入口踏步

图 2-4-19 香港大学校园内踏步和坡道

组织，以适应建筑功能的需要（图 2-4-20）。

也门萨那大学医学院建在坡地上，随中轴线逐渐升高，其内庭院（图 2-4-21、彩图 51）布置踏步、小看台和花台等，联系四周的教学用房，并消化高差，庭院的空间丰富多彩、亲切宜人。

台湾新竹县元培医专放射技术研究院（图 2-4-22）利用一个阶梯广场连接高差很大的本馆（第一期工程）和阶梯教室（第二期工程），阶梯成为步行交通的踏步，又是个半开敞的看台，起到一举两得的效果。

香港科技大学是立体化山地步行交通组织的佳好实例（图 2-4-23、彩图 52）。大

图 2-4-20　日本某公共建筑

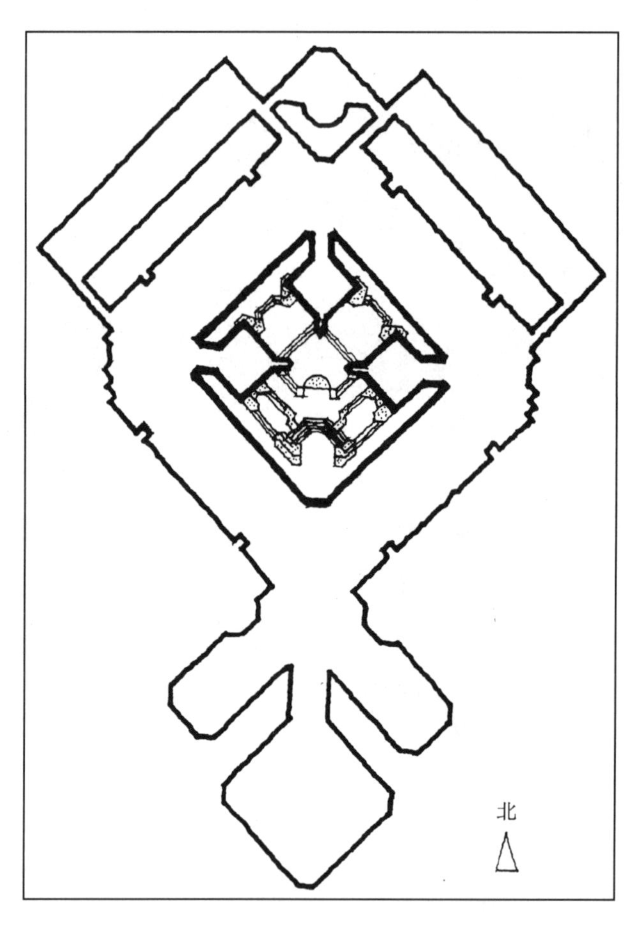

图 2-4-21　也门萨那大学医学院平面

学位于西贡清水湾的山坡上，背山面海，占地 $60hm^2$，建筑总面积 17 万 m^2，大学入口广场——教学综合体——学生宿舍区——游泳池、体育场，从北向南跌落达 100 多米，其间全用架空步道和电梯等联系（彩图 52），空中步道宽敞、起伏变化，两侧栽花，顶部为玻璃天棚，适当部位布置坐凳，阳光下光影变换、景致独好，成为师生交往、休息的宜人场所。

（四）联系城市空间

山地城市和建筑群如果单纯依赖车行道联系各幢建筑，会造成人车混流，给人们带来不安全感，缺乏人情味。20 世纪 60 年代以后，现代城市设计发展迅速，以人为中心的思想已成为规划、建筑界，乃至社会界的共识，世界各国的步行区得到长足的发展，山地环境也不例外。香港是个山地城市，很多建筑顺山建筑，从山脚到半山设置了很多条踏步梯道，90 年代在中环的上山踏步道上空还架设了自动电梯（彩图 53），与环形爬山车道立交，为市民的上、下山提供了极大的方便。

图2-4-22　台湾元培医专放射技术研究院

山地居住区的步行系统也很重要，特别是居住楼与公共服务设施的联系应充分保证居民，特别是儿童和老人的安全。香港穗禾苑(图2-4-24、彩图54)在这方面作出

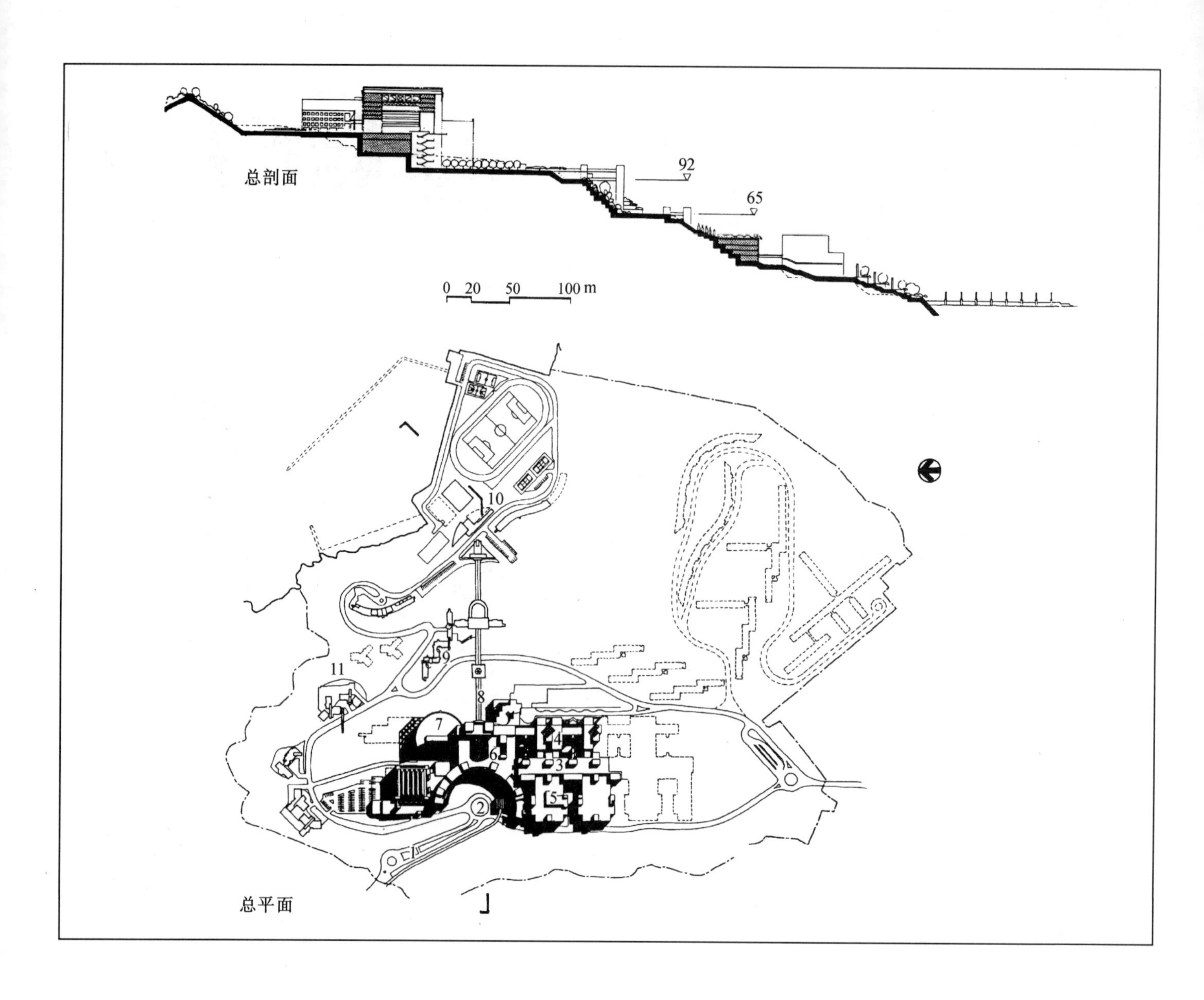

图 2－4－23　香港科技大学
1. 交通转换；2. 入口广场；
3. 讲堂；4. 教室；5. 实验室；
6. 行政管理；7. 图书馆；
8. 联系桥廊；9. 学生宿舍；
10. 运动场；11. 教职员宿舍

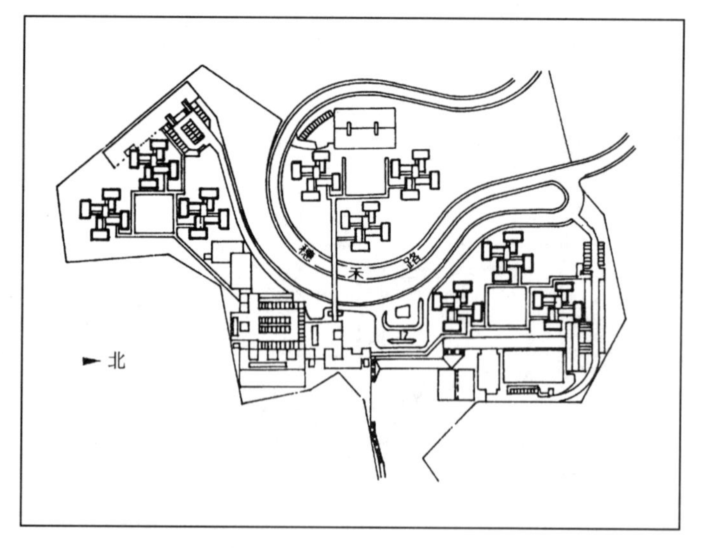

图 2－4－24　香港穗禾苑

了可喜的探索。穗禾苑位于沙田新城镇的一座小山丘上，占地 6.1hm²，共有 9 幢高层住宅，分成三个组团，社区中心设置购物中心、商场、公共汽车站等。基地处在二个标高的平台上，二个组团和社区中心位于同一标高平台，另一个组团位于较高的平台，从社区中心到该平台安排升降电梯和步行天桥，跨越车道进行联系，以满足所有居民都能步行到达社区中心购物及有关活动，而不受车行的干扰。

彩图 55 为城市道路旁设置电梯和天桥的例子，以减少人们的步行距离。

四、山地机械传动交通

在山地区域，除了一般的车行交通和步行交通以外，人们还可运用一些机械提升器具，如升降电梯、自动扶梯（图 2－4－25）、索道（图 2－4－26）、缆车（图 2－4－27）和架空轨道车（图 2－4－28）等。这些提升器具可以有效地帮助人们克服地形障碍，提高交通的舒适性和便利性。

根据前苏联 B. P. 克罗基乌斯所著的《城市与地形》，将山地提升器具按方向分类为：垂直的、倾斜的和任意向的三种；按驱动方式分类为：牵引的、自行的和连续的三种（图 2－4－29）。其中主要提升器具的技术经济指标见表 2－4－3。

在室外环境中，风景旅游区内的提升器具多采用索道、缆车、齿轮电车等，也有采用自动电梯的，如香港海洋公园（图 2－4－25）。在室内环境中，采用升降电梯和倾斜电梯的较多，自动电梯仅适合在人流量很大的情况下被采用。

垂直升降电梯是最常用的升降器具。但对于匍伏在山坡地上的台阶式建筑很难

图 2－4－25　香港海洋公园的自动扶梯

图 2－4－26　索道

主要提升交通工具的技术经济参考指标　　表 2-4-3

交通工具	无换乘交通距离(m)	交通速度(km/h)	运载能力(千人/h)	对客流变化的适应性	相对的建设运营费用
电梯	100*	小于 2.5	0.5	+	中等
自动扶梯	100	小于 3.5	8	-	很大
运输带	200	1.5~2	8	-	大
小车运输带	2000	3~6	1.5	-	很大
缆车	2500	3~10	0.5~0.6	+	中等
摆式索道	3500	5~10	0.3~0.4	+	小
环形索道	不小于 10000	7~8	0.4~0.8	-	小
齿轮电车	不限	15~30	10	+	中等

*包括至乘降场的步行距离在内。

安置，建筑设计时需要进行特殊的处理。例如意大利西西里的某假日旅馆(图 2-4-30)，建造在面海的悬崖上，坡度达 100%，台阶式布置，其垂直交通采用升降梯，为了克服倾斜建筑与垂直电梯的矛盾，在电梯井分别与各客房层设置天桥联系。

日本兵库县 TOTO 研修所(图 2-4-31、彩图 56)是自由布局的山地建筑运用垂直升降电梯的实例。研修所建在兵库县津名町的山坡地上，共 8 层，沿山坡跌落。建筑师安藤忠雄将入口放在最高层，客房安排在最下面的三层，中间为会议、研修和公共服务用房，设计结合地形进行立体构图，将垂直电梯井和天桥脱离建筑作为构图构件，使处在不同水平位置的建筑各部分联系成整体。

倾斜式电梯对于台阶式山地建筑最为适合，随着现代技术的发展，逐渐被人们了解和使用。德国吾培塔尔(Wuppertal)的公共住宅(图 2-4-32)建在坡度达 200% 的山坡上，错叠很小的台阶建筑运用倾斜式电梯，将各层住宅联系起来。

瑞士乌米布鲁格台阶式集合住宅也运用倾斜式电梯(图 2-4-33)，电梯每四层停靠一次。

图 2-4-27　香港上山缆车

图 2-4-28　庐山架空轨道车

图 2-4-29　山地专用提升器具

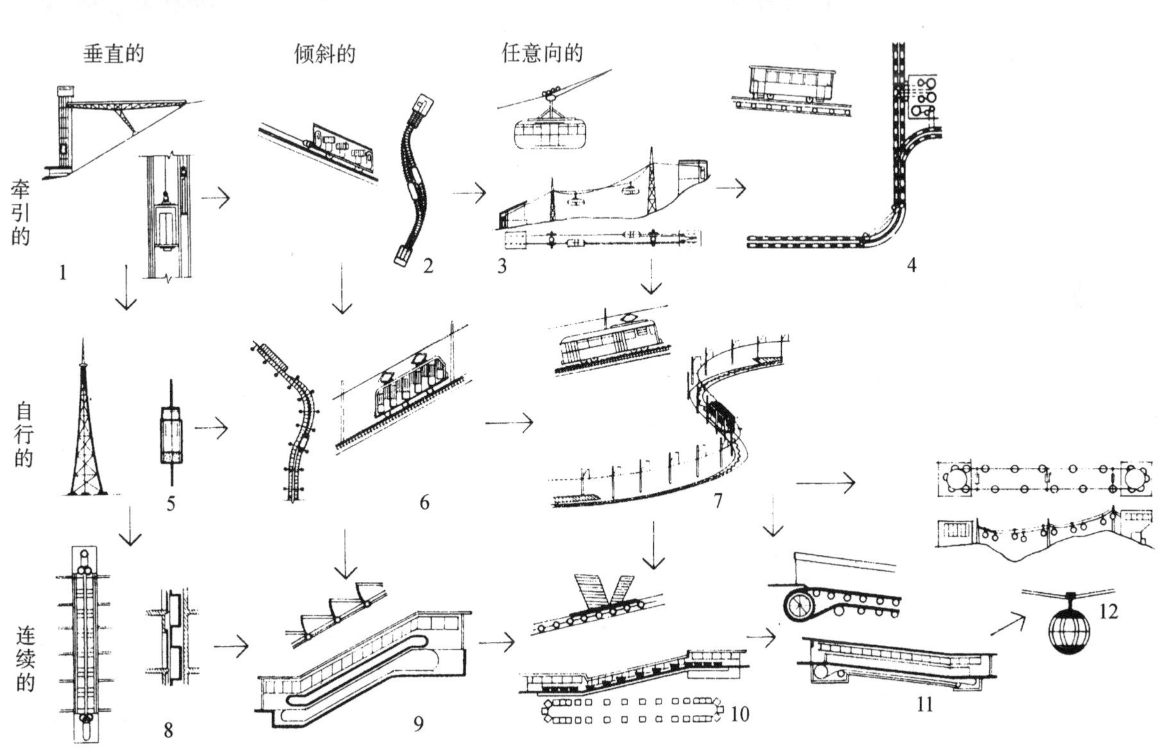

1—电梯($v=6$, $h=350$, $n=70$);2—缆车($L=2500$; $i=90$, $v=5$, $n=150$, $p=800$);3—摆式索道($L=3500$, $i\geqslant100$, $v=12$, $n=80$, $p=800$);4—牵引电车($i=20$, $v=5.5$);5—摩擦电梯($v=0.3\sim0.5$, $h=350$, $n=2$);6—陡坡齿轨电车($i=50$; $v=2.2\sim2.8$, $n=40$); 7—缓坡齿轨电车($i=25$, $v=4\sim10$);8—串珠式升降机($v=0.3$, $p=600$); 9—自动扶梯($i=30$, $v=1$, $p=10000$); 10—小车运输带($L=2000$, $i=50$, $v=2$, $p=1500$); 11—运输带($i=20$, $v=1$, $p=10000$); 12—环行索道($i=80$, $v=3.5$, $n=4\sim6$, $p=1000$) v—运行速度,m/s; L—路线长度,m; h—提升高度,m; i—路线坡度; n—客室容量; p—运载能力,人/h

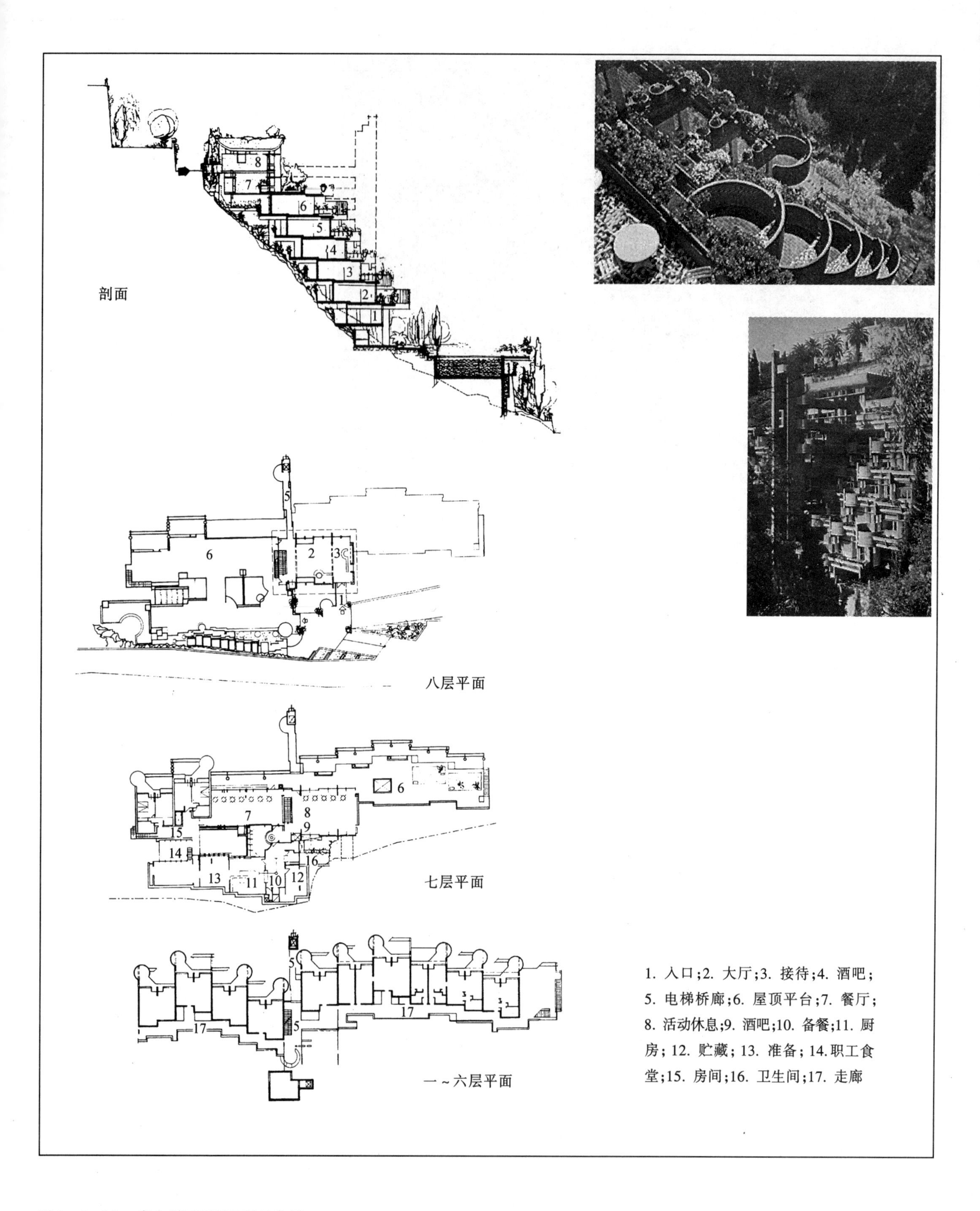

图 2－4－30　意大利西西里某假日旅馆

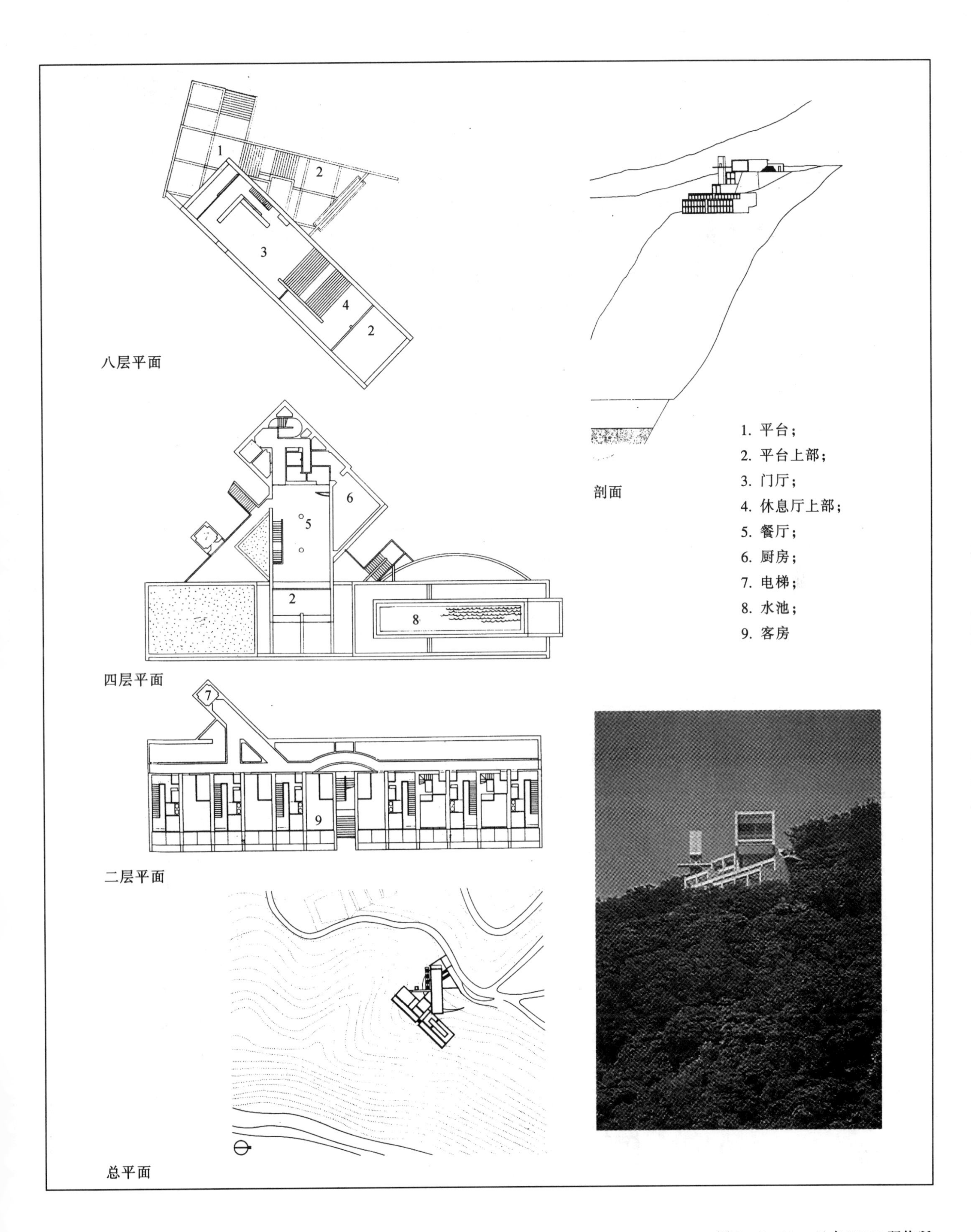

图 2－4－31　日本 TOTO 研修所

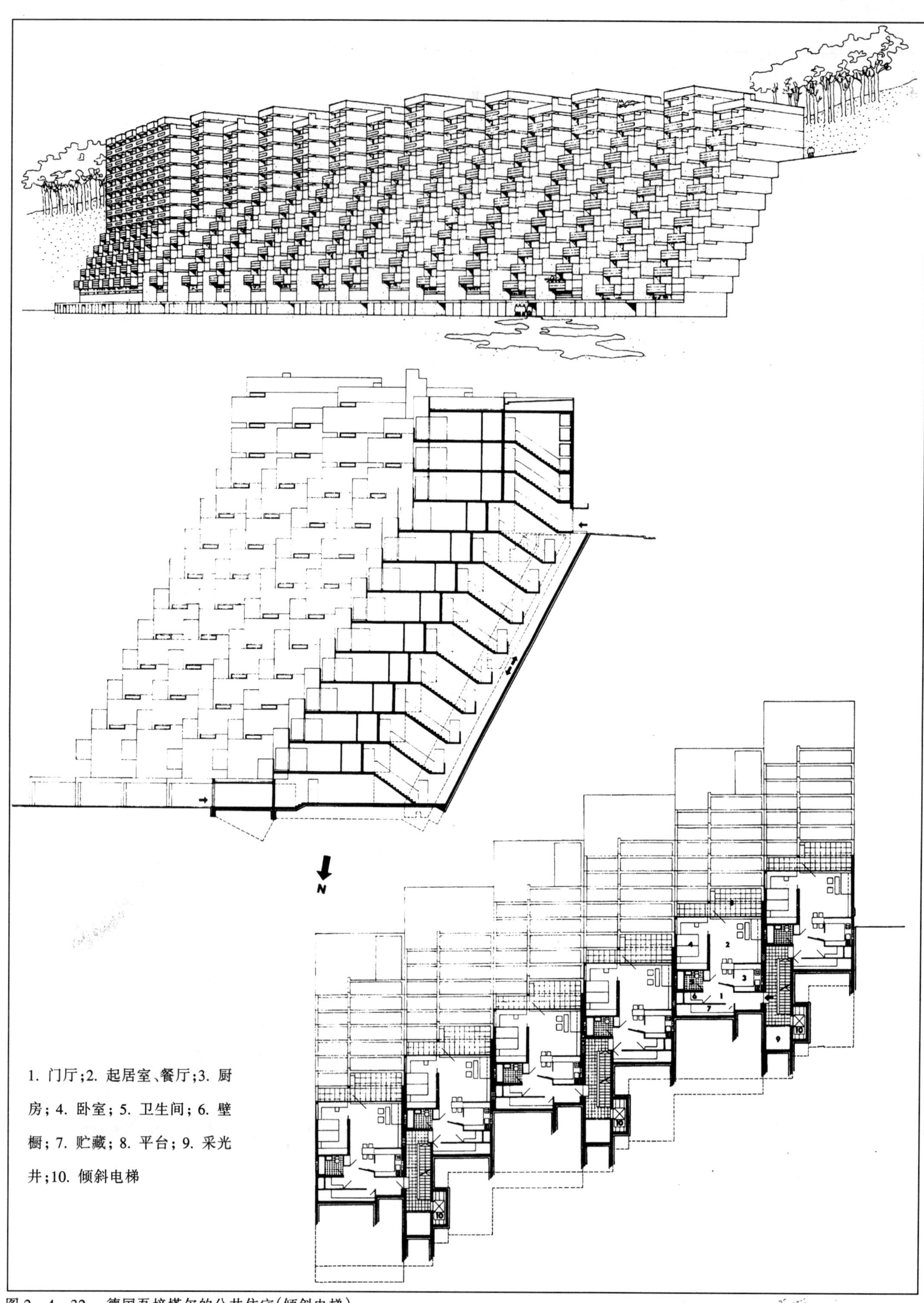

图 2－4－32　德国吾培塔尔的公共住宅(倾斜电梯)

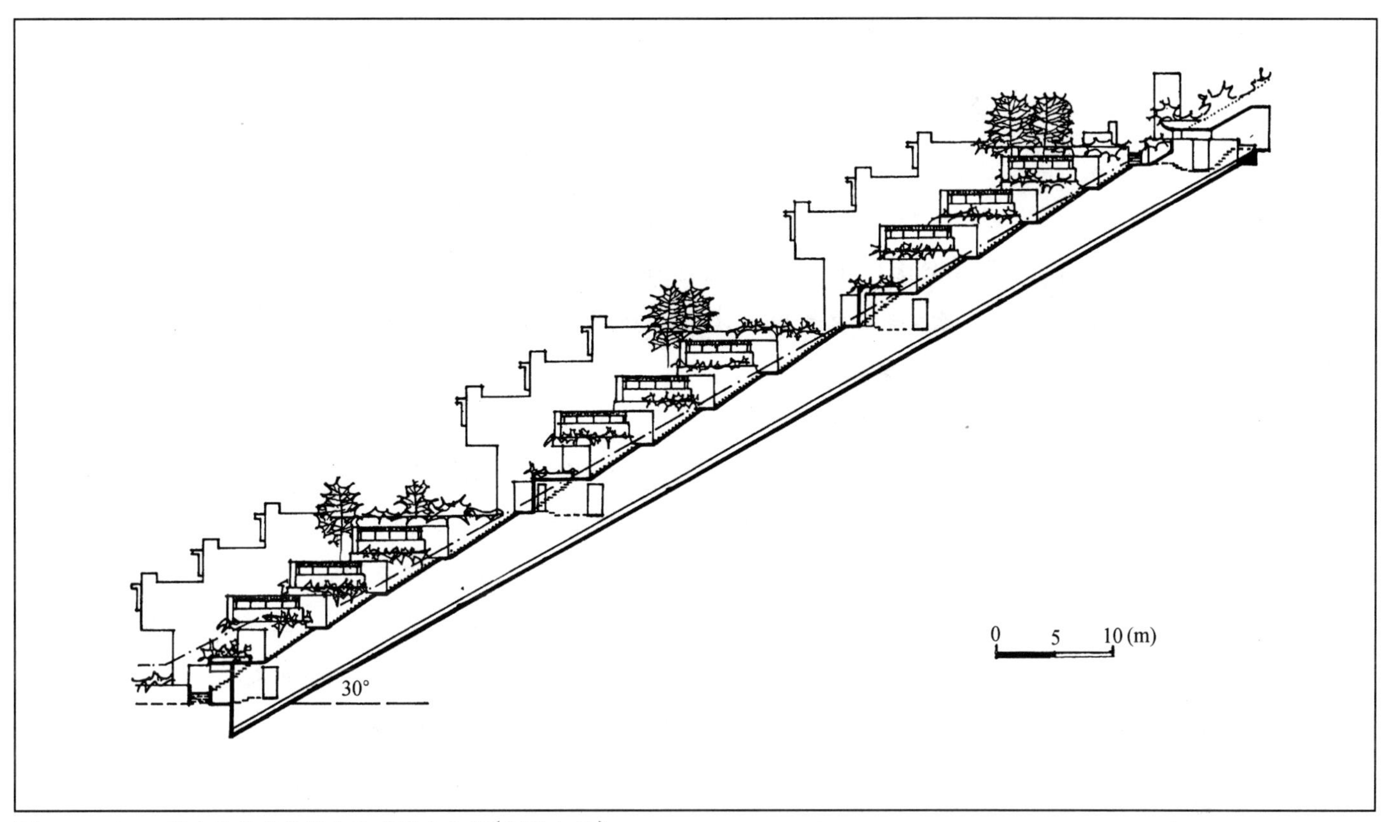

图 2-4-33　瑞士乌米布鲁格台阶式集合住宅(倾斜电梯)

第四章注释

① 向松林(1982),《浅谈山城建设特点》,《建筑师》第12期第89页。

② 郑光复(1984),《风景区的美学问题》,《建筑师》第19期第62页。

③ 徐家钰、程家驹(1995),《道路工程》第100页(同济大学出版社)。

④ 同上,第101页。

⑤ 同上,第100页。

⑥ [英]J·麦克卢斯基,《道路型式与城市景观》(中译本)第177页,中国建筑工业出版社(1992)。

⑦ 《琥珀山庄南村规划建筑浅析》,《建筑学报》1994年11期第11页。

⑧ 由同济大学卢济威等于1992年设计,但因资金问题至今未实施。

⑨ [英]J·麦克卢斯基,《道路型式与城市景观》(中译本)第181页,中国建筑工业出版社(1992)。

⑩ 孙光临(1992),《山地建筑群体研究》第3-3页,同济大学硕士学位论文。

⑪ [苏联]B·P·克罗基乌斯(1979),《城市与地形》(中译本)第56页。

第五章　山地建筑与工程技术

山地建筑是一门艺术，但是它同时也具有较强的技术属性——这是我们在第一篇里已经阐述的一个重要观念。在本篇的前几个章节中，我们研究了山地建筑的形态、景观、交通诸问题，它们对于山地建筑的功能要求和艺术特性是至关重要的。然而，要使以上的各方面要求得以实现，我们还需研究山地建筑的工程技术问题。

一、山地工程技术的要求

山地建筑区别于平地建筑的最大之处是各自所处的环境不同。从宏观环境的角度看，山地区域的地层岩性复杂、地形高差变化大，自然生态系统格外敏感，任何自然条件的变迁或人为因素的介入都会加剧和放大生态系统的失衡，是个自然灾害相对多发的地带；从微观环境的角度来看，由于山地建筑布局及其接地形态的多样性，建筑及其周边环境的结构稳定性面临着极大的挑战；此外，地形的起伏多变也使我们在处理规模较大、功能空间和配套技术设施较复杂的建筑方面遇到了较大的困难。研究山地工程技术的主要目标是为了满足山地建筑的防灾、结构稳定以及相关技术设施的要求。

（一）防灾

在山地环境中，地形的升降使山体具有了天然的势能，使山体地表的各种物质都保持了一定的运动趋势，其受地质活动和自然环境变迁的影响就更大，发生灾害的可能性也大大增强了。例如，我国四川盆地周围的“盆周山地”区域，山体高大，河谷深邃，地层岩性复杂，是一个山崩、滑坡的频发地区。据《四川通志》、《咸丰县志》、《云阳县志》等史料的记载，该地区曾分别在1786、1856、1896年爆发过大型滑坡，造成的人员伤亡均在千人以上。在现代，该地区自60年代又进入了一个新的地灾活跃期：1967年，川西雅江县发生巨型山崩并引发洪水，使雅垄江沿岸数百公里的地区受灾；1971年，川西汉源山岩崩滑，死亡43人；1974年，川东北南江县滑坡致死159人；1980年，成昆铁路铁西段发生滑坡，掩埋铁路160m，中断行车40天；80年代以后，又相继出现1981、1982、1987、1990年四次大范围的暴雨滑坡灾害，给人民生命财产带来巨大损失（表2－5－1）[①]。

山地灾害大致可分为地灾和水灾。其中地灾包括断层、滑坡、下陷等，而水灾主要包括山洪、泥石流等，它们的表现和影响各不相同。

1. 地灾

山地地质环境是在千万年的时间中逐渐形成的，它的稳定来源于山地生态系统诸要素的相互牵制与作用。如果生态系统的平衡被打破，就会使山地地质环境发生异常变动，引发地质灾害。山地地灾具体表现为下列三种类型：①断层：是山体岩层受力超过岩石体本身强度时，而发生的断裂和显著位移现象。从理论上来说，越是新生的断层地带，将来再发生断层的可能性越大。②滑坡：是指山体岩石或土壤在重力、水或其他作用下，失去平衡，向下坡方向发生的位移。它的移动方式包括堕落（fall）、倾翻（topple）、滑动（slide）及流动（flow）（图2－5－1）[②]，它的范围可大可小，速度可快可慢，有时每年可能只蠕动数厘米，非常具有隐蔽性。滑坡对于山地建筑的破坏是致命的，因为如果有建筑存在于滑坡所在的地点和所经过的地区，它将被彻底毁坏。③下陷：在以石灰岩为主的山地区域，地下水会将水溶性的石灰岩沿节理与层面慢慢溶解，形成很多洞穴，这些洞穴扩大以后即变成溶洞，会产生洞顶塌陷和地面漏斗状陷穴（图2－5－2）。当然，地层下陷也有可能是由人为因素所造成的，如地下水的过度抽采或地下矿藏的挖掘。

盆周山地80年代灾害统计 表2－5－1

时间（年）	地点	滑坡总数（万个）	受灾人口（万人）	毁农田（万公顷）	毁房屋（万间）	毁水电站（座）	死亡人数（人）	经济损失（亿元）
1981	川北、川西及部分川东地区	6.8	40.0	0.73	8.60	50	918	3.0
1982	川东忠县、万县、云阳等	6.4	100.0	0.66	3.60	40	1000	1.2
1987	整个盆周山地	7.3	42.5	1.33	1.00	59	200	1.5
1990	川东华蓥山地区	3.5	20.0	0.65	0.62	2	50	1.0

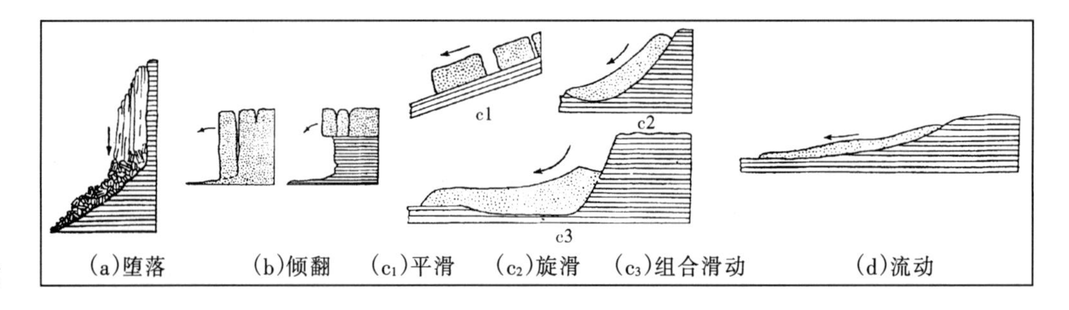

图2－5－1 滑坡的基本形式

2. 水灾

山地水灾的主要表现形式是山洪。它常常表现为：地表径流突然增大，溢出了原有河道、沟渠，形成对山体地表的冲击。它的特点是作用的时间短、暴涨暴落、流速大，对山地人为环境的破坏力极大。例如，爆发于1933年12月31日的洛杉矶“新年水灾”，冲毁了400多幢房屋，淹死了40人，毁坏了许多农作物、道路和其他建筑物，总损失量达5000万美元（按当时的币值计算）。

山洪的爆发常常伴随或引发了泥石流。泥石流，是指在山地环境中突然爆发的含大量泥沙、石块的洪流。它的运动速度较快，能量巨大，破坏能力极强。在其爆发时，往往伴有巨大的声响，使山谷雷鸣、地面颤动。在我国的一些地区，它又被称为“走龙”、“山啸”或“水炮”。

（二）结构稳定

从山地微观环境的角度来看，要维持建筑及其周围环境的结构稳定性，山地建筑比平地建筑有较大的困难。一方面，被开发为建筑用地的山地区域多硬地和裸地，地表的储水率、渗透率、蒸发率减少很多，雨水落于地面大多直接变为径流，对于建筑基地的冲蚀很大；另一方面，在建筑、道路的基础挖、填方过程中，常会破坏山坡的基脚，使上部山体失去支撑，形成坍塌。为了防止因水文状况紊乱而导致的环境破坏，维护山体边坡的稳定，我们必须要采取一定的措施，如进行适当的水文组织，防止水土冲蚀，修建挡土墙、进行边坡绿化、采取有效的防水措施等。这些，都需要我们有科学的、有效的工程技术手段。

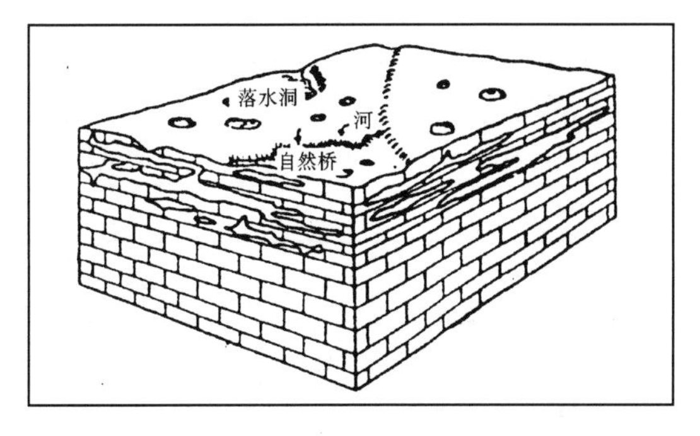

图 2-5-2　下陷(石灰岩洞穴及落水洞的形成)

(三)技术设施的满足

山地建筑位于山地环境中，其水平方向的延伸常会受地形的制约，竖向发展又会与不同标高的地表发生联系，这就为建筑技术设备的设置带来了较大的困难。为了满足设备功能的要求，设备用房的设置、设备管线的组织是必须要考虑的。

二、山地工程技术的特点

对于山地建筑的防灾、结构稳定和技术设施等诸项要求，我们需要借助地质学、力学、水文学等各相关学科的知识来进行分析，掌握各种工程技术手段的运用。然而，各专业工程技术手段的了解并不是我们的全部目标，仅仅靠纯工程技术的运用并不能使山地建筑获得理想的效果。科学的山地工程技术应该符合山地建筑的生态观和技—艺观，强调工程技术与生态学、美学相结合。

(一)山地工程技术的内在取向——生态观念的体现

山地工程技术的内在取向源于对山地建筑的防灾、结构稳定及满足技术设施要求的深入分析。

1. 山地灾害与生态系统的平衡

从地质学、水文学、生态学的角度来看，山地灾害的产生，一方面源于宏观环境的地质活动，另一方面也源于微观环境的变迁。其中，山地宏观环境的地质变动具有一定的不可避免性，而山地微观环境的变迁则与山地生态系统有关。

通过对山地生态系统的分析，我们知道，系统的平衡与地质、地形、气候、水文和植被有关，它们之间相互作用、互为因果，具有系统的整体性。其中，大规模的人工开发与植被破坏对山地生态系统的影响尤其严重，它改变了山地水文状况，使山地地表的径流集流时间缩短(表 2-5-2)、土壤冲蚀量加大(表 2-5-3)[③]，水土流失严重。

从生态系统与地质结构两方面考虑，我们能找出各类山地灾害的具体成因。如滑

土地开发度与集流时间的关系(开发面积约 $2km^2$) 表 2-5-2

开发度(%)	10	15	20	30	40	60
集流提早时间(min)	10	30	45	60	75	120
集流时间(min)	140	120	105	90	75	30

土地开发状况与土壤冲蚀之关系 表 2-5-3

开发度(%)		7(人工开发前)	13.5(开发后,未保育)	13.5(开发后,植生保育)
平均土壤冲蚀量	(t/hm^2)	2.178	7.5577	3.1808
	倍数	1	3.3	1.5

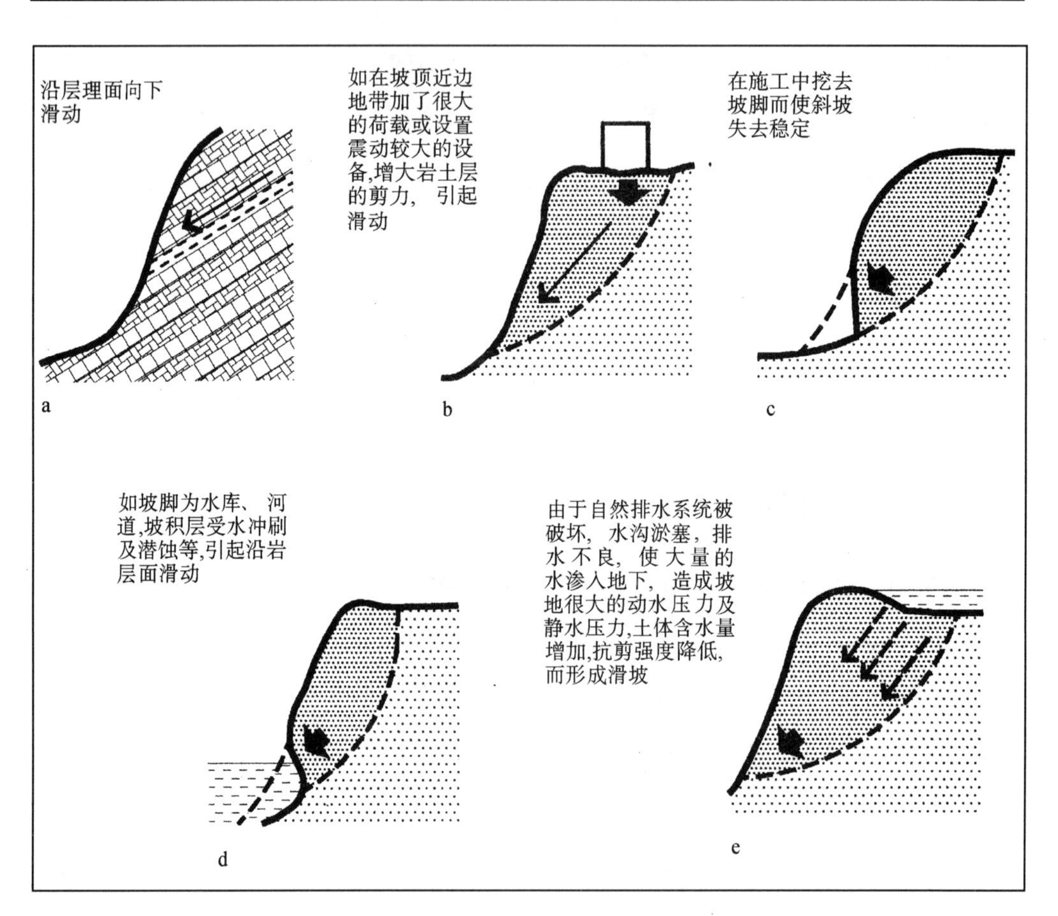

图 2-5-3 滑坡的成因

坡,它的产生原因可能是自然环境的变迁而形成层理面滑动,也可能是人为破坏、地下水侵蚀、水土失衡(图 2-5-3);[4]而山地水灾的成因则往往是由于山体生态系统恶化而引起的地表排水系统不畅或严重水土流失，当然，其直接的催化原因常常是雨量的突然增加。

例如,位于我国四川盆地周围的“盆周山地”区域山崩、滑坡频发,其成因既有地层岩性复杂,地质构造抬升活动剧烈的原因,也有人为的原因。60 年代以后,由于“三线建设”大军的进入,铁路、公路、水力设施的大规模建设和小矿山开采失控,使该地区的气候变化异常,又进入了一个新的地灾活跃期,灾害现象加剧[5]。又如洛杉矶的“新年水灾”,在它发生前,该地区正面临着因滥伐森林、过度放牧而引起的植被损失和水土流失,并经受了一场大规模的火灾,致使流域内近 195 平方公里的森林被烧毁。

由于山地宏观环境的地质变动具有一定的不可避免性，我们应该加强预见性研究，使建筑避开地区性的断层区和新生的活动断层地带，规避地质灾害的影响；对于自然环境的变迁，我们应从生态平衡的角度去考虑，尽量利用水土保持的手段，控制自然环境的稳定，因为一些大规模山地灾害的起因往往是无数次小范围的环境变化。

2. 结构稳定与生态原则的应用

为了维护山地建筑及其周围微观环境的结构稳定，我们需要谨慎地选择建筑本身的结构形式和遵循山体边坡防护原则。

对于建筑结构形式的确定，应从山地地质、地形出发，根据不同地质的承受能力和地形的陡、缓选择合适的基础形式。由于山地建筑的基础形式往往决定了山地建筑的接地形态，决定了建筑对山地地形的改动程度，因此，在确定山地建筑的结构形式时，我们既要从地质、建筑结构等方面去考虑，也要注意对自然生态的保护。

对于山体边坡的防护，应有整体的观念，从生态防护和工程防护两方面去考虑，尽量减小或缓解山体地表的运动势能。由于山体地表势能的大小往往取决于山体的坡度、高度和地表附着力，而山体的坡度、高度往往较难改变，因此我们应尽量注意保持山体地表的附着力。

影响山体地表附着力的因素可以是降雨、降雪、寒暑变化、风等自然现象，也可能是不适当的人工开发、植被破坏等人为现象，它们或者改变了原来环境的受力情况，影响了山地环境的力学平衡，或者改变了山地地肌。因此，为了保持边坡稳定，我们一方面应加强水土保持，减少人为因素对环境的破坏；另一方面应采取适当的工程技术措施，合理地组织水文，对有隐患的边坡进行结构加固，并注意建筑及挡土墙的防水。

3. 技术设施与环境谐调的可能

山地建筑的技术设施主要是指建筑的设备用房和工程管网。其中，工程管网包括建筑的给排水管线、暖通管线和电气管线等，它们与各类设备一起满足了建筑的技术机能。受山地地形、山位、坡度的影响，山地工程管网及其设备用房的设置有较大的困难。例如，由于地形的曲折变化、山地建筑布局的不规则，很难以直线的方式来联接各类管线；对于给排水管网的设计，需考虑山位变化，针对坡顶、坡中、坡底等不同地段采取不同的处理手段；使管网的分布充分结合地形，既可利用自然地形的天然坡度导水，又要注意因坡度太陡、水流流速太大对管线的冲蚀。

为了满足山地工程管线敷设的需要，简单的做法是采取工程的手段，或者对山地地形进行一定的改动，让地形适应管线的走向、坡度，或者让管线架空，使之克服地形的障碍。显然，一味地改动地形必然会形成对自然地形和植被的改变，而一味让管线架空，会对山地景观产生影响。

随着技术水平与人们环境意识的提高，人们在山地工程设备的设置方面有了更多的手法：为了尽量避免对山地地表的破坏，我们可以把设备管线相对集中，设置埋于地下或建筑联廊之下的共同沟。例如，建于太湖东侧的交通银行无锡会议培训中心，就在服务走廊的下部设置了共同沟(图2-2-62、图2-5-4);对于规模较大的山地建筑群体,可以把给水管线分区设置,如可布置多源多点管网、分压管网、分质管网等(图2-5-5);对于排水管线,尽量利用原有的天然沟渠、河道;可以利用地形高差,把朝向、通风条件不好的地下室作为设备用房。

在现代工程技术条件下,使山地技术设施兼顾技术与环境的要求是可能的。

由防灾与山地生态系统的关系,我们知道了人与环境"共生"的必然性,了解了水土保持对山地防灾的重要性;由山地结构工程的生态意义,我们发现,生态原则的把握是维持山地微观环境结构稳定的有力保证;由山地技术设施运用与环境的对立、统一关系,我们找到了技术设施与山地环境谐调的可能性。

因此,我们认为,山地工程技术的内涵是对生态思维的运用。从生态观念出发的山

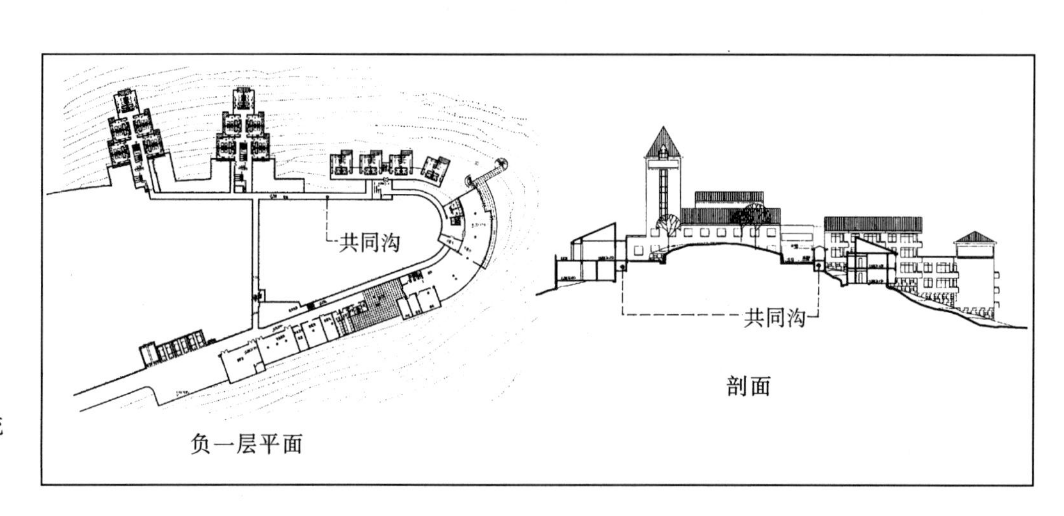

图2-5-4 "共同沟"的设置

图2-5-5 山地给水管线系统设置

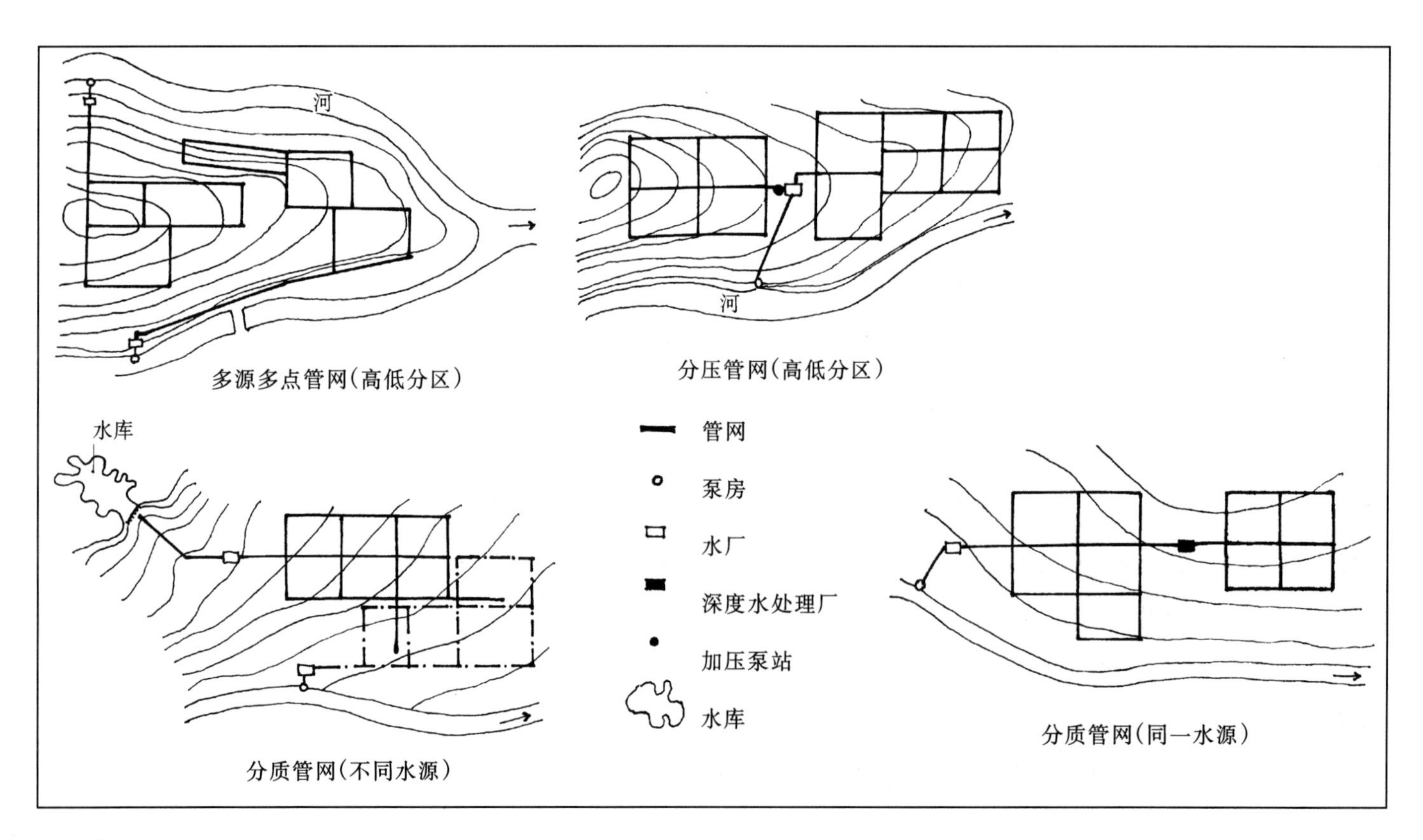

地工程技术主要包括山地环境的水土保持、边坡防护及减少设备设施对地貌的损坏等方面。其中,水土保持的主要手段是山地绿化、水文处理;边坡防护的主要手段是坡面绿化和挡土墙的设置。

(二)山地工程技术的外在表现——技—艺观念的运用

山地工程技术的实施必需要通过一定的物质手段。从机能上来说,这些物质手段满足了各种技术要求,具有明显的技术特征;从形态表现来说,这些物质手段是山地建筑及其整体环境的组成部分,是表现建筑艺术美的一个载体。因此,山地工程技术的物质表现往往体现了技术与艺术的融合。

例如,在山地环境中最为常见的挡土墙,人们在选择其结构形式或用材时,既会考虑其边坡稳定的结构需要,也会顾及它与建筑造型或外立面选材的谐调;对于山地冲沟的设置,人们既要从防洪、排洪的角度去推敲,又要从与建筑空间组合的角度去安排。

三、山地建筑的工程技术

由山地生态观念出发,为了维持山地环境的相对稳定,减少山地灾害的发生,必须走人与环境“共生”、建筑与环境“共生”的道路。而要保持“共生”,则必须加强水土保持工作,并在兼顾环境的前提下采取适当的工程措施。

由山地建筑的技—艺观出发,山地工程技术与建筑艺术相结合,具有可能性和必要性。山地工程技术手段的采用,应充分考虑山地建筑的形态和景观需要,体现其独特的艺术特性。

水土保持所涉及的工作主要包括两个方面:一是保护和改善山体地表的肌理,即“保土”;二是很好地控制山体地表的水文状况,即“保水”。这两个方面是相互影响、相互作用的。其中,地表肌理的改善有助于地表径流的控制,地表径流的合理组织可以保护地表肌理的完善。

要做到“保土”,植被的作用不可忽视。因为,在地表,植被既可以通过巨大的表面积以截流的形式储存相当部分的水分,又能以叶面蒸发的形式消耗水分,并通过根系活动,改善土壤的下渗,增加土壤对水分的吸收,保证了地表的储水能力,削弱了地表径流和地下径流的总量,减小山地环境受冲蚀的可能性。

要做到“保水”,则必须加强对山地环境的水文组织。因为,在山地环境中,地形和人为开发的因素使水文状况极不稳定:坡面愈长愈陡,地表径流的汇水量愈大、汇水时间愈短,对地表的冲蚀愈严重;人为开发的范围愈大、土地利用愈分散,对山地生态系统的扰动就愈大。

因此,山地环境的水土保持主要应采取以下两方面的措施:①绿化——根据环境条件,采取不同的绿化手段,保持植被占山体地表的适当比例,尽可能减少地表的裸露;②水文组织——保持山地各自然排水系统的通畅,适当考虑人工排水系统,合理组织各种形式的地表径流。

为维护山地建筑及其周围环境的结构稳定性，一些工程措施的采用不可避免。在边坡防护的诸项工程手段中，挡土墙的作用最为显著。在许多情况下，挡土墙的功能并不局限于其结构上的作用，它也是建筑环境的一个组成部分，是构成建筑形态和景观的重要元素。

(一)绿化技术

绿化对于山地环境的水土保持有着非常重要的意义，它能通过植被面积的增加或保持，减少、迟滞地表径流的形成，有效地增强山体地表的保土能力。山地植被对水土保持的作用主要体现在以下诸方面：a. 树冠、树叶能截持一部分的降水量，并缓和雨滴对土壤的冲击力；b. 草地、落叶、树干等使山体地表的粗糙程度加大，能降低地表径流的流速，延长径流的集流时间，增大水分入渗的机会和数量；c. 植被的根系具有强大的固土作用，能保护土壤免受径流侵袭。

除了水土保持的作用以外，山地绿化还对完善山地建筑的形态、景观有着重要的意义。因为，不同形状、颜色和分布的植被，可以更好地衬托建筑形体，丰富建筑环境的景观构成。

山地植被的存活和稳定，取决于植物对各地区土壤类型、气候特征和地形条件的适应能力及其本身的特性。因此，根据基地的生态环境和植物种类之间的相互关系，选择合理的植物种类和绿化施工方法至关重要。

1. 植物的选择

·速度与持久性的需求

以水土保持为目的的绿化，首先强调的是植被覆盖的面积和速度，即在最短的时间内最大限度地减少地表裸露。能符合以上要求的绿化手段首推植草，因为它实施手段简便、多样，植被成活周期短，容易在短时期内见效。而灌木、乔木的存活时间则依次比草地长。

然而，要维持山地植被的长期稳定，只有草本植物的存活是不够的，还需尽量培育或保存一定的木本植物。因为，草地虽然生长较快，但是其寿命常常较短，况且，其根系较多地集中于土壤表层，在坡度较陡的基地易被水流冲掉，不如根部深长、粗壮的乔木、灌木稳固。有了灌木和乔木的保护，草地的生存能力也会大大加强。

因此，从植被形成的速度和持久性来看，应提倡草本植物和木本植物的结合。

·防病虫等灾害的需求

对于大面积的山地绿化来说，为了便于施工、管理，我们常常希望选择的树种越单一越好。然而，多数情况下，在一块基地上混种两种以上的树种，形成"混交林"，往往好处更多。因为，树种不同，病害、虫害、火灾等发生后不易蔓延，且能充分利用地力、发挥水土保持的作用。

例如，针叶树的枝叶带酸性、富含油脂，既不利于改良土壤，又易发生火灾。而如果把它与阔叶树混种，不仅可以改善土壤的渗水能力，减轻毛虫的危害，还能利用阔叶树含水分较多的特点，隔离火灾。

·环境条件的需求

各种植物有不同的生长特性（表 2－5－4）[6]，根据各地土壤、气候条件的差异，选择人工绿化的植物类型，应优先考虑在当地生长良好的乡土树种。植物的生长、发芽是否充分，通常与土壤的硬度、酸碱度、干燥度等细微因素及环境气候有关。

播种用植物的特性（引自安保昭著的《坡面绿化施工法》）　　表 2－5－4

植物名	草树长高(m)	适播种期(月)	生存年限	形态	发芽率	纯度	1g种子粒数	耐瘠地	耐干	耐湿	耐暑	耐寒	耐酸	性质及其他
下垂爱情草 W.L.G	0.7～0.9	4～6	多年	丛生	87	85	3000	○	○	×	○	□	○	不选择土壤，耐热，冬季不枯，不喜阴
肯塔基－31酥油草 K.31.F	0.8～1.2	3～5 9～10	多年	丛生	90	85	400	×	×	○	○	○	□	不选择土壤，耐寒，冬季不枯，适宜混播
爬行红酥油草 C.R.F	0.3～0.5	3～4 9～10	多年	地下茎	80	80	970	○	○	□	○	○	○	适应砂质土，耐干燥，耐热性稍差
梯牧草 T.I.M	0.8～1.0	3～4 9～11	多年或短期	丛生	90	85	2500	○	□	○	□	○	□	喜冰凉湿润地，耐寒，不喜阴
果园草 O.G	0.8～1.0	4～5 9～10		丛生	85	80	1100	○	○	○	○	○	○	不选择 土壤，耐干差，耐寒性强
肯塔基兰草 K.B.G	0.3～0.4	3～5 9～10		地下茎	80	85	4300	○	×	○	×	○	×	耐寒、耐阴性好，发芽稍慢
多年生黑麦草 P.R.G	0.5～0.7	3～4 9～10		丛生	90	90	460	×	□	○	□	○	□	喜土壤肥沃，耐干差，需混播
意大利黑麦草 I.R.G	0.6～1.0	2～4 9～11	一年	丛生	90	97	400	×	□	○	□	○	×	喜日照，耐热差，生长期短
百慕大草 B.G	0.1～0.2	4～6	多年	地下茎	85	80	3400	○	○	×	○	×	○	喜干，耐暑热性强，不适应阴地
巴伊阿草 B.H.G	0.3～0.5	4～6	多年	下繁草	40	90	300	○	○	×	○	×	□	适应干燥的砂质土，耐热，发芽率差
白三叶草 W.C	0.2～0.3	3～5 9～10	多年	地上茎	90	80	1400	○	□	○	□	○	□	不选择土壤，耐干稍差，需混播
红顶草 R.T	0.4～0.6	3～4 9～10	多年或短期	地下茎	90	85	12000	□	□	○	□	○	○	不选择土壤，耐寒，不能密生
艾蒿	0.5～1.0	3～5		丛生	50～80	85	3500～4000	○	○	○	□	○	□	不选择土壤，耐寒，冬季干枯不好看
虎杖	0.5～1.5	3～6		丛生	20～60	85	500～600	○	○	○	×	○	○	不选择土壤，耐干寒，冬季干枯
狗尾草	1.0～1.2	3～6 10～11		丛生	20～60	90	1000～1500	○	○	□	○	○	□	不选择土壤，发芽丛大
铁扫帚	0.3～0.5	3～6		下繁草	60～70	98	720	○	○	□	□	○	□	适应瘠地、硬质土，耐干
山赤杨	10.0～20.0	3～6		落叶高树	30～60	90	1250	○	○	○	□	○	□	适应瘠地，初期生长慢，耐寒
山榛	4.0～7.0	3～6		落叶高树	30～60	85	750	○	○	×	○	□	○	适应瘠地，不怕压，耐热性强

注：○——好，□——中等，×——差

对于草本植物而言，可在比较广泛的气象范围内使用的有白三叶草、艾蒿、铁扫帚等；酸性土壤的山地，可选择虎杖、爬行红酥油草、百慕大草、果园草、红顶草等，而土壤干燥的山地可选下垂爱情草、百慕大草、爬行红酥油草等。

对于木本植物来说，在荒山光坡上，应选择耐干旱、耐瘠薄土壤的树种，如松树、荆条等；在河岸、侵蚀沟周围，应选择分枝多、耐水湿、耐盐碱的树种；而在陡坡、山崖处，应选择有匍伏茎或可利用根蘖和压条来繁殖的树种等。[7]

在山地环境中，山地地形的变化，会使植物的生存条件出现差异，因此，植物类型的选择还应考虑地形的因素。在这方面，民间有许多谚语，生动、形象地反映了一些树种的特性。例如，南方常有“松树岭，杉树凹，栎树（俗称“柞树”）高山把根扎”的说法；而在北方，人们则常说“阴坡油松阳坡槐”、“洋槐阴阳弯，桑树插地畔，臭椿立崖头，核桃栽沟边”等。

2. 种植方式

植物的生长取决于其获得养分的多少和难易程度。在山地区域，山地地表土层和水分的移动较快，这会破坏植物的根系，影响水分与养分对植物的补给。因此，山地绿化的施工应把重点放在保证植被基盘的稳定上。

对于植草工程来说，我们可根据实际情况，采取以下的诸项措施：铺网、铺面，为了防止表层土砂、岩块的移动，吸附种子，可将纤维网、金属网铺设于山坡上，并用铁锚予以固定，或者以野草、席垫、布纤维等粘附种子及肥料铺植于坡面上，使坡面植被迅速成长；框格保护，为了减少边坡侵蚀、固定植被用土，可将预制的框格在坡面上装配成各种形状，用锚和桩固定，然后在框格内堆土种植植物；种子喷植，用湿式喷枪等将种子、肥料、土、水等混合物以压缩空气向坡面喷射（图 2－5－6），然后再洒布沥青乳液等侵蚀防腐剂进行养生，运用此法施工速度较快，但是常易被施工后的降雨所冲蚀，因此一般需与铺网工程组合进行；点穴、挖沟，在土壤硬度较高、土砂流失较严重的山坡地段，我们可采取点穴、挖沟的方式来实施绿化，点穴工程的过程为：首先在坡面上挖掘直径为 5～8cm 深 10～15cm 的洞，其密度约为 8～12 个/m^2，然后将固体肥料等放入，埋上土砂，进行种子洒布。挖沟工程是指，在坡面上按水平间距 50cm 的距离挖沟，其深度约为 10～15cm，然后再放入肥料、土壤，洒布种子。

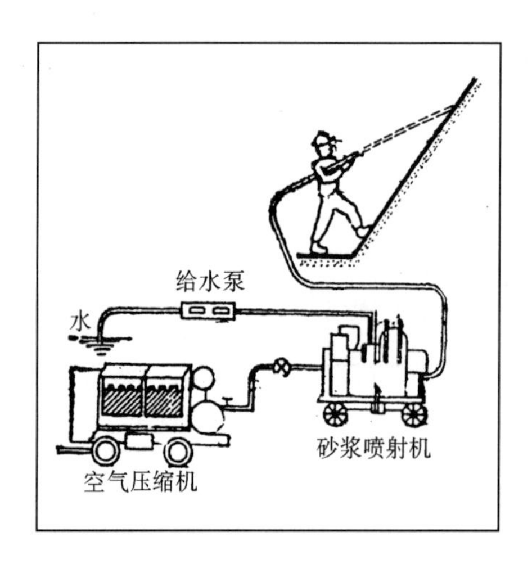

图 2－5－6　湿式喷植种子的机械配置

对于植树工程，我们主要应采取适当的整地手段，以减少土壤流失、保持一定的水分。鱼鳞坑整地法：在坡度小于 25°、冲蚀较严重、地段比较零碎的山坡基地上，每隔一定距离和高差开挖一些土坑；水平阶整地法：在坡度不超过 30°的石质山区、黄土山区或土质虽好但日照较差的阴面山坡上，可将坡面修成里低外高的一个一个台阶；水平沟整地法：在干旱的陡坡上，可自上而下每隔一定距离修筑一些水平沟，沟的间距一般为 1～5m，但也可随坡度陡缓、土层厚薄、雨量大小、种植树种等情况作相应的改变。

有时，为了提高树木的成活率，我们还可在树苗的周围、水平阶的侧面铺种草皮，以稳固地盘，保持水分。

为了弥补山地建筑对环境植被的破坏，提高景观质量，人们常常在山地建筑形成以后，采取一定的人工绿化手段。

由于山地建筑具有不定基面的特征，屋顶往往被用来作为基面，在其上种植各种绿化树木是必然的，根据所选植物的不同，覆土的深度应有所变化。一般说，种植草本植物，有20～30cm的土层即可，种植灌木，需深50～60cm的覆土，而如果是乔木，覆土的深度则需达到150～200cm。

屋顶、平台上覆土种植绿化，应注意排水组织，同时在土壤的下层适当铺垫松散材料，如卵石、粗砂等，以防止粘土阻塞排水管。

(二)水文组织

在山地生态系统中，水体是实现生态循环不可缺少的因素，它有利于植物生长，对于维持地表环境的稳定具有极其重要的作用。但是，过量的、失去控制的山地径流又是非常有害的，它们一方面会对地表产生冲蚀作用，破坏地表植被，并在暴雨的催化作用下，携带大量的土壤及岩屑冲向下游，堵塞河道、沟渠，引发山洪或泥石流；另一方面，它们会渗入地下，形成地下溶洞或暗河，使山体地表的抗剪强度降低，导致滑坡现象的发生。因此，要保持山地环境的水土平衡，我们应当组织合理、顺畅的排水系统，对山地环境中的各种径流进行有效的控制。毫无疑问，山地排水系统的组织，给山地建筑带来了安全保障，也同时对山地建筑的形成产生了制约。因此，怎样使水文组织与山地建筑的布局相谐调、将水文需求与建筑需求相结合，也是我们必须研究的一个问题。

1. 山地排水系统的组织

在山地环境中，每一个排水系统的形成是以汇水区域为单位，它们之间以山体脊线(分水岭)为界限。汇水区的范围有大小之分，有时范围较小(或脊线相对高度较低)的集水区可以被忽略，它的排水将被合并到与之相邻的大汇水区中去。

山地排水系统包括自然排水系统和人工排水系统，其中自然排水系统是山地环境长时期自然平衡、自然衍化而来的，能解决一般情况下的排水需要，但是对于突发的径流增大或大规模的环境改变则无法适应；人工排水系统是自然排水系统的补充和改进，对于因人为开发而形成的环境改变，它具有补救的作用。

任何排水系统，其对水文状况的控制，主要体现在对地表径流进行合理的“蓄”与“排”。因为，适当的“蓄”可以削减径流的流量；有效的“排”可以使径流迅速疏导，减少对山体地表的冲蚀。当然，具体怎么“蓄”、怎么“排”，应根据不同的排水系统、各个山体地段的径流总量和径流走向来决定，并尽量考虑与自然地形、建筑形态的结合。

(1)自然排水系统

山地自然排水系统是由各种形式的山地自然水体及冲沟所组成的，其中自然水体包括湖泊、水洼、溪流、沟涧等，它们多位于汇水区域的下游或地势低洼处，既能贮存自地表汇集而来的水流，又能疏导一部分水流到水体下游；而冲沟则一般位于山体汇水面的交界处，在大多数时间里它并没有水，或只有很小的水流，但是在排水量激增或洪水爆发的时候，它的水位陡涨，成了重要的泄洪通道。

对于自然排水系统，我们应尽量予以保护。因为，它们的形成往往经历了很长的岁月，是各种水文因素综合作用的结果，如果轻易地改变了其中的某个环节，可能会造成难以估量的损失。

(2)人工排水系统

山地人工排水系统的组织，需要依据各汇水区排水量的大小来确定。显然，排水系统的最大设计排水量应大于该区域内排水量的峰值。对于排水量峰值的确定，目前人们主要依靠两种方法——实测记录和理论计算，前者较为准确，但需经长时期的资料积累或民间调研和实地考察，不易得到，但很实用；而后者较为简便，但是它的准确性较差，因为目前国内外水文专家对于山洪峰值的计算公式并不统一，各种计算公式均含有很大的经验成分，误差较大。

水文学家对于山地汇水区排水峰值计算公式的分歧，主要集中于对各影响因子的归纳及其影响系数的确定。因为，他们会从各自的经验出发，罗列出不同的影响因子，并根据各因子的权重确定不同的影响系数。

比较一致的是，水文学家都把山地区域的排水量与汇水区的汇水面积、山体坡度、地表肌理(土壤和植被)的状况以及雨量峰值联系起来。认为，汇水面积越大、坡度越陡、植被越差、地表入渗量越小、雨量峰值越大，其排水量的峰值也越大。

山地人为环境对山地水文的影响不可忽略，因为大规模的山地开发，必然会改变山地的自然水文状况，使坡地的排水更集中、更快速。此外，汇水区形状亦应关注，有例子表明，面积相同但形状不同的汇水区，其排水量的差异非常明显。

通常，区域雨水排水量的峰值，即洪峰流量 Q_P 的获得，可根据汇水面积的规模，运用不同的经验公式进行估算：

① 当汇水面积小于 $10km^2$ 时：(公路科学研究所公式)

洪峰流量 $Q_P = K \cdot F^n$ (m^3/s)

式中 K——径流模数。此模数是概括了流域特征、气候特征、河槽坡度、粗糙程度和雨量公式中的指数等因素的综合系数。可查表选用(表 2-5-5)。

F——流域汇水面积(km^2)。

n——面积参数，当 $F \leq 1km^2$ 时，$n=1$；当 $1 < F < 10km^2$ 时，查下表选用(表 2-5-5)。

· 当降雨量资料可查阅时，可采用下列公式计算：

径流模数 K 及面积参数 n 表 2-5-5

地　区	下列重现期时的 K 值					n 值
	2 年	5 年	10 年	15 年	25 年	
华北	8.1	13.0	16.5	18.0	19.5	0.75
东北	8.0	11.5	13.5	14.6	15.8	0.85
东南沿海	11.0	15.0	18.0	19.5	22.0	0.75
西南	9.0	12.0	14.0	14.5	16.0	0.85
华中	10.0	14.0	17.0	18.0	19.6	0.75
黄土高原	5.5	6.0	7.5	7.7	8.5	0.80

注：重现期（P 值），指在一定长的统计期内，等于或大于某暴雨强度的降雨出现一次的平均间隔时间。其计量单位通常以年表示。通常低地区采用的 P 值高于高地区；工厂采用 P 值高于居住区；干沟（管）采用的 P 值高于支沟（管）；市区采用的 P 值高于郊区。

$$Q_p = C \cdot S \cdot F^{2/3} \quad (m^3/s)$$

式中　C——洪峰流量系数，按地貌确定；

在山区：$C = 0.60 \sim 0.55$

丘陵区：$C = 0.50 \sim 0.40$

黄土丘陵区：$C = 0.47 \sim 0.37$

平原区：$C = 0.40 \sim 0.30$

S——与设计重现期相应的一小时降雨量（mm/h），可由所在地的暴雨公式求得；

F——流域汇水面积（km^2）。

· 当汇水面积小于 3km^2 时，可采用下列公式计算：

$$Q_p = C \cdot S \cdot F \quad (m^3/h)$$

式中 C、S、F 含义同上。

② 在汇水面积小于 30km^2 时：（铁道科学院公式）

洪峰流量 $Q_p = C_1 \cdot C_2 \cdot C_3 \cdot C_4 \cdot Q_1 \cdot F^n \quad (m^3/h)$

式中　Q_1——洪水径流模量（$m^3/s/km^2$）。指在汇水面积 $F = 1km^2$，主河槽的平均坡度 J 为 20‰，第Ⅲ类土壤，洪水河槽断面边坡系数 $m = 0.2$，以及百年一遇的暴雨量，可由所在地的暴雨等值线图查得。

C_1、C_2、C_3、C_4 和 n 分别由表 2-5-6 至表 2-5-10 查得。

C_1——不同重现期的流量换算系数 表 2-5-6

重现期（年）	10	20	25	50	100	200
C_1	0.3	0.5	0.6	0.8	1.0	1.25

C_2——土壤类别校正系数 表 2-5-7

土壤类别	Ⅰ	Ⅱ	Ⅲ	Ⅳ	Ⅴ	Ⅵ
C_2	1.30	1.08	1.00	0.86	0.57	0.32

C_3——主河道平均坡度 J‰的校正系数 表 2-5-8

河槽平均坡度 J‰	1	1.5	4	9	20	40	85	140	270	400	750	1100
C_3	0.67	0.7	0.8	0.9	1.0	1.1	1.2	1.3	1.4	1.5	1.6	1.7

C_4——洪水河槽断面边坡系数 m 的校正系数　　　表 2-5-9

河槽边坡系数 m	0.1	0.2	0.5	1.0	2	5	8	15	50	100	150	1000
C_4	0.9	1.0	1.1	1.2	1.1	1.0	0.9	0.8	0.7	0.6	0.5	0.4

注:边坡系数 m 或边坡坡度 α,表示河槽侧壁的倾斜程度,$m = \text{ctg}\,\alpha$ = 横/直

n——面积参数,随 Q_1 值选用　　　表 2-5-10

洪水流量模数 Q_1	≥20	20~10	<10
n	0.86	0.82	0.78

根据经验公式估算出的区域排水量峰值，减去自然排水系统所能容纳的排水量，就是人工排水系统所需解决的排水量。

对于人工排水系统的设计,我们的主要手段仍是“蓄”与“排”。

·“蓄”

从具体的手段来看,蓄水的主要途径有两种:a. 利用地形,拦蓄径流。如修水库、扩大原有河面、设置水平沟等，这样可以在径流量突然加大时积蓄水体；b. 增大地表粗糙度及土壤渗透能力,减缓径流速度,如改善植被,设置地坑、鱼鳞坑等,这样可以防止径流集中、减缓土壤冲蚀。

·“排”

排水的目的是让汇集而成的地表径流迅速流走,它的主要途径也有两种:a. 利用山体原有地形高差,留出排水通道;b. 设置人工管网,形成由集水口、输送管线、出水口组成的排水系统。人工排水管网包括明沟和暗沟:明沟排水——山体地表的排水明沟包括截洪沟和纵向沟。为了分散山体地表的径流,应在坡面上设置分布较为均匀的截洪沟,它们多为平行山地等高线,并应根据各段的径流量,在沟的截面和坡度方面有所区别。为了联结上下的截洪沟,应设置纵向沟。对于排水明沟,如果坡度较为平缓,可以采用草沟,如果坡度较陡,则需采用砌石排水沟或混凝土沟。因为,坡度越陡,水流对排水沟表面的冲蚀越厉害。暗沟排水——由于地下水会使土层的摩擦力和粘着力减小,引发山体滑坡,因此,我们需要在地下水位较高的坡面上修建排水暗管或暗沟,来降低地下水位和土体的含水量,从而削弱水流对土体的冲蚀,减轻土的重量,增强土体的稳定性。暗沟的种类可有砾石暗沟、石笼暗沟等,其深度常取决于地下水位的高低,其上面或前面应有防淤泥措施。对于过长或弯曲的暗沟,需设置观察孔。

当然,对于人工排水系统的设置,我们应该设立不同的级别。因为,考虑到山地开发的效益性，建筑师没有必要为 50 年一遇或 100 年一遇的大洪水而把大量的用地放弃不用,或者花费极大的投资去排设极粗的排水管道。一般来说,我们可以把建筑单体或群体周围的排水管线设计成防 5~10 年一遇的洪水，而当特大洪水来临时，可把建筑周围的活动场地、绿地、停车场等公共空间作为排洪通道,既最大限度地利用了有限的基地,又节约了排水管线设施的投资。

2. 水文组织与山地建筑的结合

山地基地的水文组织，从整体上保障了山地环境的稳定，增强了山地建筑的安全

性，但是也对山地建筑的形成产生了许多限制。例如，为了留出泄洪通道，群体建筑在布局时需避开冲沟，这样就容易形成群体联系的割断；各单体建筑也不能过分地接近谷地、自然水面，因为与平时相比，洪水来临时，这些地方的水位会上涨很多。

然而，水文组织手段与山地建筑的形成并不是绝对对立的。在很多情况下，水文组织手段也能被山地建筑所利用，形成与建筑形态、景观等的良好结合。

(1)建筑与水体的结合

对于山地水文组织而言，水体的保存是非常重要的，它们能储蓄、分流地表径流，削减洪水流量；对于山地建筑而言，水体又是重要的组景要素，它能改善建筑的环境质量，强化建筑的景观特性。

山地建筑临水，既强化了建筑的亲水性，增加了建筑的趣味性，又能形成倒影，丰富了景观的层次性。当然，这些能被山地建筑所利用的水面，既可以是天然的湖泊，也可以是由人工堤坝拦截而成的人工水面。例如，广州东郊的岭头疗养院，其周围以筑坝、截流的方式，形成人工湖，疗养院建筑沿曲折的湖岸布置，有临湖，有建在水中，高低错落地与山、水结合，形成了一幅美丽的图景(图 2-5-7)[8]；福州郊区的常青乐园，通过对原有水面的重新组织，形成了生动的园林景观。乐园基地处在二个山坳中（图 2-5-8)，东侧为高山，西侧为闽江。为防止闽江上游洪水，筑堤兼作公路，同时也拦截东侧山水，形成了水池，建筑沿水而建。水池对东侧山水的拦截具有缓冲山洪的作用。并在公路堤坝上设置水闸或提升泵站，以排除大雨时蓄水池内升高的水量，保持水池处在一定的水位标高上。

建筑与水体的结合，不仅仅局限于静态的水面。有时，动态的流水与建筑相结合，会产生独特的美感。例如，赖特设计的落水别墅，把潺潺的流水组织到建筑形体之中，以清脆的水声来衬托建筑的幽静，具有极强的艺术感染力。

(2)建筑与冲沟的结合

冲沟位于山体诸汇水面的交界处，在通常情况下，它可能没有或只有很少的水流，但是，在暴雨来临、山洪爆发时，它是重要的输洪、泄洪通道。因此，在山地冲沟两侧，山地建筑的位置一般都不能低于一定的高度。这样，既对各单体建筑的选址、构成产生了限制，又容易割裂群体建筑之间的联系，为群体布局带来困难。

然而，冲沟对山地建筑的限制，并不意味着人们只能放弃对冲沟地带的利用。不管是单体还是群体，人们均可以通过有效的手段，最大限度的利用冲沟基地，并创造出独特的艺术效果。在常青乐园北侧地块的设计中，将食堂跨越排洪沟建造(图 2-5-9)。建筑的一翼横架于冲沟之上，让潺潺的小溪从建筑的室外平台下流过，营造了富有情趣的自然氛围；而当特大洪水来临时，只需停止东侧球场和食堂最下层平台的使用，就可满足泄洪要求。又如青岛的四方小区，把小区中的冲沟低地改造成下沉式的室外广场，并保留了南、北两处的自然水面，使之共同构成了小区的公共活动中心，在洪水来临时，由原有的冲沟、水面和下沉式广场联结而成的泄洪通道仍然保持畅通(图 2-5-10)[9]。

图 2-5-7　广州东郊的岭头疗养院(建筑与人工湖结合)

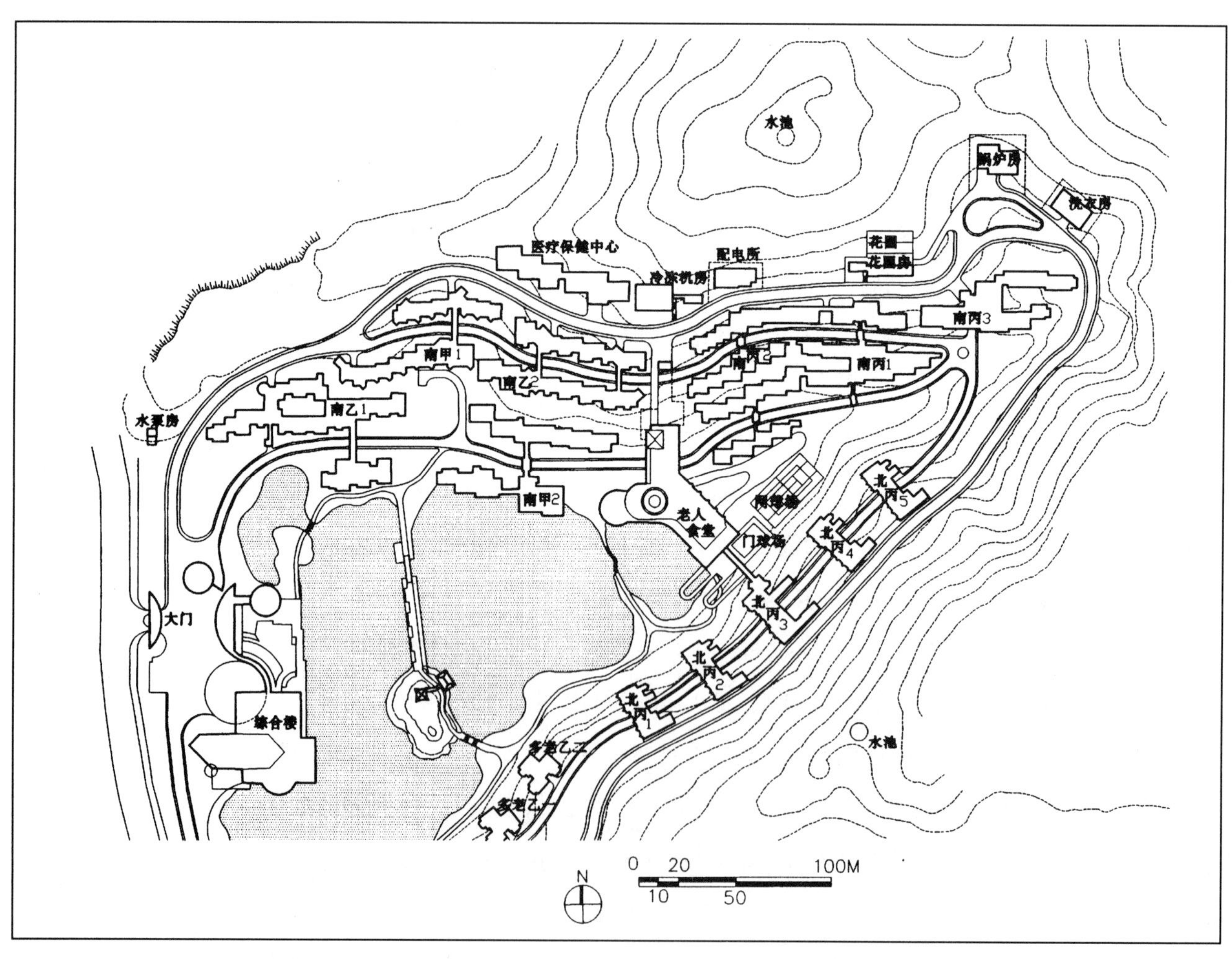

图 2-5-8　福州常青乐园(设计)总平面图

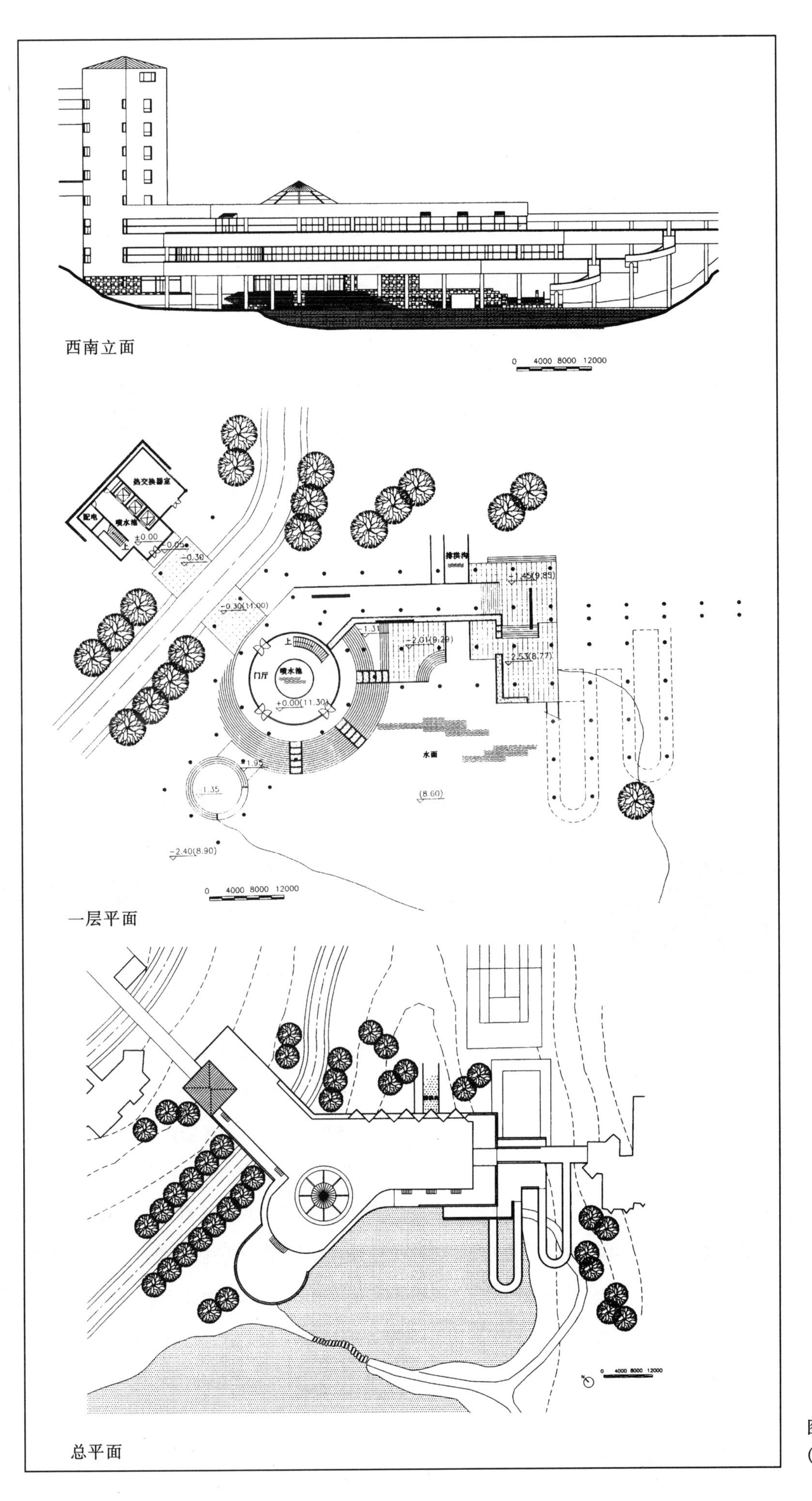

图2-5-9 福州常青乐园食堂（建筑跨越冲沟）

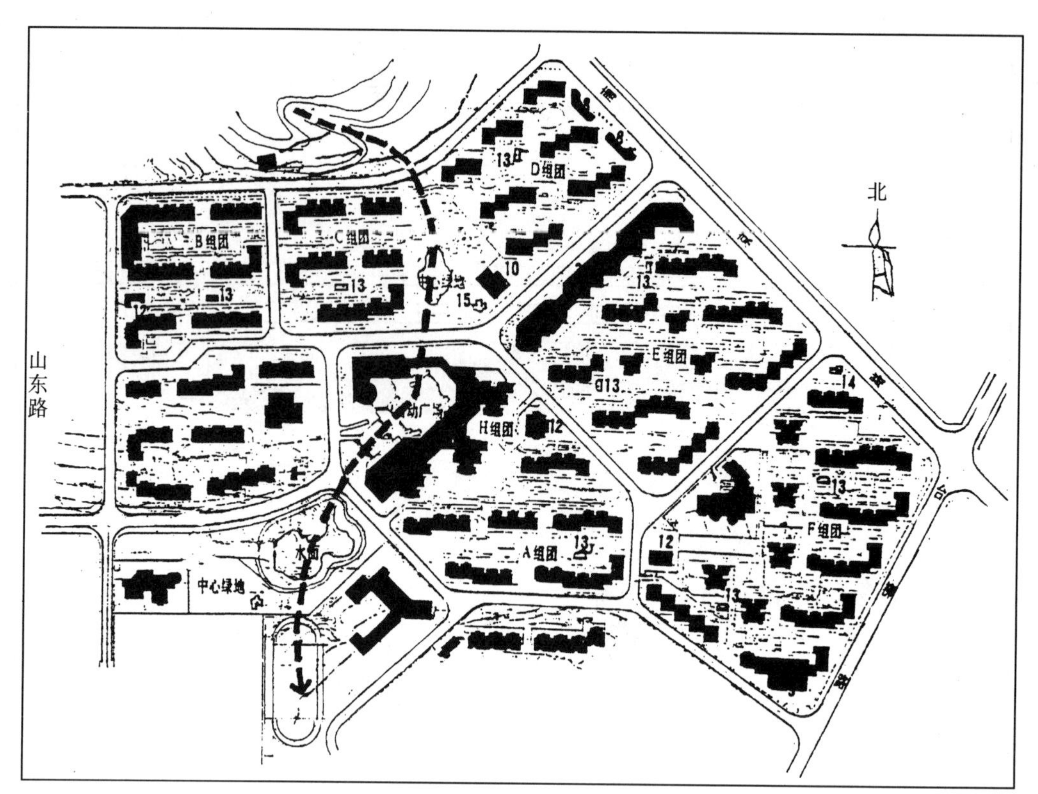

图 2－5－10　青岛四方小区（广场与冲沟结合）

图 2－5－11　（南斯拉夫）斯库普列百货商店（建筑与冲沟结合）

除了对冲沟地带进行多级利用以外，山地建筑与冲沟的结合，还有其他的可能性。由于位置的特殊性，在山地环境中，冲沟往往是联系两侧山坡的视觉中心和交通枢纽，因此，在有些情况下，人们会采取一些比较特殊的方法，在满足防洪需要的前提下，充分利用冲沟地带的有利位置，创造有特色的建筑单体和群体形态。例如，南斯拉夫的斯库普列百货商店就是一座建于排水沟道之上的建筑（图 2－5－11），它把建筑安排在架空的“桥”上，利用桥下的水道排泄洪水，使建筑本身成为联结两侧新、旧商业中心的纽带，并获得了显著的视觉地位；山西省大寨村在山地的排洪沟处理上，则另有一番特色，山村建在冲沟的两侧，冲沟上埋设足够大的排洪沟渠，在上面填土铺石，形成了一个可供全村人晒场、开会、休憩的小广场，使这个建于冲沟之上的广场把两侧山坡上的建筑群体联成一体，创造了有内聚力的村落结构（图 2－5－12）[⑩]。同时，这个广场也必须成为特大洪水来临时的排洪通道。

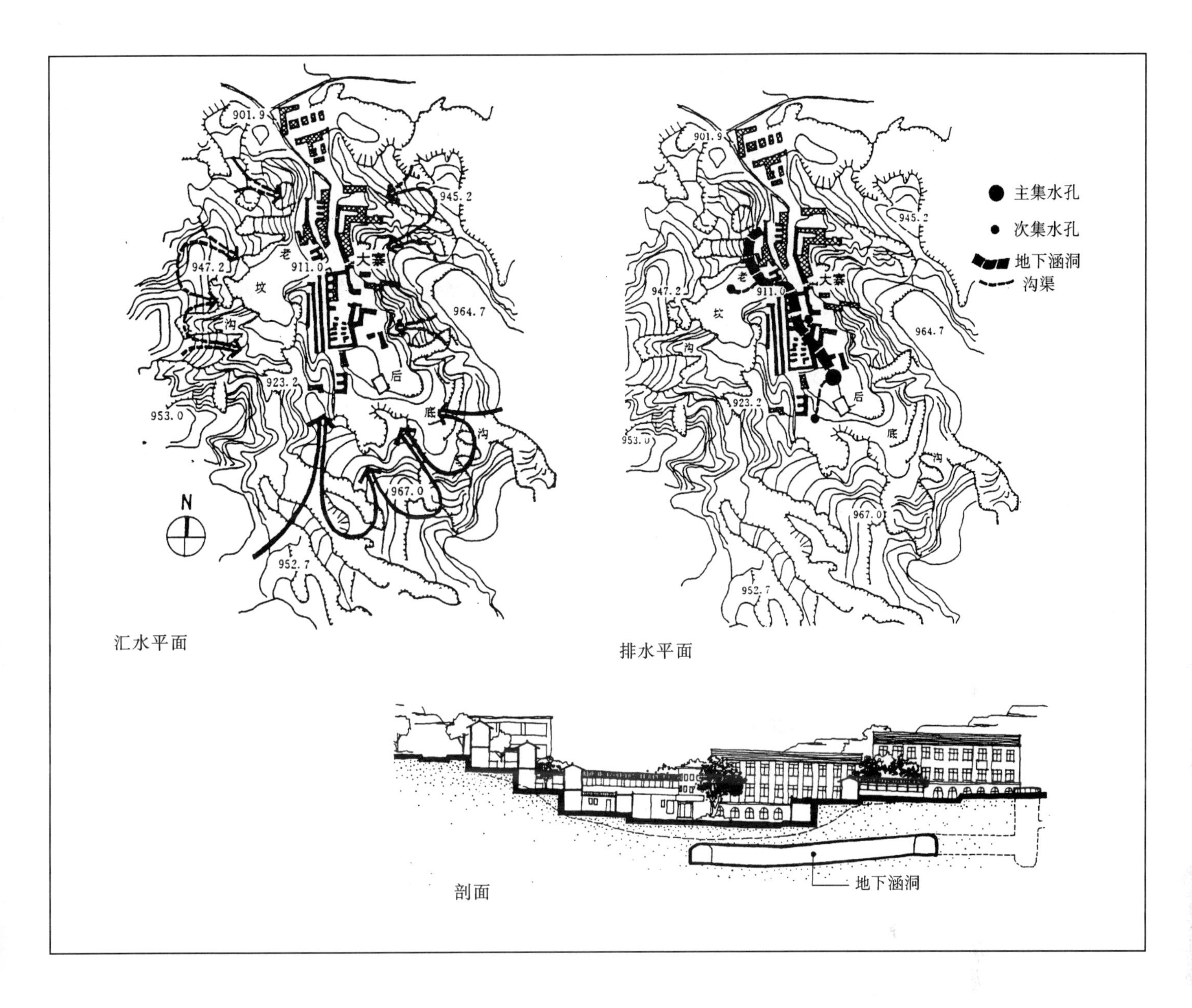

图 2-5-12　山西省大寨村(建筑群体与冲沟结合)

(三)挡土墙

在山地建筑及其人为环境(如道路、广场、停车场)的形成过程中,对自然地形的改变不可避免。为了维护山地微观环境的平衡,保证山地建筑及其周围环境的稳定,我们一方面需要采取适当的水土保持措施,如绿化、水文组织等;另一方面还需以一定的工程手段对山地边坡采取一些防护措施。

边坡防护的工程措施一般包括以下几种类型:喷浆法、抹面、干砌片石、浆砌片石、护墙[11]及挡土墙等。其中大部分措施只适用于坡度较缓、地质条件一般的地段,而在坡度较陡、地质不良地段则必须使用挡土墙。

挡土墙的种类有许多,其各自的结构形式、施工方式和适用范围不尽相同。

挡土墙的设置,对于山地建筑的影响是多方面的。一方面,它使山地边坡得到了有效的保护,可以大大缩小山地建筑与山体坡顶和坡脚的距离,提高了基地的使用效率;另一方面,它还对山地建筑的空间形态和景观产生了一定的影响。因为,位于山坡侧面的挡土墙既可以成为环境立面的组成部分,又是空间围合的重要手段。

1. 挡土墙的基本类型

当然，要想灵活运用各种型式的挡土墙，首先要对挡土墙的构造有所了解。挡土墙是用以承受山坡侧压力的墙式构造物，它大致包括重力式、薄壁式、锚固式、垛式和加筋土式等类型(图 2－5－13)。

①**重力式**：重力式挡土墙大多采用片(块)石浆砌而成，主要依靠墙体自重抵抗墙后土体的侧压力。它的断面尺寸大，要求地基承载力高，但结构简单，取材较易，施工方便。

②**薄壁式**：薄壁式挡土墙是由钢筋混凝土就地浇筑或预制拼装而成。它的墙身断面较薄，所承受的侧向土压力主要依靠底板上的土重来平衡，其主要型式有悬臂式、扶壁式和柱板式等。

③**锚固式**：锚固式挡土墙是由钢筋混凝土墙板和锚固件联结而成。它依靠埋设在稳定岩土层内锚固件的抗拔力支承从墙板传来的侧压力。这类挡土墙属轻型结构，占地较少，工程量省，不受地基限制，有利于机械化施工。

④**垛式**：垛式挡土墙通常采用在钢筋混凝土预制框架内填土石的方式。它是靠自身重量来抵抗墙后土体的推力的，因此，它其实也是一种重力式挡土墙，只是更适应地基的沉降，施工速度快，修复较方便。

⑤**加筋土式**：加筋土式挡土墙是一种由竖直面板、水平拉筋和内部填土三部分组成的加筋体。它通过拉筋与填土间的摩擦作用，拉住面板，稳定土体，然后再依靠其自身抵抗墙后填土所产生的侧压力。该种挡土墙构件轻巧，施工简便，柔性较大，抗震性好，且造型美观。

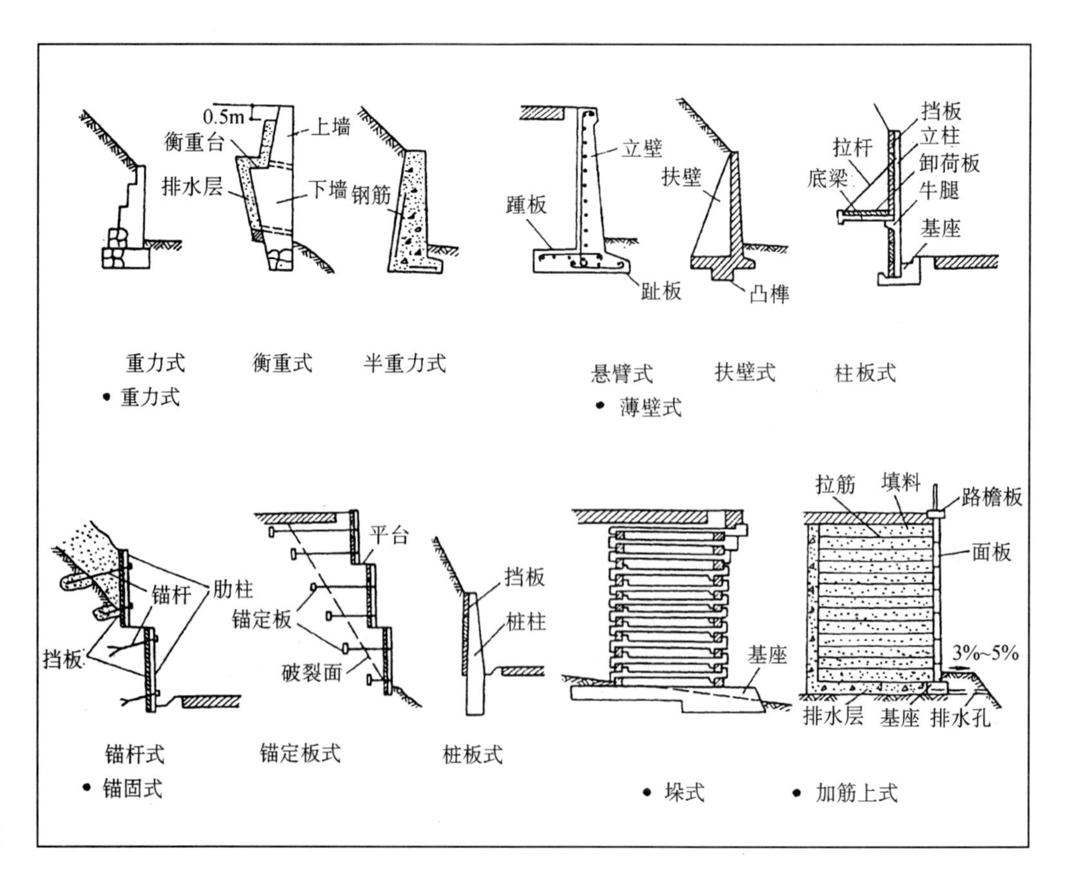

图 2－5－13　挡土墙的基本类型

2. 挡土墙与山地建筑的结合

挡土墙的产生,源于山体坡面结构稳定的需要。但是,在山地建筑的形成过程中,它的作用已得到了很大的拓展。人们在频繁运用挡土墙的时候,常常既利用了其结构上的功能,又获得了其他方面的收效。

出于结构安全的需要，一般情况下建筑必须与山坡的坡顶和坡脚保持一定的距离,当设置挡土墙后,建筑的间距可以减小,建筑可以直接通过挡土墙建在坡顶上,挡土墙还可以组织到建筑内部空间中,这样有利于土地的利用(图 2-5-14)。

挡土墙具有围合空间和限定空间的能力和作用,特别对于室外空间，巧妙的利用能使环境自然而丰富。青岛辛家庄三小区,利用分层挡土墙构成路堑,组织花坛,有效地分隔道路与建筑的高差,获得良好的环境(图 2-5-15)。

在建筑设计中,挡土墙既能作为空间的分隔和界定，又能直接参与建筑形象的组织,使建筑与环境协调。无锡新疆石油工人太湖疗养院的疗养食堂,在这个方面作了有效的尝试(图 2-5-16、彩图 57)。食堂位于高差达 8m 的基地上,设计成三个层面,用挡土墙分隔高差空间,使布局紧凑,为了保护体态优美的几棵杨梅树,将建筑主入口提高到处于二层标高的平台上,用挡土墙组织成高低错落的阶台,与自由的踏步结合,丰富了入口的空间处理;在建筑造型上,挡土墙作为立面处理的组成部分,高低穿插,使建筑成为自然环境的延续;挡土墙的石材就地取材,是黄褐色的石英砂岩,在江南民居白墙灰瓦的素雅基调中增添了活跃气氛。

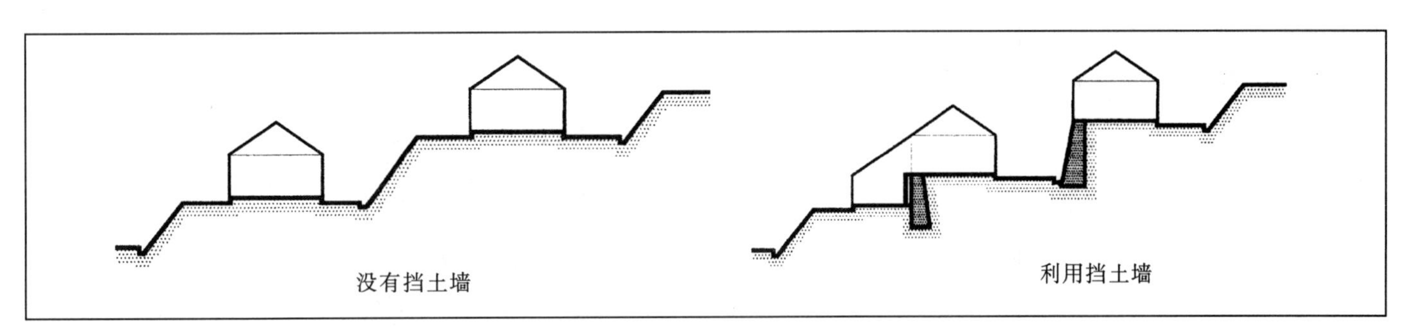

图 2-5-14 挡土墙在坡地上的利用

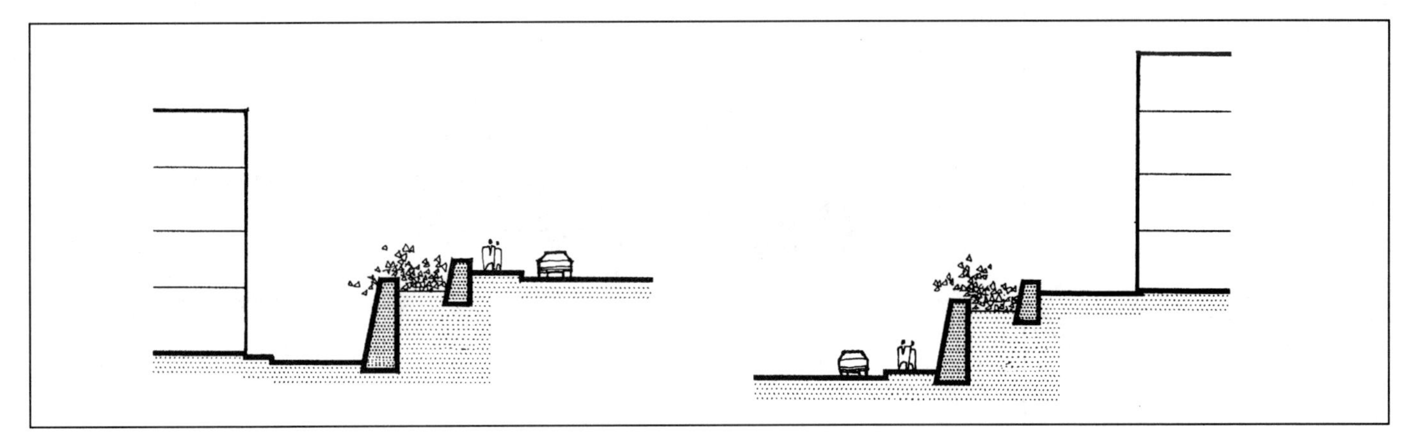

图 2-5-15 青岛辛家庄三小区的挡土墙路堑

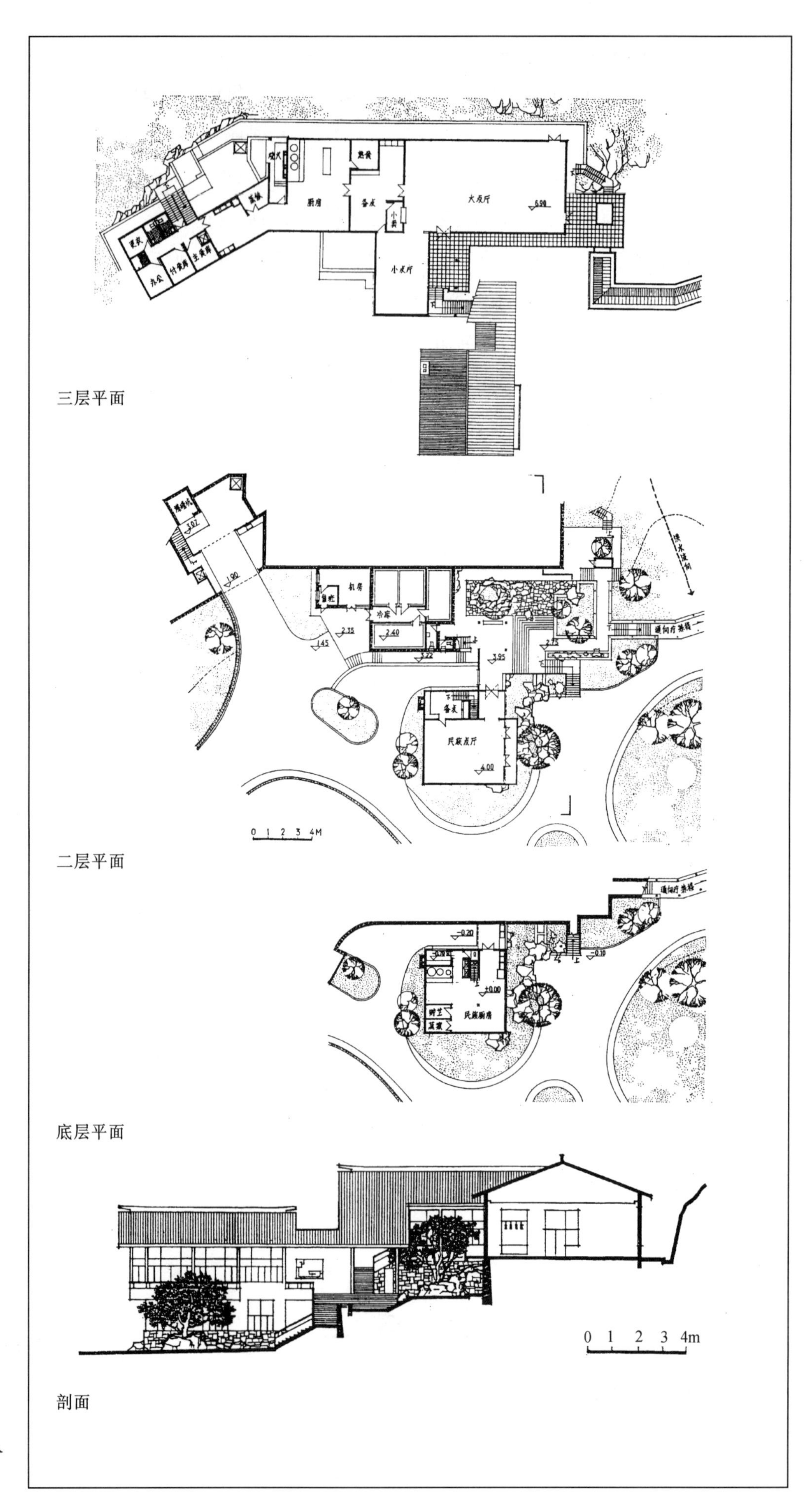

图 2-5-16　无锡新疆石油工人太湖疗养院的疗养食堂

(四)防水技术

在山地环境中，由于地形高差变化频繁，许多建筑的部分层面会低于原有山体地表，为了抵御地表水和地内水的渗透及侵蚀，保持建筑内部的干燥，必须运用防水措施，特别是紧靠山体的侧墙防水。此外，对于大多数的挡土墙而言，出于减小侧向水压力、提高挡土墙安全性的目的，排水措施的选择也非常重要。

1. 建筑防水

当建筑与山体岩壁、挡土墙之间没有发生接触时，我们只需采取一般的排水措施，依靠岩壁或挡土墙下部的截水沟和散水坡组织排水。

当建筑的部分墙面紧贴岩壁时，为防止山体岩层中的裂隙水渗入建筑，我们可以采取“堵”或“疏”的方法进行处理。“堵”就是在建筑靠岩壁一侧建造防水墙，做法与地面建筑的地下室防水处理相似；“疏”就是在建筑靠岩壁一侧建排水隔墙，即在岩壁与建筑隔墙之间形成一个空腔，在这个空腔内设泄水盲沟，将岩壁中渗出的裂隙水从盲沟排出。当然，除此之外，还应将建筑隔墙朝岩壁的一侧作防水砂浆粉刷，并使泄水盲沟的标高低于建筑室内地面的标高，以防止盲沟内的积水透过地面渗入室内(图 2-5-17)。

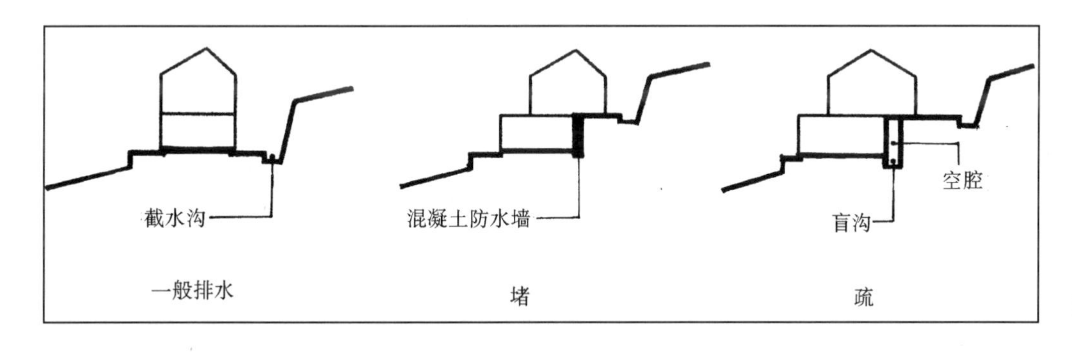

图 2-5-17　建筑防水措施

2. 挡土墙排水

挡土墙的安全性在很大程度上取决于其排水设计的合理性。如果没有有效的排水系统，大多数挡土墙很可能在大雨后，因背后水压与土压的增加而发生倒塌。挡土墙的排水可分为地表排水和背面排水。

地表排水的目的是为了防止地表水渗入背后填土部分。其主要的手段是在墙体前面和填层顶面作好排水、防水处理，例如设置截水沟、夯实地表土和铺筑封闭层等。对于非浸水加筋土挡墙，应在墙前地表处设置宽度不少于 1.0m 的混凝土或浆砌片石散水，其表面作成向外倾斜 3% ~5% 的横坡。

背面排水是对地表排水的必要补充和完善，因为，地表排水仍无法把全部的降水排走，并且在很多情况下，挡土墙的背面会有地下水的存在。为了保证背面排水的有效性，我们首先应注意选择墙后的填料，尽量采用砂砾、碎石等遇水后不膨胀和非冻胀性的材料；其次应根据泄水情况在墙身的适当高度布置泄水孔，其大小可为直径 50mm ~ 100mm 的圆孔或面积相当的方孔，其间距多为 2m ~ 3m(干旱地区可适当增大，渗水量大时可适当加密)。为保证顺利泄水和避免水流倒灌,泄水孔应向外倾斜,最下一排泄水孔底部应高出地面 0.3m,泄水孔的布置,既要注意排水要求,又要考虑艺术处理的需要;此外,还可在墙体背面设置排水层,通过集水管和排水孔排出水分,其中,对于集水管的设置,应至少保证在每 $3m^2$ 内设一内径 75mm 的排水导管(图 2-5-18)。

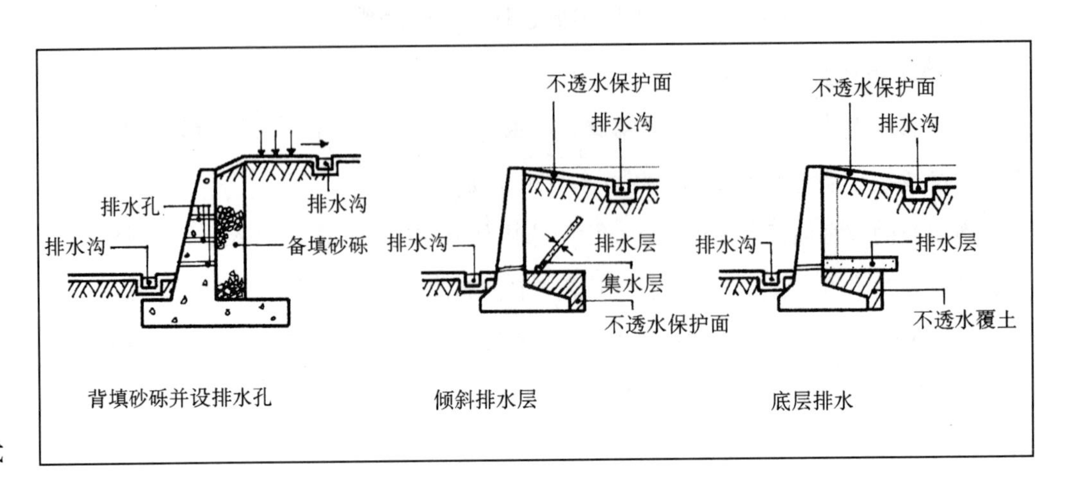

图 2-5-18　挡土墙的排水方式

第五章注释

① 刘新民(1992),《四川盆周山地滑坡灾害及隐患》,《山地研究》1992,10(1),第62~64页。

② 郑嘉玲(1988),《建筑师》(台湾)第8810期,第72页。

③ 同上。

④ 《建筑设计资料集》(第二版、第六册)第224页,中国建筑工业出版社。

⑤ 同本章注释①。

⑥ [日]安保昭(1983),《坡面绿化施工法》(中译本)第102~103页,人民交通出版社(1988)。

⑦ 徐在庸(1981),《山洪及其防治》第218页,水利出版社(1981)。

⑧ 卢济威、顾如珍(1989),《休疗养建筑设计的探讨》,《建筑师》第32期,第97~99页。

⑨ 黄中兴(1994),《利用自然地形,重塑居住环境——青岛四方小区利用丘陵坡地的探索》,《建筑学报》1994—11,第16~19页。

⑩ 王海松、李速(1996),《山地防洪与村落形态——山西省大寨村考察》,《建筑师》第72期,第64~66页。

⑪ "·喷浆法:一般用1:3或1:4水泥砂浆,1:0.15水泥石灰浆或1:1:6水泥石灰砂浆,厚度10~20mm。

·抹面:一般用石灰、炉渣混合灰浆抹二层,厚20~30mm;石灰、炉渣三合土,厚50mm;四合土,厚80~100mm;1:3水泥砂浆,厚20~30mm;1:2:9水泥石灰砂浆,厚20~30mm。为了增强防冲蚀能力,可在上述抹面上再涂沥青保护层二度。

·干砌片石:石块厚度单层为200mm(砌筑于坡面上),双层为300~550mm(砌筑于坡脚处),垫层为100~200mm。

·浆砌片石:毛石或块石的厚度为200~500mm,用50号砂浆砌筑,垫层厚度为100~400mm。

·护墙:护墙一般不承受墙后的侧压力,用浆砌毛石或块石筑成,采用50号(无地下水作用时)或100号(有地下水作用时)水泥砂浆砌筑,其伸缩缝、泄水孔、滤水层等构造,同挡土墙。"

以上内容引自尤海涌著(1981)《建筑场地的竖向设计》第68页,中国建筑工业出版社。

主要参考书目：

1. (法)C. J. 阿莱格尔著．活动的大陆．科学出版社，1987 年
2. 《地理学辞典》编写组．地理学辞典．上海辞书出版社，1983 年
3. 《辞海》编写组．辞海．上海辞书出版社，1989 年
4. 徐在庸著．山洪及其防治．水力出版社，1981 年
5. 《中国近现代史及国情教育辞典》编写组．中国近现代史及国情教育辞典．辽宁人民出版社，1993 年
6. (前苏联)B. P. 克罗基乌斯著．钱治国等译．城市与地形．中国建筑工业出版社，1982 年
7. (前苏联)O. C. 舒金、O. E. 舒金娜著．黄秉镛译．山地的生活．商务印书馆，1964 年
8. 金京模编著．地貌类型图说．科学出版社，1984 年
9. 潘纪一主编．人口生态学．复旦大学出版社，1984 年
10. 中国干旱、半干旱地区气候、环境与区域开发研究(论文集)．中国气象出版社，1990 年
11. (美)I. L. 麦克哈格著．芮经纬译．设计结合自然．中国建筑工业出版社，1992 年
12. 拉斯穆生著．汉宝德译．体验建筑．台北：台隆出版社，1988 年
13. 杨适中、易志刚、王晓兴等著．中西人论及其比较．东方出版社，1992 年
14. (德)伽达默尔著．薛华等译．科学时代的理性．国际文化出版社 1988 年
15. 孙翠宝主编．智者的思路—二十世纪西方哲学思维方式．复旦大学出版社，1989 年
16. (美)E. P. 奥德姆著．孙儒泳等译．生态学基础．人民教育出版社，1981 年
17. 孙儒泳、林特溟编著．近代的生态学．科学出版社，1986 年
18. 刘国城著．生态平衡浅说．中国林业出版社，1982 年
19. 中国西部地区开发年鉴．改革出版社，1993 年
20. 刘滨谊著．风景景观工程体系化．中国建筑工业出版社，1990 年
21. 黄光宇主编．山地城镇规划建设与环境生态(论文集)．科学出版社，1994 年
22. 傅抱璞著．山地气候．科学出版社，1983 年
23. 何晓昕编著．风水探源，东南大学出版社，1990 年
24. (日)安保昭著，周庆桐译．坡面绿化施工法．人民交通出版社，1988 年
25. 尤海涌著．建筑场地的竖向设计．中国建筑工业出版社，1981 年

26. 沐小虎著．建筑创作中的艺术思维．同济大学出版社，1996 年
27. (美)A. N. 斯特拉勒．A. H. 斯特拉勒著．田连恕、刘育民等译，自然地理学原理。人民教育出版社，1981 年
28. (英)J·麦克卢斯基著．张仲一、卢绍曾译．道路型式与城市景观．中国建筑工业出版社，1992 年
29. 徐家钰、程家驹著．道路工程．同济大学出版社，1995 年
30. (德)R·赫尔曼著．水文学导论．吴平生译，高等教育出版社，1985 年
31. 黄锡荃主编．水文学．高等教育出版社，1993 年
32. 唐俊昆编著．现代疗养旅游及度假村建筑．天津科学技术出版社，1988 年
33. 郑昕著．苏南名山建筑．江苏科学技术出版社，1996 年
34. Abbott. P. & Pollit. K., Hill Housing, 1980
35. Wollff. R., Hauser am Hang, 1975
36. Christof R. M. & Wach B., e + P Terrassenhauser, 1980
37. Walter Meyer – Bohe, Wohn Gruppen, 1979
38. David Mackay, Wohnungsbau im Wandel, 1977
39. Reinhard Gieselmann, WOHN BAU, 1979
40. 《丹下健三》1977—1983，鹿岛出版社，昭和 59 年
41. 冯钟平编著．中国园林建筑．清华大学出版社，1988 年
42. 季富政著．中国羌族建筑．西南交通大学出版社，2000 年
43. 刘敦桢主编．中国古代建筑史．中国建筑工业出版社，1984 年
44. 张在元．东京建筑与城市设计．香港建筑与城市出版社有限公司、同济大学出版社，1993 年

图书在版编目(CIP)数据

山地建筑设计/卢济威,王海松著.—北京:中国建筑工业出版社,2000 (2022.10重印)
高校博士点专项基金资助
ISBN 978-7-112-04471-9

I. 山… II. ①卢… ②王… III. 山地-建筑设计
IV. TU29

中国版本图书馆CIP数据核字(2000)第56215号

封面设计 卢晓红

高等学校博士学科点专项科研基金资助
山地建筑设计
卢济威 王海松 著
*
中国建筑工业出版社出版、发行(北京西郊百万庄)
各地新华书店、建筑书店经销
廊坊市海涛印刷有限公司印刷
*
开本:889×1194毫米 1/16 印张:14½ 插页:24 字数:347千字
2001年2月第一版 2022年10月第十二次印刷
定价:**65.00**元
ISBN 978-7-112-04471-9
(9941)